GEOPROCESSAMENTO
&
ANÁLISE AMBIENTAL:
APLICAÇÕES

Leia também:

Antônio J. Teixeira Guerra

Coletânea de Textos Geográficos de Antônio Teixeira Guerra
Novo Dicionário Geológico-Geomorfológico

Antônio J. Teixeira Guerra & Sandra B. Cunha

Geomorfologia e Meio Ambiente
Geomorfologia: Uma Atualização de Bases e Conceitos
Impactos Ambientais Urbanos no Brasil

Antônio J. Teixeira Guerra, Antonio S. Silva
& Rosângela Garrido M. Botelho

Erosão e Conservação dos Solos

Sandra B. Cunha & Antônio J. Teixeira Guerra

Avaliação e Perícia Ambiental
Geomorfologia — Exercícios, Técnicas e Aplicações
Geomorfologia do Brasil
A Questão Ambiental: Diferentes Abordagens

Jorge Xavier da Silva
Ricardo Tavares Zaidan
(Organizadores)

Geoprocessamento & Análise Ambiental: Aplicações

8ª EDIÇÃO

Copyright © 2004, Jorge Xavier da Silva & Ricardo Tavares Zaidan

Capa: Leonardo Carvalho

Editoração: DFL

2019
Impresso no Brasil
Printed in Brazil

CIP-Brasil. Catalogação na fonte
Sindicato Nacional dos Editores de Livros, RJ

G298
8ª ed.

Geoprocessamento & análise ambiental: aplicações/Jorge Xavier da Silva, Ricardo Tavares Zaidan (organizadores). – 8ª ed. – Rio de Janeiro: Bertrand Brasil, 2019.
366p.

ISBN 978-85-286-1076-5

1. Sistema SAGA. 2. Análise ambiental – Processamento de dados. 3. Proteção ambiental. I. Silva, Jorge Xavier da, 1936-. II. Zaidan, Ricardo Tavares.

04-2208

CDD – 333.71
CDU – 504.06

Todos os direitos reservados pela:
EDITORA BERTRAND BRASIL LTDA.
Rua Argentina, 171 – 2º andar – São Cristóvão
20921-380 – Rio de Janeiro – RJ
Tel.: (0XX21) 2585-2070 – Fax: (0XX21) 2585-2087

Não é permitida a reprodução total ou parcial desta obra, por quaisquer meios, sem a prévia autorização por escrito da Editora.

Atendimento e venda direta ao leitor:
mdireto@record.com.br ou (21) 2585-2002

SUMÁRIO

Apresentação 15
Prefácio 17
Introdução 19

CAPÍTULO 1 GEOPROCESSAMENTO APLICADO AO ZONEAMENTO DE ÁREAS COM NECESSIDADE DE PROTEÇÃO: O CASO DO PARQUE ESTADUAL DO IBITIPOCA — MG
Ricardo Tavares Zaidan
Jorge Xavier da Silva

1. Introdução 31
2. O Parque Estadual do Ibitipoca — MG 33
3. Metodologia 39
    3.1. Procedimentos diagnósticos 40
        3.1.1. Levantamentos ambientais 40
            3.1.1.1. Inventário ambiental 40
            3.1.1.2. Planimetrias 41
            3.1.1.3. Assinaturas 42
        3.1.2. Prospecções ambientais 43
            3.1.2.1. Avaliações ambientais diretas 44
            3.1.2.2. Avaliações complexas 45
        3.1.3. Análise das informações ambientais 47
4. Resultados e discussão 47
    4.1. Levantamentos ambientais 47
        4.1.1. Inventário ambiental do Parque Estadual do Ibitipoca — MG 47

4.1.2. Assinaturas 48
    4.1.2.1. Assinaturas para potencial turístico 48
    4.1.2.2. Assinaturas para riscos ambientais 50
4.2. Prospecções ambientais 52
    4.2.1. Avaliações ambientais para potencial turístico no Parque Estadual do Ibitipoca — MG 53
    4.2.2. Avaliações ambientais para riscos ambientais no Parque Estadual do Ibitipoca — MG 55
    4.2.3. Avaliação ambiental para o zoneamento de áreas com necessidade de proteção ambiental no Parque Estadual do Ibitipoca — MG 55
5. Conclusões 61
6. Referências bibliográficas 63

Capítulo 2 Geoprocessamento Aplicado à Criação de Planos de Manejo: O Caso do Parque Estadual da Pedra Branca — RJ
Nadja Maria Castilho da Costa
Jorge Xavier da Silva

1. Introdução 67
2. Área de Estudo 70
    2.1. Aspectos geomorfológicos e hidrológicos 70
    2.2. Uso e ocupação do solo 72
3. A conservação no contexto das éticas ambientais 75
4. O uso dos SGIs em estudos ambientais de unidades de conservação 78
5. Análise metodológica 79
    5.1. Aplicação de *software* de geoprocessamento 80
        5.1.1. Obtenção dos dados e geração de mapeamentos temáticos (etapa de pré-processamento) 80
        5.1.2. Análise dos dados por geoprocessamento 81
        5.1.3. Uso complementar de outros *softwares* 82
    5.2. Outros métodos analíticos utilizados 83

SUMÁRIO

6. Monitoria ambiental da cobertura vegetal 83
7. Avaliações ambientais relevantes: problemas e potencialidades do Parque Estadual da Pedra Branca 85
	7.1. Riscos de deslizamentos e desmoronamentos 85
		7.1.1. Áreas de altíssimo risco 86
		7.1.2. Áreas de alto risco 87
	7.2. Riscos de desmatamentos 87
		7.2.1. Áreas de altíssimo e alto risco 87
		7.2.2. Áreas de médio-alto risco 88
		7.2.3. Áreas de baixo-médio risco 89
	7.3. Riscos de incêndio 89
		7.3.1. Áreas de altíssimo e alto risco 89
		7.3.2. Áreas de médio e baixo risco 90
	7.4. Potencial para expansão urbana desordenada 90
		7.4.1. Áreas com altíssimo e alto potencial 92
		7.4.2. Áreas com médio potencial 92
		7.4 3. Áreas com baixo-médio e baixo potencial 93
	7.5. Potencial para ecoturismo e lazer controlado 93
		7.5.1. Áreas com altíssimo e alto potencial 95
		7.5.2. Áreas com médio potencial 96
		7.5.3. Áreas com baixo potencial 96
	7.6. Áreas críticas quanto à degradação da cobertura florestal 96
		7.6.1. Áreas com altíssimo nível 97
		7.6.2. Áreas com altíssimo/alto nível e alto nível 97
		7.6.3. Áreas com alto/médio nível 98
	7.7. Impactos ambientais da urbanização sobre os recursos do PEPB 98
		7.7.1. Impacto setorial da expansão urbana desordenada sobre as áreas de risco de deslizamentos e desmoronamentos 98
			7.7.1.1. Áreas de uso intensivo controlado 99
			7.7.1.2. Áreas de uso limitado e em processo de recuperação natural da cobertura vegetal 101
			7.7.1.3. Áreas de proteção das encostas (preservação das florestas) 101

7.7.2. Impacto setorial da expansão urbana desordenada sobre as áreas críticas quanto à degradação da cobertura florestal 102
    7.7.2.1. Áreas de médio impacto, destinadas a uma moderada vigilância no controle dos desmatamentos e incêndios 102
    7.7.2.2. Áreas de alto impacto, destinadas a uma alta vigilância no controle dos desmatamentos e incêndios 103
    7.7.2.3. Áreas de altíssimo impacto, destinadas à vigilância máxima no controle dos desmatamentos e incêndios 105
7.7.3. Impacto setorial da expansão urbana desordenada sobre as áreas potenciais para ecoturismo e lazer controlado 105
    7.7.3.1. Áreas de controle da expansão urbana 106
    7.7.3.2. Áreas com necessidade de proteção 106
    7.7.3.3. Áreas impróprias à expansão urbana 108
    7.7.3.4. Áreas ecoturísticas com restrições 109
    7.7.3.5. Áreas ecoturísticas sem restrições 109
8. Conclusões 110
9. Referências bibliográficas 112

CAPÍTULO 3   GEOPROCESSAMENTO APLICADO À FISCALIZAÇÃO DE ÁREAS DE PROTEÇÃO LEGAL: O CASO DO MUNICÍPIO DE LINHARES — ES
Edson Rodrigues Pereira Junior
Jorge Xavier da Silva
Maria Hilde de Barros Góes
Wilson José de Oliveira

1. Introdução 115
    1.1. Justificativas 116
    1.2. Objetivos 117
2. Localização e aspectos gerais da área 117
    2.1. A região serrana 119

SUMÁRIO

2.2. A planície dos tabuleiros 119
2.3. A planície costeira 120
3. Metodologia 121
   3.1. Estrutura básica 123
   3.2. Etapas metodológicas 123
      3.2.1. Etapa 1 ou fase de pré-geoprocessamento 123
      3.2.2. Etapa 2 ou fase de geoprocessamento dos dados 124
         3.2.2.1. Entrada e edição de dados 125
         3.2.2.2. Apresentação das fontes e informações oriundas dos mapas temáticos convencionais que foram processados e transformados em formato digital 126
         3.2.2.3. Análise ambiental 128
      3.2.3. Etapa 3 ou fase pós-geoprocessamento 129
4. Resultados e conclusões 129
   4.1. Resultados e discussões sobre as infrações de uso em áreas de proteção legal 133
5. Referências bibliográficas 140
6. Anexo 141
   6.1. Anexo 1 — Legenda do mapa de área de proteção legal 141

Capítulo 4 Geoprocessamento Aplicado à Análise Ambiental: O Caso do Município de Volta Redonda — RJ
José Eduardo Dias
Maria Hilde de Barros Góes
Jorge Xavier da Silva
Olga Venimar de Oliveira Gomes

1. Introdução 143
2. Metodologia 145
3. Resultados 149
   3.1. Áreas de riscos geoambientais 149
      3.1.1. Áreas de riscos de enchentes 150
      3.1.2. Áreas de riscos de erosão do solo 157

3.2. Potenciais geoambientais 163
    3.2.1. Potencial para áreas em urbanização 164
    3.2.2. Potencial para pecuária 169
4. Conclusões 175
5. Referências bibliográficas 176

CAPÍTULO 5   GEOPROCESSAMENTO APLICADO À IDENTIFICAÇÃO DE ÁREAS POTENCIAIS PARA ATIVIDADES TURÍSTICAS: O CASO DO MUNICÍPIO DE MACAÉ — RJ
Teresa Cristina Veiga
Jorge Xavier da Silva

1. Introdução 179
    1.1. Objetivos 183
    1.2. Premissas básicas 183
    1.3. Critérios orientadores da investigação 184
    1.4. Geoprocessamento 188
        1.4.1. SGIs como ferramentas de análise espacial 190
    1.5. Geoplanejamento 192
    1.6. Geoplanejamento x geoprocessamento 194
2. Avaliação do potencial para desenvolvimento de atividades turísticas 195
    2.1. Condições da ocupação humana 200
    2.2. Condições de saneamento dos domicílios 201
    2.3. Condições demográficas 205
    2.4. Condições sociais 206
    2.5. Condições da ocupação territorial 208
    2.6. Condições da qualidade de vida 209
    2.7. Áreas com potencial para desenvolvimento de atividades turísticas 210
3. Conclusões 212
4. Referências bibliográficas 214

SUMÁRIO

Capítulo 6   GEOPROCESSAMENTO APLICADO À CARACTERIZAÇÃO E
PLANEJAMENTO URBANO DE OURO PRETO — MG
Ana Clara Mourão Moura
Jorge Xavier da Silva

1. Introdução   217
2. Metodologia   221
   2.1. Base de dados alfanumérica e cartográfica   221
   2.2. Construção das análises urbanas por meio da árvore de decisões com o uso do SAGA-UFRJ   227
   2.3. Verificações frente à realidade — Calibração do sistema e retorno às etapas de análise   229
   2.4. Zoneamento segundo variáveis ambientais   229
   2.5. Propostas de intervenção, manejo e restrições   230
3. Exemplos de análises realizadas   230
   3.1. Síntese de distribuição de comércio, prestação de serviços e serviços de uso coletivo   230
      3.1.1. Construção de mapa de zoneamento de atividades de serviços de uso coletivo   231
      3.1.2. Mapa-síntese de comércio, prestação de serviços e serviços de uso coletivo   237
      3.1.3. Cotejo em síntese de comércio, prestação de serviços e serviços de uso coletivo e macrozoneamento vigente   241
   3.2. Síntese final — Índice de qualidade de vida urbana em Ouro Preto — MG   247
4. Conclusões   254
5. Referências bibliográficas   256

Capítulo 7 GEOPROCESSAMENTO APLICADO À SELEÇÃO DE LOCAIS
PARA A IMPLANTAÇÃO DE ATERROS SANITÁRIOS:
O CASO DE MANGARATIBA — RJ
Cézar Henrique Barra Rocha
Luiz Fernandes de Brito Filho
Jorge Xavier da Silva

1. Introdução   259
2. A relevância da questão dos resíduos sólidos   260
3. Tratamento e disposição final do lixo   261
   3.1. Compactação   262
   3.2. Trituração   262
   3.3. Incineração   262
   3.4. Compostagem   263
   3.5. Reciclagem   263
   3.6. Lixão   263
   3.7. Aterro controlado   264
   3.8. Aterro sanitário   265
4. Seleção de áreas para implantação de aterros sanitários   267
   4.1. Critério para seleção segundo o CPU/IBAM   267
   4.2. Critério para seleção segundo o IPT/SP   270
5. Metodologia proposta: estudo de caso em Mangaratiba/RJ   274
   5.1. Dados utilizados   274
   5.2. Avaliação das condições ambientais   276
   5.3. Restrições segundo a legislação   283
   5.4. Cálculo da área mínima para o aterro sanitário   286
   5.5. Aplicação do programa potencial de interação para análise das trajetórias   288
6. Conclusões   297
7. Referências bibliográficas   298

SUMÁRIO

CAPÍTULO 8 GEOPROCESSAMENTO APLICADO À AVALIAÇÃO DE
GEOPOTENCIALIDADE AGROTERRITORIAL
Remi N'Dri Kouakou
Jorge Xavier da Silva

1. Introdução 301
2. Sustentação teórica 304
   2.1 Justificativas 304
   2.2. Posicionamentos 306
   2.3. Objetivos 308
   2.4. Procedimento metodológico proposto 308
      2.4.1. Bases metodológicas 308
      2.4.2. Operacionalização 309
   2.5. Conceito de avaliação de terras 312
   2.6. Método de avaliação de terras 313
3. Uso do SAGA/UFRJ para avaliação de geopotencialidade agrícola 314
   3.1 Procedimentos adotados: análises e resultados 315
   3.2. Cultivos de ciclo curto 316
      3.2.1. Cultivo de cereais 318
      3.2.2. Cultivos de horticulturas 323
      3.2.3. Estimativa agroterritorial para cultivos de subsistência 327
   3.3. Cultivos de ciclo longo 330
      3.3.1. Cultivos perenes 330
      3.3.2. Silvicultura e fruticultura 335
      3.3.3. Estimativa agroterritorial para cultivos industriais 340
   3.4. Geopotencialidades agroterritoriais 343
      3.4.1. Geopotencialidades agroterritoriais segundo os atritos ambientais 343
      3.4.2. Incongruências dos usos da terra 346
4. Conclusões 349
5. Referências bibliográficas 351

RESUMO DA QUALIFICAÇÃO E ATIVIDADE ATUAL DOS AUTORES 353
ÍNDICE REMISSIVO 357

Apresentação

Este livro é resultante de um esforço inicial para a divulgação de uma série de textos científicos de Geoprocessamento voltados para a Análise Ambiental. Não poderia existir como demonstração de aplicações se não tivesse havido uma convergência singular de interesses. Inicialmente devemos considerar o interesse dos autores em publicar e divulgar seus trabalhos; em segundo lugar, deve-se à dedicação do editor mais jovem, Ricardo Tavares Zaidan, em estimular e conduzir o, por vezes, penoso processo de edição. Esta última afirmação é da lavra do editor mais velho, Jorge Xavier da Silva, cujo mérito principal foi ser o catalisador da realização das investigações relatadas nos capítulos. O terceiro interesse foi, imodestamente, identificado pelos editores como sendo esta publicação de resultados de pesquisa uma contribuição valiosa para a comunidade ambientalista brasileira.

Ambos editores são geógrafos, sendo que o mais antigo foi, praticamente, testemunha da implantação do Geoprocessamento no Brasil. Esta condição permite a emissão de opiniões possivelmente controvertidas que, no entanto, foram razoavelmente temperadas pelo bom-senso trazido pelas visões do editor mais jovem.

Todos os autores principais dos capítulos realizaram suas investigações sobre temas e áreas de seu livre interesse, tendo sido aconselhados, apenas, quanto a aspectos técnicos e metodológicos da pesquisa. Todos eles completaram, nos últimos três anos, seus Doutorados e Mestrados. Muitos conceitos usados nos trabalhos foram por eles criados, havendo, no entanto, um perpassar lateral dos aspectos teóricos do Geoprocessamento, como um processo natural de incorporação de conhecimentos ao longo de uma preparação de mestres e doutores. O resultado foi que Ana Clara Mourão Moura, Tereza Cristina Veiga, Cezar Henrique Barra Rocha, José Eduardo Dias e Edson Rodrigues Pereira Júnior, com formação em áreas do conhecimento vizinhas à Geografia, tornaram-se geógrafos por adoção, e com a devoção demonstrada à pesquisa ambiental, testemunhada pelos trabalhos aqui apresentados, podem ser denominados dedicados ambientalistas. Os outros autores principais são geógrafos e, juntamente com outros geógrafos co-autores, certamente transmitiram aos co-autores não geógrafos a capacidade de entendimento de relações espaciais, como demonstrada nos capítulos deste livro.

Uma série de agradecimentos deve ser realizada. Não apenas por obrigação, mas por um sincero preito de reconhecimento de apoios. À Editora Bertrand, pela acolhida estimulante dada à proposição deste livro. Quanto aos autores do prefácio e dos demais textos, ao salientar seus aspectos positivos, certamente foram mais guiados pela amizade do que por julgamentos isentos.

Várias instituições apoiaram a elaboração deste livro. Projetos de pesquisa realizados sob o apoio do CNPq, CAPES, FAPERJ e UFRJ forneceram substratos de conhecimentos usados pelos autores. Entidades acadêmicas, como a UFRJ, UFRRJ, UFJF, UFAL e a UERJ, abrigaram, em suas diversas instâncias técnico-administrativas, as atividades de pesquisa e formação profissional que, em última análise, propiciaram a elaboração dos trabalhos de pesquisa que originaram os capítulos apresentados.

As improbidades encontradas neste livro são de exclusiva responsabilidade dos autores, enquanto os méritos eventuais devem ser atribuídos a todos os amigos e companheiros de trabalho, que ao longo dos anos geraram conosco o corpo de conceitos, métodos e técnicas demonstrado.

Os Organizadores

PREFÁCIO

É com grande satisfação que faço o prefácio do livro *Geoprocessamento & Análise Ambiental: Aplicações*. A obra foi organizada por duas grandes autoridades no tema; Jorge Xavier da Silva, professor Titular do Departamento de Geografia da UFRJ e Pesquisador 1A do CNPq, com quem aprendi muito ao longo desses anos, em especial na década de 1980, quando Xavier foi meu orientador de Mestrado. O outro organizador, Ricardo Tavares Zaidan, doutorando do Programa de Pós-Graduação em Geografia, da UFRJ, que foi meu aluno em 2002, onde pude notar sua grande capacidade e espírito científico.

O livro atende a alunos de graduação e pós-graduação, professores, consultores e pesquisadores e a todos aqueles interessados em Geoprocessamento. Está muito bem dividido em três grandes áreas: Geoprocessamento Aplicado à Proteção Ambiental; Geoprocessamento na Diagnose de Áreas Municipais e Geoprocessamento em Diagnoses Nacionais.

A obra organizada por Xavier e Zaidan conta com uma equipe de grande competência, com produção científica de respeito em Geoprocessamento, e conhecida no cenário nacional.

Xavier é co-autor dos oito capítulos, iniciando sua parceria com Ricardo T. Zaidan, no *Capítulo 1* — Geoprocessamento Aplicado ao Zoneamento de Áreas com Necessidade de Proteção: o Caso do Parque Estadual de Ibitipoca — MG. O *Capítulo 2* foi escrito com Nadja M. C. Costa — Geoprocessamento Aplicado à Criação de Planos de Manejo: o Caso do Parque Estadual da Pedra Branca — RJ. O *Capítulo 3* foi feito em parceria com Edson R. P. Júnior, Maria H.B. Góes e Wilson J. Oliveira — Geoprocessamento Aplicado à Fiscalização de Áreas de Proteção Legal: o

Caso do Município de Linhares — ES. O *Capítulo 4* foi feito com José E. Dias, Maria H. B. Góes e Olga V. O. Gomes — Geoprocessamento Aplicado à Análise Ambiental — o Caso do Município de Volta Redonda — RJ. O *Capítulo 5* foi escrito com Teresa C. Veiga — Geoprocessamento Aplicado à Identificação de Áreas Potenciais para Atividades Turísticas: o Caso do Município de Macaé — RJ. O *Capítulo 6* foi feito em parceria com Ana C. M. Moura — Geoprocessamento Aplicado à Caracterização e Planejamento Urbano de Ouro Preto — MG. O *Capítulo 7* foi feito com Cezar H. B. Rocha e Luiz F. B. Filho — Geoprocessamento Aplicado à Seleção de Locais para a Implantação de Aterros Sanitários: o Caso de Mangaratiba — RJ. E, finalmente, o *Capítulo 8*, escrito em parceria com Remi N. Kouakou — Geoprocessamento Aplicado à Avaliação de Geopotencialidade Agroterritorial.

O livro mostra, de forma clara, algumas das aplicações que o Geoprocessamento tem para a sociedade, através de um texto coerente, ilustrado e com dados que enriquecem a obra.

Por todos esses motivos recomendo *Geoprocessamento & Análise Ambiental: Aplicações* àqueles que estejam dando os primeiros passos nessa área de conhecimento, bem como àqueles que já estejam familiarizados com o Geoprocessamento.

Prof. Dr. Antonio José Teixeira Guerra
Pesquisador 1A do CNPq
Coordenador do Lagesolos
Departamento de Geografia — UFRJ

INTRODUÇÃO

Este livro está associado a um esforço conjunto de geração e divulgação de novos conceitos, métodos e técnicas desenvolvidos no Laboratório de Geoprocessamento e no Programa de Pós-Graduação, ambos do Departamento de Geografia do Instituto de Geociências da Universidade Federal do Rio de Janeiro, assim como no Laboratório de Geoprocessamento Aplicado do Departamento de Geociências do Instituto de Agronomia e no Programa de Mestrado em Ciências Ambientais e Florestais do Instituto de Florestas, ambos da Universidade Federal Rural do Rio de Janeiro. Como verificadores da validade dos resultados participaram os Laboratórios de Geoprocessamento Aplicado das Universidades Federais de Juiz de Fora e de Alagoas. Em sentido mais restrito, este livro apresenta o resultado de pesquisas e respectivas orientações acadêmicas de alunos de Doutorado e Mestrado em diversos campos de aplicação do Geoprocessamento.

Os capítulos do livro refletem, principalmente, duas componentes em sua estruturação. A mais evidente é o âmbito municipal de quase todas as investigações apresentadas, com uma exceção, que é o capítulo sobre o país Côte D´Ivoire. A outra componente consiste, principalmente, na criação de classificações territoriais de interesse imediato, como apoio à decisão, para a proteção e a gestão das áreas analisadas. Esta componente merece algumas considerações conceituais e pragmáticas, feitas a seguir, visando a situar o leitor adequadamente na avaliação do conteúdo teórico e prático dos diversos capítulos deste livro.

O Geoprocessamento pode ser definido como uma tecnologia, isto é, um conjunto de conceitos, métodos e técnicas erigido em torno de um instrumental tornado disponível pela engenhosidade humana. A origem da tecnologia pode estar ligada a uma finalidade principal, porém é freqüente que aplicações correlatas se desenvolvam em função de interesses posteriores. É o caso do Geoprocessamento, originalmente (e até hoje) ligado às atividades bélicas, em associação com o Sensoriamento Remoto, para a obtenção de dados ambientais atualizados, visando à execução de análises da distribuição territorial de eventos e entidades de interesse militar. Atualmente, o Geoprocessamento apresenta uso crescente para fins não militares (XAVIER-DA-SILVA, 1997).

O Geoprocessamento tornou possível, em uma escala inimaginada, analisar a Geotopologia de um ambiente, ou seja, investigar sistematicamente as propriedades e relações posicionais dos eventos e entidades representados em uma base de dados georreferenciados, transformando dados em informação destinada ao apoio à decisão. Esta é a atividade precípua do Geoprocessamento, a qual permite distingui-lo de campos correlatos como o Sensoriamento Remoto, destinado, principalmente, a identificar e classificar entidades e eventos, registrados a distância por diversos detectores, e a Cartografia Digital, voltada, primordialmente, para a correta representação da realidade ambiental, segundo referenciais que permitam a identificação confiável do posicionamento de eventos e entidades, juntamente com medições de suas extensões e direções espaciais.

O processamento eletrônico de dados (EDP, em inglês) tem tido, nas últimas décadas, um desenvolvimento exponencial nas técnicas de captura, armazenamento e exibição de dados. Câmeras digitais e *scanners* de alta resolução, discos rígidos de alta capacidade, monitores de alta resolução quase constituem, hoje em dia, assuntos para conversas triviais, retratando, literalmente, o uso crescente do processamento gráfico para diversos fins — militares, geopolíticos, industriais, comerciais e de lazer. Atividades científicas dos mais diversos campos têm sido beneficiadas por estes avanços do processamento de dados, embora estes sejam, com relação aos pacotes de programas comerciais, indutores de um certo embotamento da capacidade criativa dos pesquisadores, que correm o risco de passarem a executar o que os programas e equipamentos recomendam, algumas vezes sem o devido cuidado com o espírito crítico que deve presidir a investigação científica. No Brasil, pelo menos, tal comportamento de aceitação indiscriminada de procedimentos de investigação científica, usualmente recomendados em manuais de equipamentos comerciais, poderia ser

INTRODUÇÃO 21

denominado de "síndrome simiesca", se for usada uma construção verbal razoavelmente erudita, para torná-la menos chocante (XAVIER-DA-SILVA, 1995b).

Para o Geoprocessamento, como tecnologia, tais desenvolvimentos têm trazido alguns avanços conceituais, metodológicos e técnicos dignos de nota. Um deles é a técnica de captura de mapeamentos convencionais preexistentes não mais por digitalização manual, mas sim por varredura matricial (*scanning*, que pode ser traduzido como *escandimento*), o que acelera e diminui consideravelmente a margem de erro associada à captura da geometria de entidades e eventos cartografados. Ainda em termos de técnicas, a impressão de mapas por impressoras a jato de tinta superou o uso de impressoras de agulhas, dependentes do uso de fitas coloridas e de operação menos simples. As possibilidades de armazenamento e velocidade de acesso em memórias auxiliares (HDs) e o crescimento das memórias principais (RAMs) permitem tratar formidáveis massas de dados ambientais, superando-se, assim, uma das dificuldades inicialmente enfrentadas pelo Geoprocessamento.

Quanto a avanços metodológicos, é notável o uso crescente da integração de dados a partir do atributo inerente da localização. Este procedimento de análise ambiental tem sido denominado Varredura Analítica e Integração Locacional (VAIL). Ele contrasta com o procedimento clássico de Inspeção Pontual e Generalização (IPG), ainda em maior uso na geração de mapas temáticos. O IPG, porém, é superado pelo procedimento VAIL quanto ao poder de exame detalhado de ocorrências territoriais conjuntas, exame com o qual podem ser identificadas correlações entre variáveis. Neste particular, pela combinação deste procedimento de varredura de documentos gráficos com as possibilidades de recuperações seletivas e entrecruzadas dos bancos de dados convencionais, pode ser percebida a ultrapassagem de um limiar quantitativo (e qualitativo, em termos de tipos de procedimentos analíticos) na investigação ambiental. Novas formas de relacionamento do pesquisador com os dados ambientais foram criadas, no que poderia ser denominado de uma nova semiótica, isto é, uma nova forma de dirigir, através de sinalizações convencionadas, a transformação de dados em informação – convém repetir aqui (XAVIER-DA-SILVA, 2001).

Esta nova forma de comunicação exigiu e gerou novos meios físicos de contato com os dados (equipamentos de alta resolução, já citados acima) e novos protocolos (plataformas de integração de dados gráficos com alfanuméricos, por exemplo). Como desencadeador do processo de comunicação com os dados e usuário da informação ambiental, a atuação do pesquisador, pelo menos no Brasil, tem sido claudicante. Em termos dos elementos básicos de uma estrutura de comunicação, habilitar o pesquisador, que é um emissor de comandos para os dados, e também o receptor da informação pretendida, a trabalhar eficientemente em meio digital, usando protocolos eficazes na extração da informação, é uma tarefa inescapável para todos que tencionam ver o Geoprocessamento não apenas como um meio de vida (visão, aliás, legítima, em certa medida), mas também como uma tecnologia a serviço da qualidade da vida humana.

É inegável que o Geoprocessamento criou, para a pesquisa ambiental, uma dependência para com o processamento automático de dados. Entretanto, é igualmente inegável que o uso da computação eletrônica causou um desenvolvimento enorme e absolutamente desejável, em termos teóricos, relativo à capacitação para a inspeção de incidências locacionalmente convergentes de ocorrências de fenômenos ambientais. Acresce que este desenvolvimento da inspeção de ocorrências convergentes está inserido dentro de um quadro de progresso técnico em que praticamente explodiram as possibilidades gerais de inspeção de relações ditas geotopológicas (entre lugares geográficos). Processos interativos de busca de relações geotopológicas têm sido desenvolvidos e aplicados em larga escala no Geoprocessamento (na identificação de potenciais de interação, por exemplo, um assunto tratado em um dos capítulos do presente livro).

Novos conceitos surgiram em conseqüência dos avanços metodológicos e técnicos verificados. Um destes conceitos é o de Modelo Digital do Ambiente (MDA) (XAVIER-DA-SILVA, 1982), segundo o qual uma base de dados georreferenciados passa a ser entendida, se formada por conjuntos de variáveis significativas (eventos e entidades, com seus atributos especificados), como representativa de uma realidade ambiental, a ser submetida à investigação técnico-científica. Neste MDA podem ser incluídos todos os produtos dos avanços tecnológicos utilizáveis no Geoprocessamento, tais como imagens sinóticas e detalhadas, mapeamentos digitais, textos literais ou criptografados, registros sonoros, filmagens digitais, entre outros. A representação da realidade ambiental, conduzida por este conceito, pode, em princípio, ser feita tão complexa quanto se queira, sendo mesmo admissíveis tratamentos cinematográficos ou de realidade virtual que envolvam o pesquisador, colocando-o como parte componente da estrutura de dados. Neste caso, é bom salientar, o pesquisador não deverá ser colocado como um espectador, mas sim como um agente de transformações dirigidas dos dados, visando à obtenção da informação.

A Geografia, ciência das mais tradicionais e, em algumas ocasiões, tradicionalista, sempre se ocupou da representação e da análise de características ambientais, conjugando e apresentando seus resultados sob a forma de textos, vários tipos de atlas, mapas específicos, diagramas e outras imagens, fotográficas e de diversas outras origens. Esta produção de informação geográfica sempre procurou utilizar os mais modernos recursos tecnológicos disponíveis. Pode ser até imaginado que, em alguma ocasião, geógrafos tenham julgado necessário assumir a posição de vestais do conhecimento geográfico "puro", isto é, não contaminado pelo progresso tecnológico, normalmente associado a interesses econômicos. Tais posturas programáticas, merecedoras de respeito pelo conteúdo ideológico, não podem elidir, entretanto, as condições de permeabilidade que necessariamente cercam qualquer campo científico. Neste sentido, a pesquisa geográfica hoje em curso, uma vez realizada com o apoio do Geoprocessamento, em particular na varredura absolutamente sistemática das condições ambientais, permite a incorporação de novas visões da realidade ambiental (e de si própria, inclusive), visões estas ampliadas pelo uso de técnicas atuais de registro e tabulação de ocorrências de eventos e entidades ambientais.

A permeabilidade a conceitos derivados da práxis é, na verdade, condição de permanência de um campo científico e, no caso da ciência geográfica, induz a geração de uma autovisão ampliadora de sua atuação. O conceito de Modelo Digital do Ambiente (MDA), acima enunciado, conduz ao conceito de Hipergeografia. Realmente, se um MDA é a representação multifacetada de uma realidade ambiental, o corpo de conhecimentos derivado da utilização de tais modelos pode ser entendido como uma conjugação inteiramente articulada da informação ambiental. Este conhecimento articulado é a Hipergeografia, que pode ser assumida como baseada em todos os recursos de processamento eletrônico de dados (os associados aos procedimentos de produção de hipertextos, em particular), e fazendo uso de todos os recursos de comunicação hoje disponíveis (redes de desenvolvimento de pesquisas, internas ou planetárias). É possível e até provável que o prefixo *hiper* seja dispensável no futuro, quando recursos tecnológicos advindos sejam de uso generalizado nos diversos campos de pesquisa. Hoje, entretanto, a denominação Hipergeografia chama atenção para a necessidade premente de apropriação destes recursos de pesquisa baseados no processamento de dados, por parte dos ambientalistas e dos geógrafos, particularmente.

Muitos recursos tecnológicos já foram mencionados no presente texto, cabendo, mais uma vez, ressaltar que o uso de técnicas e métodos modernos não deve ser gerador de deslumbramentos inibidores da criatividade e do poder crítico do pesquisador. Estas suas características devem estar ancoradas em um sólido conhecimento teórico, conceitual, de seu campo de investigação, baseado necessariamente em considerações epistemológicas. Sua atuação deve ser guiada por objetivos ambiciosos, em coerência com os amplos recursos tecnológicos hoje disponíveis, mas deve almejar resultados exeqüíveis e socialmente justificáveis.

Conforme já assinalado acima, em decorrência destas amplas possibilidades técnicas e metodológicas, em associação com novos conceitos derivados da tecnologia de Geoprocessamento, reflexos em campos científicos tradicionais começam a ser sentidos. Na Biologia, é notável a contribuição do Geoprocessamento nos estudos ecológicos (XAVIER-DA-SILVA *et al.*, 2001), que passaram a ser habilitados a expor e analisar, detalhadamente, relações espaciais entre entidades e eventos biológicos, permitindo assim verificações exaustivas de hipóteses sobre possíveis correlações entre variáveis biológicas e entre estas e as perturbações ambientais ditas antrópicas. Em conseqüência, aplicações de Geoprocessamento estão em franco desenvolvimento em estudos, entre outros, sobre extinção de espécies e sobre ocorrências de pragas economicamente danosas, associadas a condições ambientais específicas.

Na Agronomia, é imperativo considerar a dimensão territorial de experimentos agrícolas. Neste campo científico, é tradicional a investigação de relações entre características físico-bióticas do ambiente, em conjunto com o uso de procedimentos específicos de manejo agronômico. Muitos progressos em análise espacial usados em diversos outros campos de pesquisas ambientais advieram dos estudos de experimentos controlados (*experimental designs*), inicialmente desenvolvidos na Agronomia com base na denominada Estatística Paramétrica. Juntamente com outros procedimentos

INTRODUÇÃO 25

ditos não-paramétricos, os desenvolvimentos técnicos, metodológicos e conceituais da pesquisa agronômica foram incorporados pelo Geoprocessamento e outros campos de pesquisa (SNEDECOR e COCHRAN, 1967).

Recentemente, uma aplicação do Geoprocessamento na pesquisa agronômica e no planejamento e gestão de propriedades a ser destacada refere-se à denominada Agricultura de Precisão. As grandes possibilidades de discretização territorial hoje associadas ao uso de modernas memórias auxiliares (HDs rápidos e de grande capacidade) permitem que glebas usadas em experimentos agronômicos sejam investigadas com detalhamento decimétrico. Dessa forma, pode ser feito o registro do acoplamento de possíveis variações espaciais conjuntas que se revelem como conexões causais. Tipos de porosidade, permeabilidade, presenças de elementos-traço, variações dirigidas de manejo podem ser testados como causalmente relacionados com a produtividade ou com a presença de condições indesejadas nos produtos agrícolas.

Resultados destas pesquisas podem ser acompanhados por estruturas de Geoprocessamento destinadas à vigilância (registro de ocorrências) e ao controle (armazenamento e tabulação das ocorrências em períodos). São sistemas constituídos pela conjugação cuidadosamente conduzida de bases cartográficas com bancos de dados alfanuméricos, o que permite análises abrangentes e detalhadas das relações referentes a variáveis ou lugares, entre si, e entre lugares e variáveis. Obviamente, tais estruturas podem ser usadas na gestão de propriedades rurais de diversas naturezas (agrícolas ou de criação de gado), com a possível utilização, em simulações, deste tipo de sistemas computacionais no planejamento do uso otimizado dos recursos ambientais da propriedade rural.

O quadro do Geoprocessamento até agora apresentado neste texto circunstancia suas relações com a pesquisa ambiental, em diversos campos, como a Geografia, a Biologia (Ecologia) e a Agronomia. Nada impede sua ampliação, praticamente imediata, aos campos do Planejamento Territorial e da Gestão Ambiental (XAVIER-DA-SILVA, 2002). A maioria dos capítulos deste livro diz respeito, exatamente, a estes campos. Assim sendo, este livro representa um elemento de comunicação entre os executores das pesquisas e seus colegas ambientalistas. Identificações de possibilidades de ocorrência, análises de interações espaciais, zoneamentos definidos como segmentações territoriais dirigidas, são alguns dos exemplos apresentados. Em desenvolvimento mais recente, programas de vigilância e controle de ambientes estão disponíveis como parte do sistema SAGA/UFRJ, merecendo, também, aqui ser mencionados (vide programa VICON — www.lageop.ufrj.br). Todo este quadro de comunicação (na acepção de partilhamento de significados) entre pesquisadores, e entre estes e os dados, configura a presença de uma nova semiótica, conforme já foi observado. Ressalte-se, no entanto, que esta percepção de novas formas de comunicação com os dados não deve ser constrangida ao estrito contato com os registros de ocorrências. Preconceitos geradores de tentativas de desqualificação de argumentos tendem a propiciar tais constrangimentos. Pelo contrário, esta nova semiótica deve constituir um fulcro para o desenvolvimento de novas percepções livremente associadas aos campos teóricos e práticos da pesquisa ambiental. Este livro tenciona contribuir, minimamente que seja, para esta finalidade. É com uma forte e estimulante sensação do dever cumprido que ele é apresentado para exame.

REFERÊNCIAS BIBLIOGRÁFICAS

ALMEIDA, L. F. B. Padrão CPRMd para metadados de cartografia. GIS Brasil 99 — 5º Congresso e Feira para Usuários de Geoprocessamento da América Latina. Salvador, 1999. (CDRom)
ARONOFF, S. *Geographic Information Systems: a management perspective.* Ottawa: WDL, 1991, 298 pp.
BONHAM-CARTER, G. F. *Geographic Information Systems for Geoscientists: modelling with GIS.* Ottawa: Pergamon, 1996, 398 pp.
BRAGA-FILHO, J. R. E. A. Uma Entrada para SGIs. IV Conferência Latino-Americana sobre Sistema de Informação Geográfica. II Simpósio de Geoprocessamento. São Paulo: USP, 1993, pp. 123-137.
BURROUGH, P. A. *Principles of geographical information systems for land resources assessment.* Oxford: Oxford University, 1990, 194 pp.
CHORLEY, R. J. e KENNEDY, B. A. *Physical Geography: a systems approach.* Londres: Prentice-Hall Internacional, 1971, 370 pp.
CHRISTOFOLLETI, A. *Modelagem de Sistemas Ambientais.* São Paulo: Edgard Blucher, 1999, 236 pp.

DALY, H. E. The carrying capacity of our global environmental: a book at the ethical alternatives. In: RANDERS, J. e MEADOWS, D. (Ed.). Toward a steady-state economy. São Francisco: W.H.Freeman and Company, 1973.

DALY, H. E. e COBB-JUNIOR, J. B. For the common good: redirecting the economy toward community the environmental and a sustainable future. Boston: Beacon, 1989, 482 pp.

DATE, C. J. A *introduction to data base systems*. Reading: Addison Wesley, 1976.

DAVIS, J. C. *Statistics and Data Analysis in Geology*. 2ª ed. New York: John Wiley & Sons, 1986, 646 pp.

DUARTE, A. C. *Regionalização: considerações metodológicas*. Boletim Geografia Teorética, Rio Claro, v. 10, n. 20, 1980, pp. 5-32.

GALLIANO, A. G. O método científico: teoria e prática. 2ª ed. São Paulo: Habbra, 1986, 202 pp.

GOES, M. H. D. B. *Diagnóstico Ambiental por Geoprocessamento do Município de Itaguaí (RJ)*. (Tese de Doutorado). Curso de Pós-Graduação em Geografia do Instituto de Geociências e Ciências Exatas, UNESP, Rio Claro, 1994.

GOODCHILD, M. F. *Issue of quality and uncertainly: advences in cartometry*. Oxford: Pergman, 1991, 577 pp.

GORE, A. *The Digital Earth: Understanding our planet in the 21st Century*. http://www.opengis.org/inf/pubaffairs/algore.htm, 1998.

KUHN, T. S. *As estruturas das revoluções científicas*. 2ª ed. São Paulo: Perspectiva, 1987.

LÉVY, P. *As tecnologias da inteligência: o futuro do pensamento na era da informação*. 34ª ed. Rio de Janeiro, 1996, 208 pp.

LORINI, M. L., et al. *Geoprocessamento aplicado à conservação de espécies ameaçadas de extinção: o Projeto Mico-Leão-da-Cara-Preta*. Semana Estadual de Geoprocessamento. Rio de Janeiro, 1996.

MACIEL, J. *Elementos de teoria geral dos sistemas*. Petrópolis: Vozes, 1974, 404 pp.

OLIVEIRA, O. M., et al. *Methodology for associating a conventional database to a Geographical Information System*. The SAGA/UFRJ case study. I Congresso Brasileiro de Cadastro Técnico Multifinalitário. Florianópolis: Tommo Desenvolvimento Tecnológico/Cadastro Técnico Multifinalitário, 1994, pp. 35-39.

PEUQUET, D. J. Toward and integrated approach for designing geographic databases. I Conferencia Latino-Americana sobre Informática en Geografía. San Jose — Costa Rica: 1984, pp. 428-450.

POPPER, K. R. *A lógica da pesquisa científica.* 2ª ed. São Paulo: Cultrix, 1974, 174 pp.

SNEDECOR, G. W. e COCHRAN, W. G. *Statistical Methods.* Iowa: The Iowa State University Press, 1967.

STAIR, R. M. *Princípios de Sistemas de Informação: uma abordagem gerencial.* Rio de Janeiro: LTC, 1998, 451 pp.

TABACOW, J. W. *Proposta de Zoneamento Ambiental para Santa Teresa — ES.* (Monografia). Programa de Pós-Graduação em Ecologia e Recursos Naturais, Universidade Federal do Espírito Santo, Vitória, 1992, 110 pp.

TAYLOR, G. *Geography in the twentieth century.* London 1957, 674 pp.

TEIXEIRA, A. L. A. e CHRISTOFOLETTI, A. *Sistema de Informação Geográfica: dicionário ilustrado.* São Paulo: Hucitec, 1997, 244 pp.

XAVIER-DA-SILVA, J. *O Sistema de Informações Geoambientais do Projeto Radambrasil.* Anuário da Diretoria do Serviço Geográfico do Exército, n. 23, 1979, pp. 207-217.

_____. *A digital model of the environment: na effective approach to areal analysis.* Latin American Conference. Rio de Janeiro: IGU, 1982, pp. 17-22.

_____. *Matriz de Objetivos Conflitantes: uma participação da população nos planos diretores municipais. In*: MACIEL, T. B. (Ed.). *O Ambiente Inteiro: a contribuição crítica da Universidade à questão ambiental.* Rio de Janeiro: Editora da UFRJ, 1992, pp.123-134.

_____. *Geomorfologia e Geoprocessamento. In*: GUERRA, A. J. T. e CUNHA, S. B. (Ed.). *Geomorfologia: uma atualização de bases e conceitos.* 2ª ed. Rio de Janeiro: Bertrand Brasil, 1995a, pp. 393-414.

_____. *A Pesquisa Ambiental no Brasil: uma visão crítica. In*: BECKER, B. K., *et al* (Ed.). *Geografia e Meio Ambiente no Brasil.* São Paulo — Rio de Janeiro: Hucitec, 1995b, pp. 346-370.

_____. *Metodologia de Geoprocessamento.* Revista de Pós-Graduação em Geografia-UFRJ, v. 1, 1997, pp. 25-34.

_____. *Geoprocessamento para Análise Ambiental.* Rio de Janeiro: sn, 2001, 228 p.

_____. *O Espaço Organizado: sua percepção por Geoprocessamento.* Revista Universidade Rural — Série Ciências Exatas e da Terra, v. 21, n. 1, 2002, pp. 63-77.

XAVIER-DA-SILVA, J., *et al. Geomorfologia e Geoprocessamento. In*: CUNHA, S. B. e GUERRA, A. J. T. (Ed.). *Geomorfologia: exercícios, técnicas e aplicações.* Rio de Janeiro: Bertrand Brasil, 1996, pp. 283-309.

XAVIER-DA-SILVA, J. e CARVALHO-FILHO, L. M. *Sistema de Informação Geográfica: uma proposta metodológica.* IV Conferência Latino-Americana sobre Sistemas de Informação Geográfica e II Simpósio Brasileiro de Geoprocessamento. São Paulo: EDUSP, 1993, pp. 609-628.

XAVIER-DA-SILVA, J. e CARVALHO-FILHO, L. M. D. *Índice de Geodiversidade da Restinga da Marambaia (RJ): um exemplo de geoprocessamento aplicado à geografia física.* Revista de Geografia do Departamento de Ciências Geográficas da Universidade Federal de Pernambuco, 2001, pp. 57-64.

XAVIER-DA-SILVA, J. e OUTROS. *Um Banco de Dados Ambientais para a Amazônia.* Revista Brasileira de Geografia — Rio de Janeiro, v. 53, n. 3, jul/set, 1991, pp. 91-124.

XAVIER-DA-SILVA, J., et al. *Índice de Geodiversidade: aplicações de SGI em estudos de biodiversidade.* In: GARAY, I. (Ed.). *Conservação da Biodiversidade em Ecossistemas Tropicais: avanços conceituais e revisão de novas metodologias de avaliação e monitoramento.* Petrópolis: Vozes, 2001, pp. 299-316.

XAVIER-DA-SILVA, J. e SOUZA, M. J. L. D. *Análise Ambiental.* Rio de Janeiro: Editora da UFRJ, 1988, 199 pp.

CAPÍTULO 1

GEOPROCESSAMENTO APLICADO AO ZONEAMENTO DE ÁREAS COM NECESSIDADE DE PROTEÇÃO: O CASO DO PARQUE ESTADUAL DO IBITIPOCA — MG

Ricardo Tavares Zaidan
Jorge Xavier da Silva

1. INTRODUÇÃO

O Parque Estadual do Ibitipoca é uma área de preservação ambiental aberta à visitação, sob a guarda e administração do Instituto Estadual de Florestas de Minas Gerais (IEF). Localiza-se aproximadamente a 100km de Juiz de Fora, entre os municípios de Lima Duarte, Bias Fortes e Santa Rita do Ibitipoca, na Microrregião de Juiz de Fora, inserida na Zona da Mata, em Minas Gerais.

O local é rico em paisagens típicas de domínios de rochas quartzíticas, recobertas por campos rupestres. Nele, exuberantes mirantes, locais de banhos e grutas, causam um contraste com o entorno, que é caracterizado pela presença de um relevo de morros e colinas arredondadas, de menores altitudes.

As características ambientais desta área atraem a presença humana, o que indica a necessidade de ser cuidada, devido à sua fragilidade (RAGAZZI *et al.*, 2000). A persistência deste ambiente, de destacada altitude, ao longo do tempo, é devida ao equilíbrio dos fatores ambientais, que neste último século tem se alterado aceleradamente devido à ação antrópica vinculada a interesses relacionados ao uso e ocupação, que não a preservação e a conservação do ambiente. Estas interferências antrópicas refletem-se primeiramente na paisagem, ou seja, na dinâmica geomorfológica local, principalmente nos processos erosivos e movimentos de massa, o que resulta, de imediato, num quadro de degradação ambiental e aumento dos riscos para o visitante do parque. Este local oferece inúmeros recursos de lazer aos seus visitantes, porém a sua utilização excessiva tem refletido no aceleramento do processo erosivo nas proximidades de trilhas que ligam locais de maior freqüência de visitação, além de alterações diretamente na biodiversidade da fauna e flora locais.

O homem, como ser social, interfere no meio ambiente, criando novas situações ao construir e reordenar os espaços físicos de acordo com seus interesses. Todas essas modificações inseridas pelo homem no ambiente natural alteram o equilíbrio de uma natureza que não é estática, mas que apresenta quase sempre um dinamismo harmonioso em evolução estável e contínua (ROSS, 1990). O ser humano tem comprovado ao longo de sua existência, principalmente após o início da Revolução Industrial, que não tem se considerado como parte efetiva do meio ambiente. A sua necessidade de sobreviver tem ultrapassado os limites da normalidade, gerando uma desproporção absurda entre a maneira de viver e de consumir.

O meio ambiente tem sofrido alterações crescentes registradas nas últimas décadas, o que tem causado males à humanidade. A partir daí, começa a fortalecer-se a idéia de preservar o meio onde se vive, pois parte-se do princípio de que não estamos aqui ao acaso. Se existimos, é porque há todo um conjunto de condições favoráveis para que isso aconteça. Mas ainda estamos longe de conviver e respeitar esse princípio, pois o meio ambiente ainda é visto como uma fonte inesgotável de recursos naturais. A criação de áreas de preservação é uma das formas de expressão da vontade de se continuar a existir, pois é a manifestação da idéia de se tentar preservar as condições naturais das quais o homem necessita para sobreviver. Porém, não se pode esquecer que se vive em uma sociedade desigual e culturalmente formada para utilizar os recursos naturais ao máximo, fruto do processo histórico de formação do nosso país e que exigirá muitos esforços para que se transforme.

Este estudo reflete a preocupação que representa a Necessidade de Proteção em Unidades de Preservação, vinculada não apenas à compreensão do tema, mas também à forma como a sociedade e os órgãos administrativos podem lidar com os problemas que geram a degradação ambiental e, a partir daí, dar subsídio para a formulação de novas propostas e maneiras de uso para o parque, através de uma contribuição para a possível criação de um Plano de Manejo que proporcione um desenvolvimento sustentável e não a degradação ambiental com que se tem deparado, pois é conhecendo como se distribuem e o grau de Necessidade de Proteção das localidades existentes no Parque Estadual do Ibitipoca — MG que poderão ser sugeridas técnicas e medidas eficazes que contribuam para a solução dos problemas referentes ao fluxo excessivo de turistas, às conseqüências sobre a vegetação e o solo, minimizando os impactos ao meio ambiente. Neste caso, a tecnologia de geoprocessamento, por ser uma ferramenta poderosa e precisa, permite realizar investigações oferecendo produtos digitais básicos aplicados para as análises de cada Situação Ambiental definida (DIAS, 1999).

O Zoneamento de Áreas com Necessidade de Proteção Ambiental no Parque Estadual do Ibitipoca — MG buscou auxiliar possíveis estudos de caráter ambiental vinculados a projetos político-administrativos, acadêmico-científicos e técnicos através de seu produto final, a Base de Dados Geocodificados, formada por treze Planos de Informação e nove Avaliações Ambientais referentes ao Potencial Turístico e Riscos Ambientais, culminando no Zoneamento de Necessidade de Proteção Ambiental no Parque Estadual do Ibitipoca — MG.

Desta forma, o objetivo geral foi o de levantar as situações ambientais associadas à Necessidade de Proteção Ambiental do Parque Estadual do Ibitipoca — MG, utilizando-se de tecnologia e metodologia de geoprocessamento, através do SAGA/UFRJ — Sistema de Análise Geo-Ambiental (XAVIER-DA-SILVA e CARVALHO-FILHO, 1993; XAVIER-DA-SILVA, 2001), obtendo-se um modelo digital que pudesse contribuir para a criação de um Plano de Manejo.

2. O PARQUE ESTADUAL DO IBITIPOCA — MG

O Parque Estadual do Ibitipoca é uma unidade de preservação ambiental aberta à visitação, sob a guarda e administração do Instituto

Estadual de Florestas (IEF). Sua criação se deu através da Lei Estadual 6.126, de 4 de julho de 1973.

Situa-se nas coordenadas UTM 7597000 — 7604000 S e 613000 — 618000 O. Localiza-se aproximadamente a 100km de Juiz de Fora, através da BR 267, na divisa dos municípios de Lima Duarte, Bias Fortes e Santa Rita do Ibitipoca, localizados na Microrregião de Juiz de Fora, Zona da Mata Mineira (**Figura 1**).

O Parque Estadual do Ibitipoca — MG encontra-se na parte alta da Serra do Ibitipoca, inserida no Sistema Geológico Mantiqueira e que faz parte do chamado Grupo Andrelândia (CETEC, 1983). A mais antiga

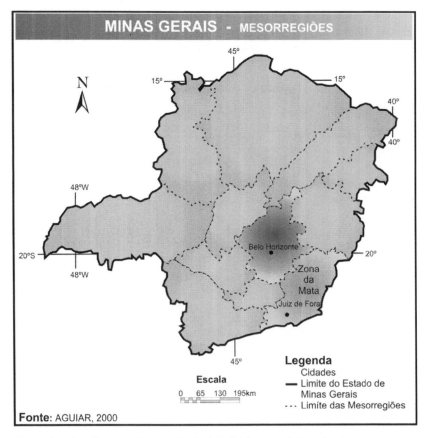

Figura 1 — Localização do Parque Estadual do Ibitipoca em Minas Gerais.

menção feita da região, de acordo com DELGADO (1962), aparece nos relatos da "bandeira" do padre João Faria de Fialho, vigário de Taubaté, em 1692.

Segundo LEMOS e MELO FRANCO (1976), de acordo com a classificação de Koeppen, o clima típico local é o tropical de altitude com verões amenos (Cwb), com regime de precipitação apresentando um ciclo bem definido, com verões chuvosos e invernos secos, sendo os meses de junho, julho e agosto os mais secos e novembro, dezembro e janeiro os mais chuvosos, com precipitação média anual de 1.395mm.

De acordo com RODELA (2000), a influência do relevo sobre o clima de Ibitipoca é muito importante, pois a altitude e a topografia são diferentes das áreas vizinhas, originando um clima típico do parque. Já RODELA (2000), classifica o clima local como tropical de altitude mesotérmico, com inverno frio e seco e chuvas elevadas no verão, levando em consideração a situação de latitude (21°40'15" a 21°43'30" S) e de altitude (entre 1.350 e 1.780m). Seus registros mostraram temperatura média nos meses mais frios de 12° a 15°C, e, nos meses mais quentes, de 18° a 22°C; e precipitação pluviométrica nos meses mais chuvosos com média em torno de 200 a 500mm ao mês e nos menos chuvosos abaixo de 20mm por mês, registrando um total anual de aproximadamente 2.200mm.

Estas características climáticas nos levam a considerar que, para a atividade turística, o período do inverno, com menos chuvas, é mais adequado para a visitação ao parque devido ao difícil acesso, mas não é adequado para os banhos, pois as águas chegam a alcançar temperaturas muito baixas, porém, caso o deslocamento seja realizado com veículo adequado e com tração apropriada, no período de verão, os recursos hídricos oferecem muitas opções de lazer.

De acordo com NUMMER (1990, 1991), os domínios litológicos predominantes na Serra do Ibitipoca são os quartzitos grossos sacaroidais, ocorrendo também quartzitos finos micáceos, biotita-xistos e lentes decimétricas de muscovita-xistos. Estes litotipos dispõem-se na maioria em camadas, que mergulham ao redor de 20° para SE na maior parte da serra. A dinâmica tectônica estrutural resultou atualmente num grau de metamorfismo que atingiu a fácie anfibolito médio. A estruturação tectônica local é dada por uma grande dobra antiformal recumbente, cujo flanco inverso corresponde ao ramo SO da Serra do Ibitipoca. Ocorrem também dobras suaves e concêntricas que se sobrepõem a esta estrutura maior. Juntamente, ocorre uma abundância de sistemas de fraturas com direções predominantes N-S, E-O, NNO, NO e NE, o que confere uma grande fragilidade às áreas com maior densidade de estruturas e sua conjugação com a ocorrência de forte gradiente (RAGAZZI et al., 2000).

A área também corresponde ao Distrito Espeleológico da Serra do Ibitipoca (PEREZ e GROSSI, 1985, apud RODELA, 1998a), sendo um terreno com muitas cavernas dentro dos limites do parque, que, segundo SILVEIRA (1922, apud FEIO, 1990), "foram utilizadas como esconderijo por escravos fugidos de fazendas e engenhos da região, na época da escravidão". Estas cavernas são desenvolvidas em quartzitos. Segundo CORREA NETO (1997), são conhecidas 30 cavernas, sendo a Gruta das Bromélias a maior, com 2.750m de desenvolvimento linear. Seu processo de formação pode ser atribuído a um longo período de estabilidade do lençol freático, onde a interseção entre planos de fraturas e planos de camadas de quartzitos formou zonas de porosidade e permeabilidade maximizadas, causando a concentração do fluxo de água subterrânea nestas zonas. Posteriormente ocorreram episódios de soerguimento do terreno, o que proporcionou o aumento do gradiente e da velocidade do fluxo de água subterrânea, gerando *pipes* ao longo das zonas de permeabilidade, que com o carreamento de partículas foram alargando e dando origem às galerias. Este evento foi estimulado pela grande diferença de nível de base, que se criou no decorrer do tempo geológico, entre o ambiente serrano e seus arredores, e também a estruturação tectônica local; vinculado a um período de estabilidade do nível freático seguido de consecutivos episódios de soerguimentos (CORREA NETO, 1997).

O Parque Estadual do Ibitipoca — MG faz parte do Planalto Itatiaia, na Serra da Mantiqueira Meridional (BRASIL, 1983). Encontra-se situado nas mais elevadas cotas de altitude em relação ao seu entorno. Segundo CORREA NETO (1997), suas formas escarpadas contrastam com os arredores, podendo ser comparadas basicamente a duas cuestas, caracterizadas por cristas anticlinais, cujos flancos frontais são formados por escarpas de falhas, apresentando patamares em alguns pontos, e seus reversos estão inclinados para o interior do vale central em sinclinal, onde se nota a presença de pequenos vales estreitos e *canyons*, o que confere à hidrografia local uma grande quantidade de pequenas cachoeiras e corredeiras.

O evento formador que predominou foi o geológico tectônico estrutural, podendo-se destacar o processo de deformação por orogênese, que deu origem à serra. No vale interior do parque, destacam-se pequenos vales e *canyons* provenientes de abatimento e colapso do teto de grutas (CORREA NETO, 1997), onde a interferência dos agentes climáticos teve grande destaque.

O Parque Estadual do Ibitipoca — MG constitui-se num grande divisor de águas, localizado entre as Bacias do Rio Grande e do Rio Paraíba do Sul. Em sua encosta Oeste, mais precisamente nas proximidades de Conceição de Ibitipoca, nascem os Ribeirões da Conceição, Bandeira e o Córrego do Pilar, contribuintes da Bacia do Rio Grande. Nas encostas NO, N, NE, SE e S nascem vários cursos d'água contribuintes da Bacia do Rio Paraíba do Sul.

De acordo com FEIO (1990), apesar de grande quantidade de córregos e riachos nascer na serra, apenas dois deles apresentam parte de seus leitos dentro da área do parque: os Rios do Salto e Vermelho. O Rio do Salto percorre todo o vale central da serra, no sentido S, numa distância de aproximadamente 5km, entre cotas altimétricas de 1.650 e 1.050 metros. O Rio Vermelho percorre o sentido N, numa distância aproximada de 2km dentro da área do parque, entre 1.700 e 1.500 metros de altitude.

A interação das águas juntamente com a força gravitacional é um importante condicionante dos processos geomorfológicos, sendo o parque, devido a suas características físicas, uma região de grande manancial hídrico, contribuindo para o regime hidrológico local e regional, de onde divergem os sistemas de drenagem do Rio do Salto (ao sul) e Rio Vermelho (ao norte), tributários da Bacia do Rio Paraíba do Sul.

De acordo com a fisiografia fluvial do parque, podemos destacar a ocorrência de leitos em forma de *canyons* e com encostas escarpadas, existindo leitos mais abertos na região do Lago dos Espelhos, Tbum, Prainha, Lago das Miragens e Cachoeira dos Macacos no Rio do Salto, e nas proximidades da Cachoeirinha e Cachoeira Janela do Céu, no Rio Vermelho. Este aspecto confere uma grande beleza cênica local, exercendo forte atrativo à visitação turística para banhos nas cachoeiras e nas formações de pequenas praias e lagos. Não se pode deixar de destacar que todos estes locais citados possuem acesso através de trilhas e caminhos, o que facilita o trânsito do visitante. Quanto à fisionomia do canal, podem ser destacados canais naturais retos associados à ocorrência de linhas tectônicas de fraturas e falhas. Estes aparecem entremeados a alguns trechos caracterizados como do tipo meândrico encaixante, pois seguem a configuração de seus estreitos vales, sendo o caso do vale central do Rio do Salto, a montante da prainha. Quanto ao padrão de drenagem, baseado na geometria da bacia, predomina a classificação treliça, porém pode-se destacar o padrão de drenagem paralelo em algumas áreas.

A variação dos solos do parque ocorre, principalmente, em função da alteração do material de origem, predominando os solos autóctones, ou seja, formados a partir da decomposição das rochas locais, onde MACIEL e ROCHA (2000) definiram cinco unidades mapeadas, de acordo com as classificações propostas por OLIVEIRA (1992) e EMBRAPA (1999). São elas: Neossolos Litólicos, Cambissolos, Neossolos Quartzarênicos, Rochas com Depósitos de Areia e Afloramentos de Rochas. A Serra do Ibitipoca apresenta solos predominantemente de natureza quartzítica associados à topografia bastante acidentada, o que aliado ao clima local resulta em uma cobertura vegetal heterogênea, constituindo um complexo vegetacional formado por um mosaico de comunidades de diferentes fisionomias (PIRES, 1997).

Esse aspecto reforça ainda mais o potencial turístico desta área, uma vez que seus domínios vegetacionais se diferem dos domínios regionais. O parque também é considerado a localidade mais importante do Brasil, do ponto de vista liquenológico, abrigando os gêneros Cladonia e Cladina, o que o qualifica como uma das áreas mais importantes do Hemisfério Sul (MARCELLI *apud* RODELA, 1998a). Isso reforça um grande potencial para a pesquisa científica local.

De acordo com RODELA (2000), a vegetação da Serra de Ibitipoca pode ser considerada como uma ilha atípica de cerrado, com manchas similares de campos rupestres, dentro da região de Mares de Morros Florestados. Este cerrado sobre neossolos litólicos em condições especiais de altitude é distinguido como campos rupestres. Este caráter heterogêneo nos mostra grandes trechos de transição entre os domínios de vegetação existentes na serra.

Em geral, é nítida a transição entre cerrado de altitude ou campo rupestre e matas ciliares ou capões de matas. Nas cabeceiras de córregos também podem ocorrer transições. A vegetação ciliar, com árvores baixas e arbustos, é mais aberta e descontínua, com mistura de espécies dos campos rupestres e de mata, ocorrendo, muitas vezes, em cabeceiras com morfometria ligeiramente côncava e solos rasos, em contato com campos encharcáveis.

Vista tal riqueza de atributos naturais que proporciona enorme contraste de paisagem com seus arredores, tornam-se claros os potenciais para pesquisa acadêmica, visitação e, antes de tudo, a preservação desta ilha natural em nossa região.

3. METODOLOGIA

O Zoneamento de Áreas com Necessidade de Proteção Ambiental no Parque Estadual do Ibitipoca — MG envolveu uma série de procedimentos metodológicos e tecnológicos, utilizando-se a tecnologia de geoprocessamento através do SAGA/UFRJ — Sistema de Análise Geo-Ambiental, associada à metodologia de Análise Ambiental por Geoprocessamento definida por XAVIER-DA-SILVA e CARVALHO-FILHO (1993).

Através dessa metodologia e após a criação da Base de Dados Geocodificados, puderam ser feitas deduções quanto à extensão territorial e associações causais entre variáveis ambientais. Essas associações se originaram a partir de ocorrências espaciais associadas às características ambientais do Parque Estadual do Ibitipoca — MG. Os dados ambientais obtidos foram convertidos para a escala ordinal, originando classificações que culminaram no Zoneamento de Áreas com Necessidade de Proteção Ambiental.

Os procedimentos propostos foram divididos em dois grandes grupos, os Levantamentos e Prospecções Ambientais, que culminaram no produto final através do Zoneamento de Áreas com Necessidade de Proteção Ambiental.

A seguir foram detalhados os procedimentos metodológicos deste trabalho, levando em consideração que foram necessários apenas os Procedimentos Diagnósticos, não chegando à execução dos Procedimentos Prognósticos, como definido por XAVIER-DA-SILVA e CARVALHO-FILHO (1993).

3.1. Procedimentos Diagnósticos

Os procedimentos diagnósticos compreendem os tratamentos necessários à identificação espacial de dados e problemas específicos, relevantes para o Zoneamento de Áreas com Necessidade de Proteção Ambiental no Parque Estadual do Ibitipoca — MG. Esses procedimentos são divididos em Levantamentos Ambientais e Prospecções Ambientais.

3.1.1. Levantamentos Ambientais

Os levantamentos ambientais resumem-se em três procedimentos: na criação da Base de Dados Geocodificados, através dos planos de informação definidos como portadores de poder diagnóstico quanto às situações ambientais relevantes para o Zoneamento de Áreas com Necessidade de Proteção Ambiental no Parque Estadual do Ibitipoca — MG (Inventário Ambiental).

Em seguida, as Planimetrias para o reconhecimento da extensão das categorias registradas nos planos de informação. Por último, o cômputo de áreas de incidências de eventos ou mesmo geoindicadores das condições de potencial turístico e riscos ambientais, através do uso da Base de Dados Geocodificados para se conhecerem os fatos através das associações de eventos, entidades e características ambientais, ou seja, as assinaturas, um procedimento heurístico (XAVIER-DA-SILVA, 2001).

3.1.1.1. Inventário Ambiental

O inventário está composto por treze planos de informação, que consistem em um modelo digital do ambiente, e consta do levantamento das condições ambientais vigentes na extensão do parque. Possuem sua localização no espaço aferida à projeção UTM (datum Córrego Alegre) e por isso é denominada georreferenciada.

A) Base de Dados Geocodificados

A Base de Dados Geocodificados foi gerada a partir da Base Digital já definida por ZAIDAN et al., (1997) e foi complementada, atualizada e reduzida sua abrangência territorial apenas para a área interna do Parque Estadual do Ibitipoca — MG, situado dentro das coordenadas UTM 7597000-7604000 Sul e 613000-618000 Oeste na escala 1:50.000. Está composta pelos seguintes mapas:

- Dados Básicos 1976 — compilação do IBGE (1976);
- Cobertura Vegetal 1976 — compilação do IBGE (1976);
- Cobertura Vegetal 1998 — compilação de RODELA (1998b);
- Altimetria — compilação do IBGE (1976);
- Unidades Litológicas — compilação de NUMMER (1991);
- Direção de Lineamentos Estruturais — compilação de RAGAZZI et al. (2000);
- Solos — cedida por Dr. Geraldo César Rocha —LGA/DGEO/ICHL/UFJF;
- Geomorfologia — cedida por Dra. Maria Hilde de Barros Goes — LGA/IA/UFRRJ;
- Dados Básicos 2001 — atualização de IBGE (1976);
- Proximidades de Dados Básicos 2001 — derivação de Dados Básicos 2001;
- Microbacias — interpretação de IBGE (1976);
- Declividades — utilização do Ábaco (DE BIASI, 1970);
- Intensidade de Lineamentos Estruturais — derivada de RAGAZZI et al. (2000);
- Proximidades de Lineamentos Estruturais — derivada de Intensidade de Lineamentos Estruturais.

3.1.1.2. Planimetrias

A planimetria significa a identificação da área de ocorrência ou, também, a identificação da extensão territorial de ocorrência. Todos os Planos de Informação tiveram suas áreas planimetradas e apresentadas através de síntese com as definições de suas categorias, sua área de ocorrência no parque em percentual e hectares, sua caracterização natural e a influência antrópica.

3.1.1.3. ASSINATURAS

O procedimento de assinatura comprova a utilização do SAGA/UFRJ como uma estrutura heurística, sendo possível informar empiricamente sobre possíveis associações causais entre as variáveis ambientais. Na verdade, o procedimento de assinatura utiliza o atributo de localização de um fenômeno para que haja o resgate das informações nos planos de informação escolhidos para o procedimento. Desta forma, podem ser conhecidas todas as características ambientais de um fenômeno, ou área escolhida, contidas nos planos de informação, relevantes ao estudo.

A Assinatura Ambiental corresponde a uma investigação por varredura. Trata-se, porém, de uma investigação empírica das características ambientais que mais irão influenciar no fato ou no fenômeno analisado (CAVALCANTE, 2001).

É importante ressaltar que as informações obtidas com as assinaturas embasaram os procedimentos de Prospecções Ambientais. A escolha das áreas para a execução das Assinaturas Ambientais foi realizada através de pesquisa de campo e entrevista com os funcionários do parque, sobre as áreas onde ocorrem as Situações Ambientais em análise, ou seja, as áreas com Potencial Turístico e áreas com Riscos Ambientais. Este procedimento corresponde a uma investigação empírica. Desta forma, buscou-se identificar registros de ocorrências das áreas potenciais e das áreas de riscos no Parque Estadual do Ibitipoca — MG.

As assinaturas devem ser usadas muitas vezes, a fim de realmente constatar a presença constante de certas características (categorias dos parâmetros) ao longo de vários locais escolhidos e analisados. Isto permite inferências quanto às associações causais entre parâmetros ou entidades e a Situação Ambiental de interesse, com base em correlações de ocorrência nos mesmos locais.

Os fatos ambientais levantados foram dois, obtendo-se o registro das áreas de Potencial Turístico e Riscos Ambientais. Estas assinaturas foram selecionadas de acordo com a Situação Ambiental mais relevante na área em estudo e foram definidas da seguinte forma:

A) Potencial Turístico: totalizando 6 assinaturas
- Potencial para Locais de Mirantes — 2 assinaturas;
- Potencial para Locais de Banho — 2 assinaturas;
- Potencial para Locais de Grutas — 2 assinaturas.

B) Riscos Ambientais: totalizando 4 assinaturas
- Risco de Movimento de Massa — 2 assinaturas;
- Risco de Erosão dos Solos — 2 assinaturas.

3.1.2. Prospecções Ambientais

As prospecções ambientais também são denominadas de Avaliações Ambientais, onde são avaliadas as Situações Ambientais ligadas às Áreas com Necessidade de Proteção Ambiental para a criação de um Zoneamento Ambiental no Parque Estadual do Ibitipoca — MG.

As prospecções ambientais definem-se através da classificação do espaço geográfico baseado nos levantamentos de conjugações de características ambientais que estão representadas na Base de Dados Geocodificados e que são de interesse para o Zoneamento de Áreas com Necessidade de Proteção Ambiental, prevendo, portanto, o que ocorrerá, onde, em que extensão e próximo a quê. Podem ser estimadas e efetuadas sobre áreas problemáticas e também sobre áreas de Potencial Geoambiental, segundo seus recursos econômicos, hídricos, minerais ou florestais (XAVIER-DA-SILVA, 2001).

Este procedimento tem caráter analítico, ou seja, procurou-se obter conhecimento científico de determinadas características ambientais. Possui também caráter empírico, ou seja, também se procurou adquirir conhecimento através das assinaturas, o que define as características ambientais que mais influenciam, por meio da probabilidade de ocorrência de cada classe componente dos Planos de Informação. Este procedimento passa necessariamente por uma atribuição de pesos e notas aos diferentes planos de informação e respectivas categorias envolvidas, conforme o grau de significância com relação à situação analisada. O somatório dos pesos aplicados aos parâmetros não pode exceder a 100%, ou seja, variando de 0 a 100%, de acordo com sua intensidade de participação. Com relação às notas, para as categorias de cada parâmetro, aplicadas às respectivas classes, esses valores variam segundo uma escala ordinal de 0 a 10 (Avaliação não estendida) ou 0 a 100 (Avaliação estendida). As notas acima de 10 ou de 100 constituem em bloqueio de categorias, e a não-participação das mesmas no processo de avaliação.

Para se fazer o processamento de uma Avaliação Ambiental adota-se um algoritmo classificador que é representado pela seguinte fórmula:

$$A_{ij} = \sum_{k=1}^{n} (P_k . N_k)$$

Onde:

- A_{ij} = célula qualquer da matriz e valor da respectiva avaliação;
- n = número de parâmetros envolvidos;
- P = peso atribuído ao parâmetro;
- N = nota atribuída à categoria, ou classe, do parâmetro.

Esse procedimento metodológico foi dividido em Avaliações Ambientais Diretas e Avaliações Ambientais Complexas.

3.1.2.1. AVALIAÇÕES AMBIENTAIS DIRETAS

Neste caso, as Avaliações Ambientais foram processadas diretamente dos Cartogramas Digitais Básicos (Inventário Ambiental ou Base de Dados Geocodificados), obtendo-se as Áreas Potenciais e Áreas com Riscos Ambientais, representadas pelos Cartogramas Digitais Classificatórios Simples.

Aplicando-se, então, a técnica de Apoio à Decisão, foram efetuadas as análises dos parâmetros ambientais selecionados segundo o seu grau de importância com relação aos dois fatos estudados e gerados.

A) Potenciais Ambientais

Os Potenciais Ambientais ligados ao Ecoturismo foram definidos de acordo com a ocorrência de visitação por parte dos freqüentadores e pelos membros do parque, respeitando as condições naturais da área em estudo. Foram registrados três principais tipos de potencial:
- Potencial para Locais de Mirantes;
- Potencial para Locais de Banho;
- Potencial para Locais de Grutas.

B) Riscos Ambientais

O Risco Ambiental foi definido aqui como a possibilidade de ocorrência de um evento danoso ao homem ou ao meio ambiente. Foram definidas três situações de acordo com a ocorrência, freqüência, volume de fluxo de visitação por parte dos freqüentadores e condições naturais do parque:

- Riscos de Interferência Antrópica na Cobertura Vegetal;
- Riscos de Movimentos de Massa;
- Riscos de Erosão dos Solos.

3.1.2.2. Avaliações Complexas

Antes de qualquer coisa, são o resultado da avaliação entre planos de informação provenientes de outras avaliações ambientais, ou seja, as Avaliações Diretas. Ao todo foram executadas três Avaliações Complexas para se chegar ao Zoneamento de Áreas com Necessidade de Proteção Ambiental no Parque Estadual do Ibitipoca — MG.

A) Potencial Turístico no Parque Estadual do Ibitipoca — MG

Esta Avaliação Complexa foi executada a partir do cruzamento dos seguintes Planos de Informação provenientes de Avaliações Diretas:

- Potencial para Locais de Mirantes;
- Potencial para Locais de Banho;
- Potencial para Locais de Grutas.

B) Riscos Ambientais no Parque Estadual do Ibitipoca — MG

Esta Avaliação Complexa foi executada a partir do cruzamento dos seguintes Planos de Informação também provenientes de Avaliações Diretas:

- Riscos de Interferência Antrópica na Cobertura Vegetal;
- Riscos de Movimentos de Massa;
- Riscos de Erosão dos Solos.

C) Zoneamento de Áreas com Necessidade de Proteção Ambiental no Parque Estadual do Ibitipoca — MG

Esta última avaliação gerou o Zoneamento de Áreas com Necessidade de Proteção Ambiental no Parque Estadual do Ibitipoca — MG. Foi executada a partir dos dois Planos de Informação, provenientes de Avaliações Complexas, anteriormente mencionados:

- Potencial Turístico no Parque Estadual do Ibitipoca — MG;
- Riscos Ambientais no Parque Estadual do Ibitipoca — MG.

3.1.3. ANÁLISE DAS INFORMAÇÕES AMBIENTAIS

Esta fase operacional é de fundamental importância, pois se refere ao produto final, que equivale à extração das informações de dados registrados nos Cartogramas Classificatórios. A Situação Ambiental analisada apresenta as características ambientais de cada plano de informação e suas classes em escala ordinal.

4. RESULTADOS E DISCUSSÃO

Os resultados refletem basicamente no Diagnóstico Ambiental, que está dividido em Levantamentos Ambientais, onde estão definidos o Inventário e as Assinaturas, e Prospecções Ambientais, que culminam na Avaliação Ambiental referente ao Zoneamento de Áreas com Necessidade de Proteção Ambiental no Parque Estadual do Ibitipoca — MG.

4.1. LEVANTAMENTOS AMBIENTAIS

Consta da Base de Dados Geocodificada (ou Inventário Ambiental) e das Assinaturas, onde estão contidos os dados ambientais portadores de poder diagnóstico para as situações ambientais de Potencial Turístico, Riscos Ambientais e Necessidade de Proteção Ambiental no Parque Estadual do Ibitipoca — MG.

4.1.1. INVENTÁRIO AMBIENTAL DO PARQUE ESTADUAL DO IBITIPOCA — MG

O Inventário é o levantamento das condições ambientais vigentes no Parque Estadual do Ibitipoca — MG, respeitando seus atributos de localização e extensão territorial, representados por treze Cartogramas Digitais, seguidos da síntese de suas planimetrias, descrição ambiental e antrópica de suas classes (itens da legenda de cada mapa).

4.1.2. ASSINATURAS

Uma área natural possui problemas e potenciais. Podem ser considerados como potenciais os recursos naturais, recursos estes que oferecem condicionantes e limitações naturais do sistema. É através do estudo desses condicionantes que poderemos manter os potenciais e não deixar que estes se transformem em problemas futuros. As Assinaturas compõem uma consulta à Base de Dados Geocodificados para que se adquiram conhecimentos dos demais atributos de ocorrência sobre um determinado fenômeno, ou condicionante, registrado em campo. A realidade ambiental do parque nos mostrou duas situações distintas: uma situação de potencial, definida através de áreas com potencial para a visitação ecoturística, e uma situação de risco, definida através de condições ambientais frágeis ao intenso fluxo de visitantes, acelerando alguns dos processos de modelagem da superfície.

As Assinaturas são apoiadas na Base de Dados Geocodificados (Inventário Ambiental) para dar subsídio à análise empírica das principais características ambientais (potenciais e riscos), que, por sua vez, deram suporte aos procedimentos de Avaliação Ambiental. As Assinaturas foram divididas em duas partes, sendo direcionadas para as situações potenciais e situação de risco.

4.1.2.1. ASSINATURAS PARA POTENCIAL TURÍSTICO

Definem-se três situações que caracterizaram o potencial turístico no parque, sendo os potenciais para visitação em locais de mirantes, locais de banho e de grutas. Para cada potencial foi realizado um número de duas assinaturas para que as características próprias de cada um desses locais fossem conhecidas e auxiliassem no processo de Avaliação Ambiental.

A primeira situação assinada diz respeito ao potencial para áreas de mirantes. Essas áreas foram ilustradas através da **Figura 2**, onde aparece uma vista lateral do Pico do Pião, no sentido N, acompanhando a escarpa leste do parque. A segunda situação assinada diz respeito ao potencial para áreas de banho. Essas áreas, portadoras de potencial para banho, foram ilustradas na **Figura 3**, mostrando a Prainha vista da trilha alta, que a liga à Ponte de Pedra.

Figura 2 — Representação da área da Assinatura 1 — Pico do Pião.

Figura 3 — Representação da área da Assinatura 4 — Prainha.

A terceira situação assinada diz respeito ao potencial para áreas de grutas. Essas áreas, portadoras de potencial para grutas, foram ilustradas através da **Figura 4**, mostrando a entrada oeste da Gruta dos Viajantes, que está localizada na extremidade leste do parque, nas proximidades do Pico do Pião.

4.1.2.2. ASSINATURAS PARA RISCOS AMBIENTAIS

Foram definidas três situações para se caracterizarem os Riscos Ambientais no Parque Estadual do Ibitipoca — MG, sendo Risco de Interferência Antrópica na Cobertura Vegetal, Riscos de Movimento de Massa e Risco de Erosão dos Solos. Realizou-se um total de quatro assinaturas para que as características próprias dos locais de Riscos de Movimento de Massa e Risco de Erosão dos Solos fossem conhecidas e

Figura 4 — Representação da área da Assinatura 6 — Gruta dos Viajantes.

auxiliassem no processo de Avaliação Ambiental. Na primeira situação, Risco de Interferência Antrópica na Cobertura Vegetal, não foi executada Assinatura devido ao fato de a Avaliação Ambiental ter levado em consideração apenas as proximidades de Dados Básicos 2001 e a facilidade natural de penetração que cada tipo de Cobertura Vegetal oferece ao visitante e não através de alguma degradação documentada pelo parque ou por alguma ocorrência registrada em campo, como demonstram os demais casos.

A segunda situação diz respeito ao Risco para Movimentos de Massa. Essas áreas, portadoras de riscos para a ocorrência de movimentos de massa, foram escolhidas com base em ocorrência de queda de blocos rochosos, como ilustrada na **Figura 5**, fotografia tirada da lanchonete do parque no sentido leste, onde aparece a borda oeste da trilha que liga a Prainha à Ponte de Pedra.

A terceira situação assinada diz respeito ao Risco para Erosão dos Solos. Estas áreas, portadoras de potencial para erosão dos solos, foram escolhidas com base em locais de ocorrência de erosão, como ilustrado na

Figura 5 — Representação da área da Assinatura 7 — Queda de blocos rochosos em um setor da trilha que liga a Prainha à Ponte de Pedra.

Figura 6, tirada em um trecho da trilha que liga o Pico do Ibitipoca à Lagoa Seca, entre os quadrantes Noroeste e Norte do parque, onde aparecem grandes ravinas paralelas à trilha.

4.2. Prospecções Ambientais

As Prospecções Ambientais constituem-se na classificação do espaço geográfico, com base nos levantamentos de conjugações das características ambientais que foram representadas na Base de Dados Geocodificados (XAVIER-DA-SILVA, 2001), onde aqui são denominadas também de Avaliações Ambientais. A finalidade específica é de se criar um espaço classificatório pertinente às situações que levem ao Zoneamento de Áreas com Necessidade de Proteção Ambiental no Parque Estadual do Ibitipoca — MG.

A partir da Base de Dados Geocodificados e do embasamento adquirido pelos procedimentos de planimetria e assinaturas, foram aplicados os procedimentos avaliativos, utilizando-se o SAD (Sistema de Apoio a

Figura 6 — Representação da área da Assinatura 10 — Ravinas de erosão paralelas à trilha que liga o Pico do Ibitipoca (Lombada) à Lagoa Seca.

Decisão), correspondente ao módulo de Análise Ambiental do SAGA para a criação de cartogramas classificatórios representados através de suas legendas em escala ordinal de 0 a 10. Para este estudo ambiental dirigido ao Parque Estadual do Ibitipoca — MG aplicaram-se Avaliações Ambientais do tipo Direta e Complexa.

Para tal finalidade, foram realizadas três etapas, sendo as Avaliações que resultaram no Potencial Turístico do parque, nos Riscos Ambientais e a combinação dessas duas resultando no Plano de Informação Zoneamento de Áreas com Necessidade de Proteção Ambiental no Parque Estadual do Ibitipoca — MG.

4.2.1. *Avaliações Ambientais para Potencial Turístico no Parque Estadual do Ibitipoca — MG*

Nesta situação, o potencial é encarado como um fato positivo, ou seja, a junção de características que apontam, em um espaço classificador, as porções do parque mais favoráveis à utilização para o ecoturismo. Foram três as etapas que precederam a Avaliação Ambiental de Potencial Turístico no Parque Estadual do Ibitipoca — MG: as Avaliações de Potencial Turístico para Locais de Mirantes, Potencial Turístico para Locais de Banho e Potencial Turístico para Locais de Grutas, como nos mostra a **Figura 7**, representando a Árvore de Decisão que definiu os procedimentos para a Avaliação do Potencial Turístico no Parque Estadual do Ibitipoca — MG.

Para a escolha dos pesos e notas, durante a Avaliação Ambiental, foram levados em conta três principais fatores: o conhecimento teórico das características ambientais que determinavam o que era potencial turístico, o conhecimento da realidade local e os locais mais visitados, o que foi resgatado por meio das Assinaturas Ambientais, e, por último, a proximidade das vias de acesso existentes no parque, pois o potencial turístico de uma área de preservação não pode teoricamente demandar a abertura de novas vias de acesso e, sim, a utilização da rede viária já existente para não gerar maior degradação.

54 GEOPROCESSAMENTO & ANÁLISE AMBIENTAL: APLICAÇÕES

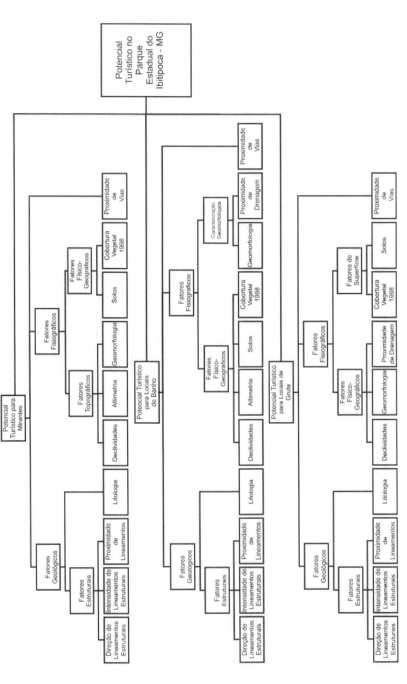

Figura 7 — Árvore de Decisão com os procedimentos utilizados para a Avaliação de Potencial Turístico no Parque Estadual do Ibitipoca — MG.

4.2.2. AVALIAÇÕES AMBIENTAIS PARA RISCOS AMBIENTAIS NO PARQUE ESTADUAL DO IBITIPOCA — MG

Nesta situação, o risco é encarado como um fato negativo, ou seja, um conjunto de características que apontam, em um espaço classificador, as áreas propícias ao acontecimento de eventos danosos ao meio ambiente e mesmo ao homem. A Avaliação referente a Riscos Ambientais no Parque Estadual do Ibitipoca — MG foi o resultado da Avaliação de três Avaliações Diretas, sendo as Avaliações de Riscos para a Cobertura Vegetal, Riscos para Movimentos de Massa e Riscos para Erosão dos Solos, como pode ser observado na **Figura 8**, onde está representada a Árvore de Decisão que definiu os procedimentos para a Avaliação Ambiental de Riscos Ambientais no Parque Estadual do Ibitipoca — MG.

4.2.3. AVALIAÇÃO AMBIENTAL PARA O ZONEAMENTO DE ÁREAS COM NECESSIDADE DE PROTEÇÃO AMBIENTAL NO PARQUE ESTADUAL DO IBITIPOCA — MG

O resultado da Avaliação Ambiental de Necessidade de Proteção Ambiental no Parque Estadual do Ibitipoca — MG está representado através de um cartograma classificatório com oito classes em sua legenda, como nos mostra o gráfico da **Figura 9** e ilustrado pela **Figura 10**.

As maiores freqüências foram registradas nas classes com notas de 2 a 4, compreendendo áreas preservadas a baixa necessidade de proteção ambiental no Parque Estadual do Ibitipoca — MG, com mais de 80% da área total.

As áreas com Nota 1 (Áreas Muito Preservadas), com 0,1550ha, são representadas quase que em sua totalidade por Colina Estrutural Dissecada, recoberta por Mata Ciliar/Mata de Neblina. As maiores ocorrências se dão na faixa de 1.100m de altitude e em áreas afastadas da infra-estrutura geral, que compreendem o extremo sul do parque. Essas áreas correspondem a classificações de baixíssimo potencial turístico e de baixíssimo risco ambiental.

As áreas com Nota 2 (Áreas Preservadas), com 217,74ha, estão principalmente representadas pela Encosta Litoestrutural Dissecada Sul e Colinas Estruturais Dissecadas, recobertas em sua maioria por Mata

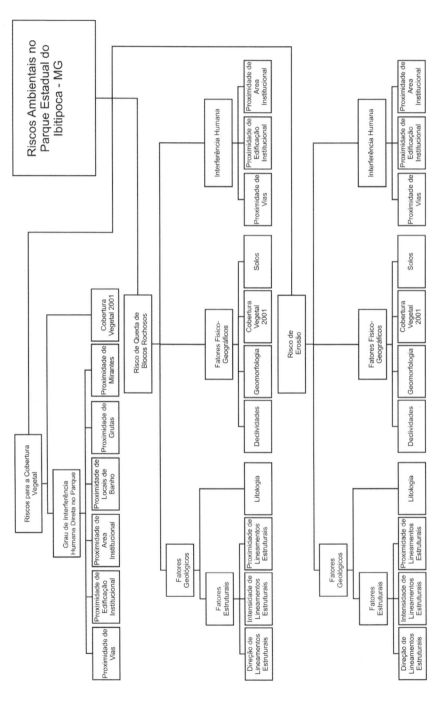

Figura 8 — Árvore de Decisão com os procedimentos utilizados para a Avaliação de Riscos Ambientais no Parque Estadual do Ibitipoca — MG.

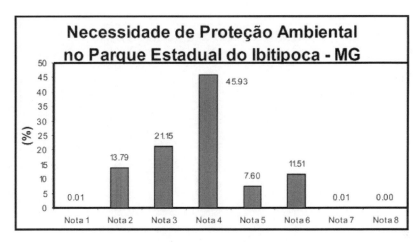

Figura 9 — Percentual de ocorrência das notas obtidas na Avaliação de Necessidade de Proteção Ambiental no Parque Estadual do Ibitipoca — MG.

Ciliar/Mata de Neblina, Campo Rupestre e Mata Ombrófila Altimontana (Mata Grande). Sua maior freqüência encontra-se entre 1.260m e 1.460m de altitude, sendo áreas afastadas da infra-estrutura de vias do parque, onde existem algumas grutas e parte do sistema de captação de águas. Compreendem a porção central até o extremo sul do parque, principalmente o vale do Rio do Salto e a região dos afluentes da margem esquerda. Correspondem às classificações de baixíssimo e baixo potencial turístico e de baixíssimo e baixo risco ambiental.

As áreas com Nota 3 (Áreas com Baixíssima Necessidade de Proteção Ambiental), com 334,05ha, possuem uma grande diversidade do ponto de vista geomorfológico, destacando a Encosta Litoestrutural Dissecada Sul, Interflúvios Litoestruturais do Parque e o Espigão Serrano com Escarpa Litoestrutural. São áreas recobertas em sua maioria por Mata Ciliar/Mata de Neblina e Campo Rupestre Arbustivo. Ocorrem ao longo de todo o parque, sendo que a maior freqüência está entre 1.220m e 1.700m de altitude, com pouquíssimas áreas próximas de trilhas, onde se encontram algumas grutas. Correspondem a áreas com classificação de baixíssimo a baixo potencial turístico e risco ambiental também baixo a baixíssimo.

As áreas com Nota 4 (Áreas com Baixa Necessidade de Proteção Ambiental), com 725,34ha, caracterizam-se por áreas com geomorfologia

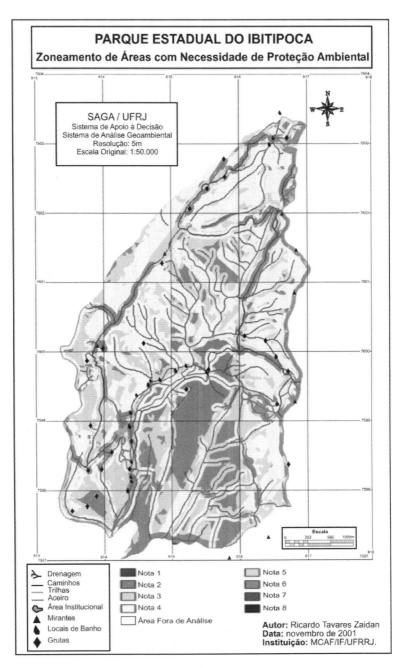

Figura 10 — Mapa de Zoneamento de Áreas com Necessidade de Proteção Ambiental no Parque Estadual do Ibitipoca — MG.

muito diversificada, destacando o Interflúvio Litoestrutural do Parque, e cobertura vegetal predominante de Mata Ciliar/Mata de Neblina, Campo Rupestre normal e Arbustivo. Distribuem-se por toda e extensão do parque, sendo a maior freqüência entre 1.420m e 1.700m de altitude, nas proximidades de aceiro, trilhas e caminhos, onde existem algumas grutas, mirantes, locais de banho, área institucional e parte do sistema de captação de águas. Correspondem a áreas com classificação de baixo a médio potencial turístico e baixo risco ambiental.

As áreas com Nota 5 (Áreas com Média Necessidade de Proteção Ambiental), com 120,02ha, caracterizam-se também por áreas com geomorfologia muito diversificada, destacando o Interflúvio Litoestrutural do Parque e a Encosta Litoestrutural Dissecada Sul, recoberta principalmente por Mata Ciliar/Mata de Neblina, Campo Rupestre normal e Arbustivo. A maior freqüência está entre 1.340m e 1.740m de altitude, distribuída por todo o parque, principalmente nas proximidades de aceiro, trilhas e caminhos, onde existem grutas, mirantes, locais de banho, área institucional e parte do sistema de captação de águas. Correspondem às áreas com classificação de médio potencial turístico e baixo a médio risco ambiental.

As áreas com Nota 6 (Áreas com Alta Necessidade de Proteção Ambiental), com 181,70ha, são áreas de grande diversidade geomorfológica, destacando o Interflúvio Litoestrutural do Parque, recoberta principalmente por Campo Rupestre normal e Arbustivo. A maior freqüência encontra-se entre 1.340m e 1.660m de altitude, com maiores proximidades de aceiro, trilhas e caminhos, onde ocorrem grutas, mirantes, locais de banho, área e edificação institucional e parte do sistema de captação de águas. Correspondem às áreas com classificação de médio a alto potencial turístico e baixo e médio risco ambiental. Destacam-se os trechos referentes ao aceiro da extremidade leste do parque, a subida para o Pico do Ibitipoca e sua descida em direção à Cachoeira Janela para o Céu, além do trecho que liga a Lagoa Seca ao Pico do Pião pelo interior do parque.

As áreas com Nota 7 (Áreas com Altíssima Necessidade de Proteção Ambiental), com 0,23ha, localizam-se no Interflúvio Litoestrutural do Parque e nos Topos/Picos Litoestruturais, com cobertura vegetal de Campo Sujo Encharcável e Campo Rupestre. A maior freqüência está entre 1.660m e 1.700m de altitude, nas proximidades de aceiro, trilhas e caminhos. Corresponde às áreas com classificação de alto a altíssimo potencial turístico e médio risco ambiental. Destacam-se algumas áreas nas proximidades do Pico do Pião e no aceiro leste, nas proximidades da Lagoa Seca.

As áreas com Nota 8 (Áreas Totalmente Vulneráveis), com 0,0075ha, localizam-se em áreas de Escarpa Litoestrutural Escalonada, com cobertura de Campo Rupestre. Sua freqüência total está na faixa de 1.620m de altitude e nas proximidades de caminhos. Corresponde às áreas com classificação máxima de potencial turístico e riscos ambientais. Ocorre apenas nas proximidades do Cruzeiro.

As áreas com maior necessidade de proteção ambiental localizam-se nas proximidades da rede viária e dos locais mais visitados no parque. Antes de apontar locais específicos, deve-se chamar a atenção para os trechos de caminhos constituídos por rampas com médio a elevado gradiente, como é o caso da subida entre o Cruzeiro e o Pico do Ibitipoca, a subida até o Pico do Pião e vários outros trechos de toda a rede viária do parque. Ao longo de todo o mapa da **Figura 10**, demonstram necessidade de proteção acima da média, o que deverá ser visto com atenção pela administração do parque, pois já são visíveis sulcos provocados pelo processo erosivo que se acelera ao longo do tempo.

A área institucional, onde se encontram a administração, o *camping* e demais edificações institucionais, é totalmente vulnerável. É a área com maior fluxo de pessoas, devido ao fato de ser o primeiro lugar que o turista chega ao entrar no parque. Nem todos os visitantes se aventuram a realizar percursos mais longos, ficando nos arredores do *camping* e da lanchonete. Nesse local existem inúmeras pequenas trilhas que muitas vezes levam ao mesmo lugar, as quais deveriam ser disciplinadas na forma de uma trilha para cada ponto visitado com o intuito de minimizar o impacto provocado pelo fluxo do turista.

Ponte de Pedra e Cachoeira dos Macacos são locais relativamente próximos do *camping*, estimulando um maior fluxo de visitantes. São áreas que apresentam classificação de altíssima necessidade de proteção e totalmente vulneráveis, pois já apresentam focos de erosão acentuada e também são áreas que estão sofrendo um acelerado processo de meteorização de seus afloramentos rochosos.

O Pico do Pião, assim como vários outros trechos do aceiro leste, têm apresentado vestígios de movimentos de massa em seu flanco voltado para o exterior do parque (leste). O caminho que leva até o pico apresenta severos focos erosivos, sendo em alguns pontos necessária a presença de desvios para o fluxo do veículo do parque e de visitantes.

A Gruta dos Viajantes está ligada à Gruta do Monjolinho através de uma série de atalhos e trilhas não oficializados pela administração do parque. Já apresentam aumento progressivo ao longo dos tempos com a presença de focos de erosão ainda não tão expressivos, porém necessária a sua correção.

O polígono formado pela Lagoa Seca, Cachoeirinha, Janela para o Céu e Pico do Ibitipoca apresenta, ao longo de seus caminhos e trilhas, classificação de alta necessidade de proteção ambiental. Localizam-se no extremo norte do parque e formam um importante ponto de visitação, pois a variedade de locais a serem visitados atrai o turista para esta localidade. Apresentam alguns indícios de depredação de paredes de grutas e alguns focos erosivos, destacando os caminhos próximos à Lagoa Seca.

5. Conclusões

A tecnologia de Geoprocessamento demonstrou ser uma ferramenta eficaz no que diz respeito à precisão, confiabilidade e velocidade na geração de dados relativos à Avaliação Ambiental, permitindo a modelagem da realidade ambiental, tornando viável a manipulação de grande volume de dados, o seu tratamento e a disponibilização rápida de um universo de informações. Após os resultados, foram conferidos em campo alguns dos locais de potenciais e de riscos apontados nos mapas de avaliações e constatou-se a veracidade das informações obtidas.

O programa SAGA/UFRJ demonstrou rapidez e facilidade para a manipulação da Base de Dados Geocodificados e execução das Avaliações Ambientais, expondo um produto cartográfico preciso e de boa qualidade, porém de eficaz utilização apenas para ser analisado em meio digital, pois em meio impresso a visão humana poderá não captar áreas muito pequenas, às vezes representadas por poucos pixels. Além de tudo isso, possui um custo operacional baixíssimo em relação aos demais SGIs, pois é distribuído gratuitamente para fins acadêmicos e necessita de computadores com arquitetura de hardware simples e de baixo custo monetário para ser executado.

A região do Parque Estadual do Ibitipoca — MG é coberta por vegetação exuberante, com a ocorrência de endemismo específico da flora.

Aliado a isso, o parque é uma importante localidade do ponto de vista liquenológico. Em relação à fauna local podemos destacar nicho ecológico de variadas espécies terrestres e aéreas, cuja distribuição e abundância podem variar com o tipo de cobertura vegetal. Essas características conferem à serra um grande potencial para a pesquisa acadêmica e científica, que de inúmeras formas poderá contribuir para a utilização dos demais recursos naturais, sem sua alteração e degradação.

Apesar de o parque ter se mantido preservado por suas próprias características naturais e por ser protegido pela legislação, vem sofrendo um processo de degradação de seu patrimônio natural causado pela atividade turística excessiva em determinadas épocas do ano. No entanto, as áreas que apontaram maior necessidade de proteção ainda não se encontram em estado crítico. Constatou-se que as áreas com maior necessidade de proteção estão localizadas principalmente ao longo dos locais mais visitados, o que nos leva a crer na necessidade de criação de normas para a visitação do parque que possibilitem a redução do número de visitantes e sua ordenação através de seu redirecionamento para áreas menos visitadas.

Dessa forma, torna-se imprescindível a adequação ao uso sustentável desse importante remanescente natural, uma vez que seu potencial turístico é enorme, em virtude da presença de inúmeros mirantes, grutas e cachoeiras.

É preciso conhecer melhor este ecossistema, pois na maioria das vezes conhece-se muito pouco sobre as conseqüências dos impactos da interferência do homem. O aprofundamento da pesquisa científica é fundamental no apoio à decisão e adoção de procedimentos que visem à conservação e à preservação e também para promover a divulgação, a adoção e o envolvimento da comunidade com práticas racionais de uso da natureza, o que reforça ainda mais a temática sustentabilidade. É dessa forma que se procura dar uma contribuição para que essas áreas de exuberantes paisagens possam perpetuar-se e fazer parte das futuras gerações.

6. REFERÊNCIAS BIBLIOGRÁFICAS

AGUIAR, Valéria T. B. de. *Atlas geográfico escolar de Juiz de Fora.* Juiz de Fora: Ed. UFJF, 2000, 46p.
BRASIL, Ministério das Minas e Energia, Secretaria Geral. Rio de Janeiro/ Vitória. *In: Projeto RADAMBRASIL, Levantamento de Recursos Naturais,* Vol. 32. Brasília, DF, 1983.
CAVALCANTE, S.G. *Áreas com Necessidades de Proteção Ambiental na Reserva Biológica do Tinguá e sua Borda (RJ) Definidas por Geoprocessamento.* Seropédica: UFRRJ, 2001. Tese de mestrado apresentada ao Curso de Pós-Graduação em Ciências Ambientais e Florestais do Instituto de Florestas da Universidade Federal Rural do Rio de Janeiro.
CETEC. *Diagnóstico Ambiental do Estado de MG.* Série de Publicações Técnicas. Belo Horizonte, 1983.
CORREA NETO, A.V. Cavernas em Quartzitos da Serra do Ibitipoca, Sudeste de Minas Gerais. *In: Anais do Seminário de Pesquisa do Parque Estadual do Ibitipoca, MG.* Juiz de Fora: Núcleo de Pesquisa em Zoneamento Ambiental da UFJF, 1997, pp. 43-50.
DE BIASI, M. Carta de declividade de vertentes, confecção e utilização. *Geomorfologia,* Vol. 21. São Paulo: Instituto de Geografia, 1970, pp. 8-13.
DELGADO, A.M. *Memória Histórica sobre a Cidade de Lima Duarte e seu Município.* Edição do Autor. Juiz de Fora: 1962, 340p.
DIAS, J.E. *Análise Ambiental por Geoprocessamento do Município de Volta Redonda/Rio de Janeiro.* Seropédica, RJ: UFRRJ. 1999. 180p. Tese (Mestrado em Ciências Ambientais e Florestais) — Instituto de Florestas, Universidade Federal Rural do Rio de Janeiro, Município de Seropédica.
EMBRAPA, Centro Nacional de Pesquisa de Solos (Rio de Janeiro). Sistema Brasileiro de Classificação de Solos. Brasília: Embrapa. Produção de Informação/Rio de Janeiro: Embrapa Solos, 1999, 412p.
FEIO, Renato N. *Aspectos ecológicos dos anfíbios registrados no Parque Estadual do Ibitipoca, Minas Gerais.* Rio de Janeiro: Museu Nacional da Universidade Federal do Rio de Janeiro, 1990. 106p. Dissertação de mestrado apresentada à Coordenação de Pós-Graduação em Ciências Biológicas (Zoologia) do Museu Nacional da UFRJ.
IBGE. *Folha Bias Fortes.* Articulação SF-23-X-C-VI-1. Secretaria de Planejamento da República — Diretoria de Geodésia e Cartografia, Superintendência de Cartografia. Carta do Brasil — Escala 1:50.000. 1ª ed., 1976.

LEMOS, A.B. & MELO-FRANCO, M.V. *Situação atual dos parques florestais e reservas biológicas de Minas Gerais*. Fundação João Pinheiro, 6(4), 1976.

MACIEL, Deize M.G. & ROCHA, Geraldo C. Distribuição geográfica dos solos do Parque Estadual do Ibitipoca — MG. *In: Anais do VIII Seminário de Iniciação Científica*. Juiz de Fora: PROPP/UFJF, 2000, p.134.

NUMMER, A.R. Estratigrafia e estruturas do Grupo Andrelândia na região de Santa Rita do Ibitipoca — Lima Duarte, Sul de Minas Gerais. *In: Anais do XXXVI Congresso Brasileiro de Geologia*. Natal, SBG, 1990.

NUMMER, A.R. *Análise estrutural e estratigrafia do Grupo Andrelândia na Região de Santa Rita do Ibitipoca, Lima Duarte, MG*. Rio de Janeiro: UFRJ, 1991. Dissertação de Mestrado apresentada ao Instituto de Geociências, Universidade Federal do Rio de Janeiro.

OLIVEIRA, João B. de et al. *Classes gerais de solos do Brasil — Guia auxiliar para seu reconhecimento*. 2ª ed. Jaboticabal: FUNEP, 1992, 201p.

PIRES, Fátima R.S. Aspectos Fitofisionômicos e Vegetacionais do Parque Estadual do Ibitipoca, Minas Gerais, Brasil. *In: Anais do Seminário de Pesquisa do Parque Estadual do Ibitipoca, MG*. Juiz de Fora: Núcleo de Pesquisa em Zoneamento Ambiental da UFJF, 1997, pp. 51-60.

RAGAZZI, Eustáquio J., ROCHA, G.C. e GOES, M.H.B. Zoneamento Preliminar da Fragilidade Geológica do Parque Estadual do Ibitipoca — MG e Arredores. *Revista Principia: caminhos da iniciação científica*. Vol. 5. Juiz de Fora: EDUFJF: 2000, pp. 49-58.

RAGAZZI, E.J., ROCHA, G.C. e ZAIDAN, R.T. Avaliação Ambiental por Geoprocessamento na Definição das Áreas de Fragilidade Geológica do Parque Estadual do Ibitipoca — MG. *In: CDRon com os Anais do VI Congresso Brasileiro de Defesa do Meio Ambiente*. Rio de Janeiro: Clube de Engenharia, de 27 a 29 de novembro de 2000.

RODELA, L.G. Cerrados de altitude e campos rupestres do Parque Estadual do Ibitipoca, sudeste de Minas Gerais: distribuição e florística por subfisionomias da vegetação. *Revista do Departamento de Geografia da USP*, n. 12, 1998a.

_____. *Vegetação e Uso do Solo — Parque Estadual do Ibitipoca — MG*. Mapa, escala 1:25.000. Belo Horizonte: Governo do Estado de Minas Gerais; Secretaria de Meio Ambiente; Instituto Estadual de Florestas, 1998b.

_____. *Distribuição de Campos Rupestres e Cerrados de Altitude na Serra do Ibitipoca, Sudeste de Minas Gerais*. São Paulo: USP, 2000. Dissertação de

Mestrado apresentada ao Departamento de Geociências da Faculdade de Filosofia, Letras e Ciências Humanas da Universidade de São Paulo.

ROSS, J. *Geomorfologia, Ambiente e Planejamento.* São Paulo: Contexto, 1990.

XAVIER-DA-SILVA, J. & SOUZA, M. J. L. de. *Análise Ambiental.* Ed. UFRJ, Rio de Janeiro: 1988, 199p.

XAVIER-DA-SILVA, J. & CARVALHO-FILHO, L.M. Sistema de Informação Geográfica: uma proposta metodológica. *In: Análise Ambiental: Estratégias e ações.* Rio Claro: CEAD-UNESP, 1993, pp. 329-346.

XAVIER-DA-SILVA, J. *Geoprocessamento para Análise Ambiental.* Rio de Janeiro: [s.n.], 2001, 228 p.

ZAIDAN, R.T., ROCHA, G.C, GOES, M.H.B. A Base de Dados Cartográfica Digital do Parque Estadual do Ibitipoca—MG. *In: Anais do V Seminário de iniciação científica.* Juiz de Fora: PROPESQ/UFJF, 1997, p. 139.

ZAIDAN, R. T. *Zoneamento de Áreas com Necessidade de Proteção Ambiental no Parque Estadual do Ibitipoca — MG.* (Mestrado). Mestrado em Ciências Ambientais e Florestais — Instituto de Florestas, Universidade Federal Rural do Rio de Janeiro, Seropédica, 2002, 209 p.

CAPÍTULO 2

Geoprocessamento Aplicado à Criação de Planos de Manejo: O Caso do Parque Estadual da Pedra Branca — RJ

Nadja Maria Castilho da Costa
Jorge Xavier da Silva

1. Introdução

Nos países de economia emergente, a exemplo do Brasil, onde a manutenção dos últimos redutos de florestas tropicais passou a ser uma das prioridades governamentais, a criação de áreas sob proteção legal cresceu significativamente. Somente as Unidades de uso indireto (consideradas as mais importantes para a manutenção da biodiversidade) correspondem a 3% do território brasileiro, totalizando 24 milhões de hectares, não estando distribuídas territorialmente por representatividade nas diferentes regiões biogeográficas, resultando em verdadeiras lacunas no sistema de Unidades de Conservação (FONSECA *et al.*, 1997).

Porém, os sistemas públicos encontram-se em sérias dificuldades para manejar e gerir tais áreas e, hoje, questiona-se a validade de se estabelecerem novas Unidades de Conservação sem que as já existentes venham a ser concretamente administradas e manejadas adequadamente. Apesar da polêmica sobre o assunto, é incontestável o fato de que elas são essenciais à manutenção da diversidade biológica e, nos dias atuais, se avalia a necessidade de novas opções de gestão dessas áreas. A principal sugestão apresentada pelo Instituto Brasileiro de Recursos Naturais Renováveis (IBAMA) é a parceria com a iniciativa privada, tornando rentáveis aquelas Unidades de Conservação de maior potencial turístico, a exemplo dos Parques da Tijuca, Foz do Iguaçu e Fernando de Noronha. Vista ainda de maneira controversa, essa proposta ganha adeptos, na medida em que grande parte das soluções para os problemas mencionados só poderá ser resolvida mediante a existência de recursos financeiros, o que de certa forma se traduz no problema crucial de praticamente todas as Unidades de Conservação Brasileiras.

O recente levantamento realizado pelo Fundo Mundial para a Natureza (WWF/BRASIL, 1999), em parceria com o IBAMA, projetou um cenário alarmante para os parques nacionais brasileiros. Em cidades como o Rio de Janeiro, a situação é ainda mais preocupante. Suas Unidades de Conservação encontram-se geograficamente localizadas no centro de uma densa ocupação humana e de atividades de diversas naturezas, onde a pressão por elas exercidas compromete, dia a dia, o sistema solo-água-vegetação, reduzindo, rapidamente, as áreas efetivamente destinadas ao manejo. A ausência de medidas governamentais que controlem o crescimento populacional do seu entorno faz com que elas se tornem, de acordo com FONSECA *et al.* (op. cit.), verdadeiras "ilhas" num oceano de *habitat* essencialmente inóspito, tendo gradativamente reduzida sua diversidade biológica, na medida em que o homem vai se apropriando de seus recursos.

Assim sendo, manter sob controle os impactos gerados sobre elas é um desafio com o qual se deparam as diversas instituições que respondem por sua gestão (IBAMA, Instituto Estadual de Florestas, Secretarias Estaduais e/ou Municipais de Meio Ambiente, dentre outras) e os vários ambientalistas que, de certa forma, se empenham em conservar os ecossistemas ainda presentes.

Dessa forma, o presente estudo[1] vem a ser uma contribuição ao manejo da segunda mais importante Unidade de Conservação da Cidade do Rio de Janeiro — Parque Estadual da Pedra Branca (PEPB) — localizada em sua área urbana, contígua ao Parque Nacional da Tijuca. Criado em 1974, através da Lei Federal nº 2.377, de 28 de junho de 1974, foi até

---

[1] Tese de Doutorado apresentada no Programa de Pós-Graduação em Geografia da Universidade Federal do Rio de Janeiro, sob a orientação do Prof. Dr. Jorge Xavier da Silva. Abril de 2002.

recentemente (meados da década de 1990) pouco estudado, não tendo até o momento um plano de manejo que venha a nortear as ações de gestão e administração. Na prática, ela é mais uma, das várias Unidades de Conservação do país, existente apenas no papel.

De acordo com as normas estabelecidas pelo IBAMA, em 1992 e em 1996, os planos de manejo constituem-se em registro escrito do processo de planejamento da Unidade de Conservação e, como tal, devem ser dinâmicos e auxiliar os responsáveis por sua administração, a entender as prioridades e a guiá-los no sentido de execução correta. Dentre as várias etapas de sua elaboração destacam-se: o diagnóstico ambiental, o zoneamento e a definição dos programas de manejo. No que concerne ao diagnóstico, este deve sempre conter dados recentes de natureza geobiofísica e socioeconômica, além do estado de conservação de seus recursos naturais e ecossistemas, pois essas informações irão, posteriormente, subsidiar a etapa de zoneamento e, conseqüentemente, a definição das diretrizes de manejo de cada zona. Isso irá demandar a obtenção e manipulação de uma grande quantidade de dados, alguns deles apresentando certa complexidade. Assim sendo, torna-se fundamental a utilização de técnicas que permitam não somente processar todos os dados com rapidez e boa margem de precisão, como também possibilitem a sua atualização periódica de maneira eficaz, num trabalho de monitoramento contínuo da Unidade de Conservação, conforme preceituado pelo IBAMA.

Tão importante quanto manipular dados é gerar novas informações a partir destes. Neste sentido, a utilização de um Sistema Geográfico de Informações (SGI) constitui-se em ferramenta poderosa capaz de não somente armazenar e manipular dados georreferenciados, mas principalmente de permitir a inclusão, exclusão, substituição e cruzamento de várias informações. Foi utilizado o Sistema de Análise Geoambiental (SAGA/UFRJ) desenvolvido pelo Laboratório de Geoprocessamento (LAGEOP) do Departamento de Geografia da Universidade Federal do Rio de Janeiro — UFRJ. Ele foi aplicado na geração dos mapas digitais temáticos, dando subsídios à etapa de caracterização e diagnóstico ambiental, bem como as análises ambientais que serviram de base à definição de Unidades de Manejo Ambiental do Parque Estadual da Pedra Branca e seu entorno.

Assim sendo, o principal objetivo foi estabelecer unidades territoriais de manejo do Parque Estadual da Pedra Branca e seu entorno próximo, direcionadas, principalmente, ao uso ecoturístico controlado e à proteção ambiental. Essas unidades foram obtidas a partir da conjugação de diferentes tipos de informação (geobiofísica e socioeconômica), alicerçadas numa base de dados georreferenciada, organizada e manipulada através do SAGA/UFRJ. Além dele, foram utilizados outros softwares de geoprocessamento, como ferramentas de suporte a algumas análises e da confecção, em arte-final, dos mapas digitais gerados.

2. Área de Estudo

Foi definido como área de estudo todo o maciço da Pedra Branca acima da cota de 50m, correspondendo à área do Parque Estadual da Pedra Branca (70% de todo o maciço — 12.398ha) e seu entorno, totalizando uma superfície de aproximadamente 17.300ha. A "Zona Tampão" foi incluída na análise, considerando que, em geral, existe uma forte pressão, em termos de ações, nas proximidades dos limites das Unidades de Conservação, podendo esta afetar direta e/ou indiretamente seus ecossistemas.

Localiza-se entre as latitudes de 22°50' e 23°15' S e longitudes de 43° 20' e 43°40' O, sendo contígua ao maciço da Tijuca, separada deste a nordeste, pela Rua Cândido Benício, na Baixada de Jacarepaguá (**Figura 1**).

De extensão territorial três vezes maior que o maciço da Tijuca, o maciço da Pedra Branca diferencia-se deste em quase todos os aspectos.

2.1. Aspectos Geomorfológicos e Hidrológicos

A área de estudo faz parte do conjunto de maciços litorâneos que compõem o relevo da Cidade do Rio de Janeiro. Apresenta-se com altitude moderada (cota máxima de 1.025m) e vertentes escarpadas, apesar de apresentar feições de relevo menos dissecadas, comparativamente ao maciço da Tijuca (COSTA, 1986). De acordo com a autora, seu relevo é moderadamente escarpado, de encostas convexas a retilíneas e vales estruturais em forma de V (típicos de calhas fluviais esculpidas em áreas montanhosas),

O CASO DO PARQUE ESTADUAL DA PEDRA BRANCA — RJ

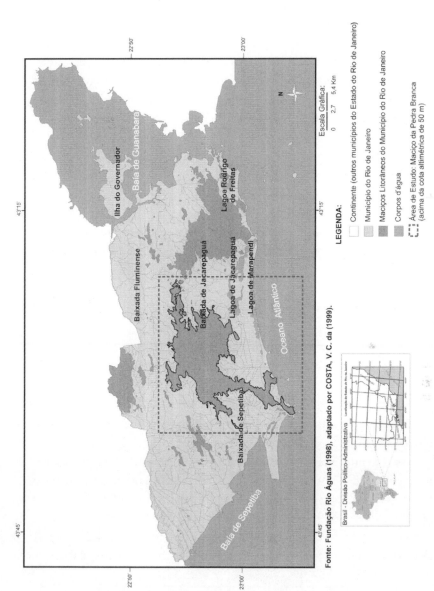

Figura 1 — Localização da área de estudos no município do Rio de Janeiro.

com suas vertentes predominantemente simétricas, indicando uma relação de equilíbrio entre o entalhamento e o alargamento do vale, condicionado pelas características litológicas e estruturais da região: ocorrência de um corpo ígneo (batólito da Pedra Branca) de composição granodiorítica/tonalítica, particularmente nas suas porções mais externas, passando, em direção às bordas (norte e sul), a tipos ácidos de composição granítica, com marcante estrutura fluidal proporcionada pelos cristais de feldspato potássico (PENHA, 1984)[2]. O sistema de lineamentos e fraturamentos, de direção predominantemente N50-60E, foi determinante na configuração morfológica de suas encostas e vales. Convém ressaltar que a presença dos granitos é marcada pela grande quantidade de matacões que recobrem as vertentes e preenchem o fundo dos vales.

Em termos hidrológicos, os rios que drenam o maciço da Pedra Branca são, em sua grande maioria, permanentes e apresentam regime torrencial de escoamento na estação de verão, quando a vazão aumenta consideravelmente, em decorrência da elevada pluviosidade. Seu contato brusco com a baixada, principalmente a litorânea, gera condições favoráveis para a ocorrência de inundações.

2.2. Uso e Ocupação do Solo

Por meio da análise do mapa de Uso do Solo e Cobertura Vegetal de 1996, somada às informações obtidas em campo, foi possível observar as diferenças entre as principais vertentes do maciço da Pedra Branca.

As vertentes, norte e nordeste, são as áreas mais degradadas e densamente ocupadas por capim/campo, edificações e favelas, estas últimas mais concentradas, próximas à cota altimétrica de 100m. A pecuária extensiva praticada irregularmente nessa vertente do parque traz sérias conseqüências, principalmente incêndio na estação mais seca de inverno. Por sua vez, o avanço da ocupação advinda da baixada interiorana vem

---

[2] Mais recentemente, PORTO Jr. (op. cit.), em sua tese de mestrado, procurou detalhar os estudos geológicos iniciados por PENHA (1984), redefinindo contatos geológicos e mapeando, em escala 1:10.000, alguns pontos do maciço, particularmente onde existem pedreiras.

exercendo uma forte pressão sobre essas áreas desmatadas, colocando-as sob ameaça de perderem o status de Unidade de Conservação. Esse tipo de expansão da ocupação humana vem sendo constatado em encostas cada vez mais elevadas do maciço e em áreas consideradas pela Fundação GEO-RIO de risco geológico-geomorfológico. As próprias construções, muitas vezes, desencadeiam processos erosivos, por desestabilizarem ainda mais o terreno.

A existência de pedreiras e saibreiras clandestinas contribui para agravar, mais ainda, o quadro de degradação dessa parte do parque.

A vertente leste, por sua vez, apresenta diversidade de uso do solo, com ocorrência de manchas significativas de capoeiras, cultivos agrícolas (predominantemente a banana), áreas de campos de gramíneas (pastagens/áreas desmatadas) e ocupação humana diversificada, abrangendo: ocupação ordenada de classe média/alta, a exemplo dos condomínios Camorim (vale do rio Camorim) e Calharins (vale do rio Grande); ocupação desordenada e irregular de classe baixa, a exemplo da comunidade do Pau da Fome; e ocupação caótica, representada por casas isoladas, em pontos específicos do Parque, particularmente nas áreas de difícil acesso.

Contudo, há ocupação humana nos trechos entre os vales do rio Camorim e Sacarrão Pequeno, na localidade de Vargem Pequena, onde emergem sítios de lazer e ecoturismo (trilhas interpretativas que podem ser aproveitadas para o incentivo à educação ambiental de seus visitantes), em pontos preservados da floresta. Vêm surgindo, nos últimos 5 anos, novos parques aquáticos, no entorno próximo ao Parque, que vêm aproveitando, com provável clandestinidade, alguns dos recursos hídricos do maciço.

Nas vertentes sul e oeste (Guaratiba, Barra de Guaratiba, Grumari e Campo Grande), a degradação do solo é provocada pelas queimadas e pelo cultivo de banana, que se mescla com a floresta, ocupa as porções baixas e altas das encostas e está presente, principalmente, na maioria das encostas da região de Grumari, proporcionando erosão e pressionando as áreas florestais.

Hoje, as atividades de exploração de pedreiras e o cultivo de banana representam as maiores fontes de degradação dos remanescentes florestais da vertente sul do maciço da Pedra Branca (**Foto 1**), permitindo a intensificação dos processos erosivos, a poluição da água e do solo (por contaminação de origem doméstica e industrial), a poluição do ar pelas indústrias e as queimadas provocadas intencionalmente ou não.

Foto 1 — Vertente leste/sul do maciço (região onde o Parque Estadual da Pedra Branca se sobrepõe à APA de Grumari). Percebe-se que a área é densamente ocupada por cultivo de banana, em meio à floresta.

Ecossistemas litorâneos fazem contato com as florestas, particularmente na franja litorânea das praias mais preservadas de Barra de Guaratiba, do Perigoso, Meio, Funda e Pequena (**Foto 2**).

Foto 2 — Através de trilhas pelo maciço (vertente oeste/sul), há acesso às praias quase desertas, como a praia do Perigoso (à esquerda) e a praia do Meio (à direita). As encostas do maciço, neste local, apresentam vegetação rasteira (gramíneas) em meio à vegetação de mata atlântica (extrato arbustivo — xeromórficas), típicas de áreas de restinga.

3. A Conservação no Contexto das Éticas Ambientais

A relação homem-natureza é contemporânea à própria existência humana, e o homem, como sujeito de uma ação dita "social"[3], vem, ao longo de sua própria evolução, proporcionando interferências crescentes nos vários ecossistemas existentes sobre a superfície do planeta.

Com o surgimento da sociedade tecnológica, o homem — que passou a produzir bens, não somente para o seu consumo, mas principalmente para o consumo de seus semelhantes — modificou aquela relação (LA ROVERE, 1992). O consumismo crescente e a produção em massa de bens industrializados fomentaram a degradação ambiental, às expensas de uma ética utilitarista[4] que preponderou até início da década de 1970.

O início da década de 1990 marcou a época da multiplicidade de conceitos ambientais, apesar de alguns deles terem sido formulados em décadas passadas[5]. A maior preocupação passou a ser o questionamento sobre as formas usuais de gestão das relações sociedade-natureza, em função do agravamento dos conflitos e problemas ambientais.

Embora seja visto por muitos ambientalistas como utópico, o desenvolvimento sustentável[6] tem a ver com uma outra ética ambiental que vem sendo perseguida, porém difícil de ser alcançada — a do "conservacionismo". Trata-se de uma filosofia de ação fundamentada na defesa dos valores naturais, através de sua conservação.

A Convenção sobre a Diversidade Biológica (acordo firmado em

---

[3] A tentativa de alguns cientistas em diferenciar o homem dos demais seres da natureza, considerando-o como um ser social, é criticada por GONÇALVES (1990) ao afirmar que os seres vivos, sobretudo os animais, também vivem em sociedades, e que o homem se diferencia destes por suas especificidades.
[4] Os recursos naturais são utilizados no atendimento às necessidades do homem (FEEMA, 1990).
[5] O conceito de *ecodesenvolvimento* foi usado pela primeira vez em 1973, por Maurice Strong, para caracterizar uma concepção alternativa de desenvolvimento. Porém, foi SACHS (1976 *apud* LA ROVERE, 1992) quem formulou os princípios básicos de uma nova visão do desenvolvimento, contemplando: (a) a satisfação das necessidades básicas; (b) a solidariedade com as gerações futuras; (c) a participação da população envolvida; (d) a preservação dos recursos naturais e do meio ambiente em geral; (e) a elaboração de um sistema social garantindo emprego, segurança social e respeito a outras culturas; (f) programas de educação.
[6] *É aquele que atende às necessidades do presente sem comprometer a possibilidade de as gerações futuras atenderem às suas próprias necessidades* (HERCULANO, 1992, p. 11).

1992, durante a Conferência das Nações Unidas sobre o Meio Ambiente, no Rio de Janeiro) reconheceu a "conservação" como uma das principais prioridades para a manutenção da biodiversidade em todo o mundo. O Brasil, particularmente, ao assinar a convenção se comprometeu a implantar uma série de ações em favor da conservação e utilização sustentável de sua diversidade biológica. Baseadas nela, as áreas protegidas ou Unidades de Conservação foram consideradas como "pilar central" para o desenvolvimento de estratégias nacionais de manutenção da diversidade biológica (IUCN, 1994).

Indubitavelmente, a manutenção e/ou criação de Unidades de Conservação ainda é a maneira mais eficaz de manter a biodiversidade, na medida em que elas quase sempre congregam os últimos redutos de determinados ecossistemas do planeta. A questão crucial reside no seu planejamento, gestão, manejo e administração. Nos dias atuais, poucas são as áreas legalmente protegidas que aplicam, de maneira eficaz, esses quatro procedimentos.

A partir da idéia que as atividades humanas, em geral, geram benefícios diretos (originados a partir da transformação e comercialização dos recursos, possuindo valores de mercado) e indiretos (gerados para o bem-estar dos seres vivos, principalmente o homem), assume-se que os "produtos" das atividades de manejo das áreas protegidas se enquadram nessa última. A partir disso, são elaborados os denominados Planos de Manejo[7] que, a partir de seus programas, subprogramas e projetos, definem as diretrizes administrativas para a Unidade de Conservação.

Em função de seus objetivos, as diferentes categorias de manejo requerem administrações adequadas e, conseqüentemente, planos de manejo específicos para cada uma. Por exemplo, um Parque Nacional tem um plano de manejo diferente de uma Reserva Biológica, que, por sua vez, se difere de uma Floresta Nacional. De qualquer forma, cinco aspectos devem ser contemplados, com seus respectivos graus de importância, para cada categoria, ao se estruturar um plano de manejo (UNILIVRE, 1997), a saber: pesquisa, recreação, educação, preservação e manejo dos recursos.

---

[7] O conceito baseado na definição apresentada no regulamento dos Parques Nacionais Brasileiros diz que o Plano de Manejo é um projeto dinâmico que, utilizando técnicas de planejamento ecológico, determina o zoneamento de uma Unidade de Conservação, caracterizando cada uma de suas zonas e propondo seu desenvolvimento físico, de acordo com suas finalidades, estabelecendo diretrizes básicas para o seu manejo (IBAMA, 1996).

De acordo com o novo roteiro metodológico para elaboração de Plano de Manejo para Unidade de Conservação de Uso Indireto dos Recursos Naturais (IBAMA,1996), um plano atual de manejo deve estar estruturado de forma a permitir que o conhecimento da Unidade de Conservação avance ao longo do tempo através de três fases, conforme ilustradas na **Figura 2**.

Os conhecimentos e informações adquiridos darão subsídios à elaboração da Fase 1 e início do planejamento da Fase 2, dentro da atual proposta de manejo, conforme será detalhado no item sobre metodologia.

Estruturalmente, a nova concepção do plano de manejo em fases deverá apresentar o que o IBAMA (*op. cit.*) denominou "encartes". Ao todo são oito encartes. Dentro do novo papel que as Unidades de Conservação desempenham em suas respectivas regiões, eles têm sofrido alterações positivas, tornando-se mais interativos com a realidade local e mais participativos. A visão de que as UCs não podem ser "ilhas de preser-

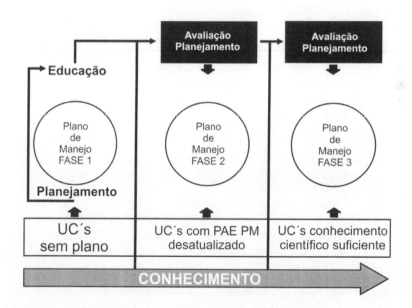

Figura 2 — Enquadramento das UC's no processo de planejamento
Fonte: Roteiro Metodológico para o Planejamento de Unidades de Conservação de Uso Indireto — Versão 3.0 - IBAMA, 1996, p. 26.

vação em um mar de degradação" (MARETTI *et al.*, 1997) conduziu a uma nova concepção de seu planejamento, refletindo-se em alterações da metodologia clássica de elaboração dos planos.

O autor acima citado propõe uma nova metodologia e um novo conceito, substituindo a terminologia "plano de manejo" por "Plano de Gestão Ambiental" (PGA). Os PGAs têm como diretrizes básicas: (a) a participação concreta tanto da instituição responsável pela gestão da UC quanto da população local, envolvendo todos os "atores sociais" interessados, procurando incorporar às diretrizes a serem estabelecidas pelo plano suas demandas e aspirações; (b) a aproximação entre planejamento e implementação do plano, acabando com a dicotomia existente nos planos clássicos; (c) a aproximação entre as equipes de planejamento da Unidade e execução do plano; (d) o efetivo cumprimento de suas funções na manutenção dos processos ecológicos e da biodiversidade, num trabalho de busca de integração nos processos socioeconômicos regionais. Outro aspecto importante ressaltado por MARETTI *et al.* (*op. cit.*) é a necessidade de haver um equilíbrio entre as funções das diversas Unidades de Conservação (conservação, turismo e pesquisa) e as populações humanas nelas existentes, para que os seus objetivos sejam efetivamente alcançados.

Pelo caráter inovador dos Planos de Gestão Ambiental e por se tratar de um plano de intervenção, eles se encontram em fase de experimentação, tendo como UC piloto o Parque Estadual de Ilhabela, no Estado de São Paulo.

4. O Uso dos SGIs em Estudos Ambientais de Unidades de Conservação

Alguns dos principais estudos que manipulam uma grande quantidade de dados ambientais (inclusive bastante diversificados) são os diagnósticos e planos de manejo de Unidades de Conservação. Pela sua própria natureza, esses dados necessitam de georreferenciamento e do uso de técnicas que permitam — nas diferentes fases do trabalho — o cruzamento e a análise de informações territorialmente espacializadas (mapas digitais temáticos). Nesse sentido, a aplicação de SGIs tornou-se uma ferramenta poderosa que, atrelada ao uso de outros *softwares* de mapeamento, permite não somente maior rigor e precisão nas análises, mas também a atualização periódica desses dados, num intervalo de tempo cada vez menor, gerando uma dinâmica contínua de monitoramento da área a ser protegida.

O Parque Nacional da Tijuca, localizado na Cidade do Rio de Janeiro, teve o seu Plano de Manejo recentemente atualizado (FRANCISCO, 1995), usando, nas várias análises realizadas, o mesmo sistema mencionado anteriormente, associado ao sistema IDRISI[8].

A Reserva Biológica do Maciço do Tinguá (GOES *et al.*, 1996), localizado no Rio de Janeiro, e o Parque Estadual de Ibitipoca, em Minas Gerais, também foram alvos de diagnóstico ambiental e da aplicação do SAGA. Neles foram geradas bases de dados geocodificadas e várias avaliações ambientais, à semelhança do ocorrido com a APA de Cairuçu.

Dentre os grupos do Estado do Rio de Janeiro que se destacam por desenvolver projetos dentro dessa temática temos: o Laboratório de Geoprocessamento do Departamento de Geografia da UFRJ/LAGEOP; o Laboratório de Geoprocessamento Aplicado do Departamento de Geociências da UFRRJ/LGA/UFRRJ. O Departamento de Geociências da Universidade Federal de Juiz de Fora (UFJF) montou o seu Laboratório de Geoprocessamento Aplicado. De maneira semelhante ocorreu com o Departamento de Geografia da Universidade do Estado do Rio de Janeiro (UERJ), que estruturou o Laboratório de Geoprocessamento (LAGEPRO).

5. ANÁLISE METODOLÓGICA

A metodologia geral utilizada está calcada nas diretrizes básicas para elaboração de planos de manejo de Unidades de Conservação de Uso Indireto, propostas pelo IBAMA em 1996, com algumas adaptações, associadas à utilização de técnicas de geoprocessamento, basicamente de Sistemas Geográficos de Informações (SGIs). De acordo com o IBAMA (*op. cit.*) as Unidades de Conservação que ainda não têm nenhum instrumento de planejamento, como é o caso de PEPB, devem apresentar seu Plano de Manejo, enquadrando-o na Fase 1.

---

[8] Sistema na versão 4.0, desenvolvido pela Graduate School of Geography da Clark University, em Massachusetts, EUA, 1992.

5.1. APLICAÇÃO DE SOFTWARE DE GEOPROCESSAMENTO

A manipulação de grande quantidade de dados, aliada à necessidade de georreferenciamento e maior precisão dos resultados a serem obtidos através das análises ambientais, demandou a utilização de *softwares* de geoprocessamento, particularmente SGIs e outros sistemas computacionais gráficos. O principal *software* de SGI escolhido foi o Sistema de Análise Geo-Ambiental (SAGA/UFRJ).

5.1.1. OBTENÇÃO DOS DADOS E GERAÇÃO DE MAPEAMENTOS TEMÁTICOS (ETAPA DE PRÉ-PROCESSAMENTO)

a) Levantamento, escolha e aquisição dos dados

Inicialmente foi feito o levantamento prévio da realidade ambiental da área em estudo e das variáveis mais importantes para o trabalho, servindo de base para a geração de cartogramas digitais (passíveis de serem periodicamente atualizados)[9] e para as análises empíricas.

Posteriormente, foi desenvolvida a fase de coleta de dados espaciais e mapeamento das variáveis selecionadas, envolvendo interpretações de documentos cartográficos e fotográficos e levantamentos de campo. Tal fase serviu, portanto, para embasar a realização de todas as etapas metodológicas.

Dos aspectos considerados importantes para subsidiar a Fase 1 do Plano de Manejo, foram tratados, também, sob a forma de mapas temáticos os seguintes:

- Aspectos Geobiofísicos: altimetria, rede hidrográfica, geologia (litologia e lineamentos estruturais), geomorfologia (declividade e geometria das encostas), pedologia (unidades pedológicas), cobertura vegetal, superposição de Unidades de Conservação, registros de deslizamentos e desmoronamentos;

---

[9] Algumas das variáveis indicadas nos manuais foram excluídas pela ausência de informações ou por não serem relevantes para a área em estudo. Outras foram acrescidas, de acordo com a sua relevância para a Unidade de Conservação.

- Aspectos socioeconômicos: rede viária, densidade populacional, uso e ocupação do solo (1992/1996), situação fundiária, atrativos ecoturísticos e de lazer.

b) Mapas temáticos gerados

O inventário ambiental do maciço da Pedra Branca foi realizado a partir dos diversos mapas temáticos produzidos. Eles foram originalmente trabalhados e/ou gerados[10] em diferentes escalas, sendo a maioria deles na escala de 1:10.000. Posteriormente, todos estes mapas foram transformados num conjunto de cartogramas digitais temáticos, representados por atributos de natureza física, biótica e socioeconômica da área em estudo. Estes formaram o alicerce para a geração dos mapas de monitorias e avaliações (simples e complexas).

c) Resolução Territorial

A fase de entrada de dados no SGI utilizado consistiu na captura física dos dados e sua transformação em estruturas reconhecíveis pelo sistema. Foi feita por meio de escanerização dos mapas temáticos. O tamanho da área trabalhada (17.300ha) para aquela resolução gerou um módulo de 4.600 x 5.000 *pixels*.

5.1.2. Análise dos Dados por Geoprocessamento

a) Planimetrias

No presente trabalho, foram executadas planimetrias diretas das várias feições existentes (categorias) nos diversos cartogramas digitais temáticos e analíticos gerados, obtendo-se a sua extensão territorial e localização geográfica.

---

[10] As informações contidas nos mapas de bacias hidrográficas, gradiente, geometria das encostas, lineamentos estruturais, registros de erosão, Unidades de Conservação, Uso do Solo de 1996, situação fundiária, atrativos turísticos, densidade de população e sua área de influência, foram geradas pela autora da presente tese.

b) Assinaturas ambientais

Foram realizadas assinaturas ambientais dos fenômenos considerados mais relevantes ao manejo de uma Unidade de Conservação, quais sejam: registro de ocorrência de deslizamentos/desmoronamentos, representado pelas cicatrizes deixadas nas encostas por ocasião das chuvas que ocorreram em 1996; desmatamentos representados pelas áreas ocupadas por capim/campo; e riscos de incêndios nas encostas.

c) Monitoria ambiental

Corresponde à análise evolutiva de um evento ou fenômeno associado, sendo possível avaliar as transformações ocorridas no tempo. Essas transformações foram identificadas em planos de informações, relativos ao Uso do Solo e Cobertura Vegetal de 1992 e 1996.

d) Avaliações ambientais

Dentro da proposta metodológica do SAGA/UFRJ (XAVIER-DA-SILVA, 1999), foram realizadas como avaliações diretas: avaliações de riscos (deslizamentos e desmoronamentos, desmatamentos e incêndios) e potenciais (expansão urbana desordenada e atividades ecoturísticas e de lazer controlado). Quanto às avaliações complexas, foram desenvolvidas análises de áreas críticas quanto à degradação da cobertura florestal e de impactos ambientais, tendo como ação potencialmente impactante a expansão da urbanização desordenada sobre as encostas do maciço.

5.1.3. Uso Complementar de Outros Softwares

Foram utilizados *softwares* para efeito de tratamento de dados, através da importação dos mapas digitalizados em SAGA para o Corel Draw. Posteriormente, foi necessário, também, fazer a importação de alguns mapas digitalizados em Auto CAD (DWG), através da conversão do arquivo em *.dxf* para *.tif*.

Foram realizados processos de tratamento, através do *software* Adobe Photoshop, onde foram identificados os contrastes e similaridades das feições em cada mapa (perfeita sobreposição), não permitindo a ocorrência de possíveis erros e ajustes posteriores aos processos de avaliações e monitorais ambientais.

Para o mapa de gradiente (declividade) foi utilizado o *software* Macrostation J (módulo Geoterrain).

5.2. Outros Métodos Analíticos Utilizados

Paralelamente ao uso de técnicas e ferramentas de geoprocessamento, outros métodos de análise foram utilizados, destacando-se: análise morfológica e morfométrica das bacias hidrográficas e levantamento e análise dos dados socioeconômicos da população residente no interior da Unidade de Conservação.

6. Monitoria Ambiental da Cobertura Vegetal

Uma das questões mais importantes ao propor o manejo de uma Unidade de Conservação é o acompanhamento das transformações ocorridas com a cobertura vegetal, principalmente quando se trata de florestas remanescentes da Mata Atlântica. O método de Monitoria Ambiental (simples e múltipla — SAGA/UFRJ) permitiu detectar as principais alterações no que diz respeito ao avanço e/ou recuo da cobertura florestal para determinadas áreas do maciço da Pedra Branca.

Apesar de a floresta representar, em 1996, 43% da ocupação do solo de todo o maciço, houve uma redução da mesma no período de 1992 a 1996. Cerca de 25% da área monitorada deixaram de ser floresta, enquanto o restante permaneceu como tal. A retração da floresta ocorreu em todo o maciço, porém as áreas mais afetadas pela perda da mata estão localizadas nas vertentes norte, nordeste e noroeste, voltadas para os bairros mais densamente ocupados da baixada interiorana.

Os locais onde a mata permaneceu preservada situam-se na porção centro-leste do maciço, principalmente no entorno da represa do Camorim, e nas cabeceiras de drenagem dos rios Engenho Novo, Vargem Pequena, Sacarrão e da Divisa.

Vários trechos anteriormente recobertos por matas tornaram-se áreas de campos antrópicos ou deram lugar a atividades agrícolas. A categoria "favela" não aparece como destino das áreas desflorestadas, e a categoria "edificação" tem uma representatividade muito pequena (0,40%). Apesar das expectativas no sentido oposto, não é possível afirmar que a devastação florestal vem ocorrendo em função do avanço imediato da população. Por sua vez, a substituição por áreas de cultivo (principalmente banana) ocorreu em todo o maciço, particularmente na média/alta encosta dos principais vales, porém num percentual menor do que os demais usos acima mencionados.

Paradoxalmente, cerca de 1.653ha de terras tornaram-se florestas. Na realidade, uma parcela representativa de áreas de cultivo de banana (48,21%) e áreas anteriormente desmatadas (32,47%) deram lugar ao retorno da mata. Áreas que, em 1992, eram ocupadas com macega transformaram-se em áreas florestadas (12,56%), numa demonstração de rápida recuperação da vegetação. Nos vales dos rios Grande e Pequeno, na vertente leste do maciço, esse processo de transformação está bem caracterizado.

A degradação que vem ocorrendo com a floresta vem afetando, também, outras coberturas vegetais, a exemplo da macega (78,69%) que, de certa forma, traduz-se na recuperação da própria floresta anteriormente desmatada. O resultado da perda dessa vegetação se expressa no alto percentual de áreas que se transformaram em capim/campo (73,61%), mostrando sucessivas ações de degradação. As vertentes norte/nordeste do maciço, destacando-se as encostas voltadas para os bairros de Bangu, Realengo e Sulacap, são as mais afetadas. Nesses casos, a ação das queimadas para manutenção das áreas de pastagens responde pela perda contínua do pouco de vegetação que consegue se recuperar, conforme mencionado anteriormente com relação à floresta.

A substituição da floresta por macega (47,77%) reforça a afirmativa quanto à degradação da mata e sua rápida regeneração. O mesmo acontece com o cultivo da banana (36,05%): a partir do momento em que a atividade é abandonada e nenhuma outra atividade degradadora ocorra, a mata começa a se recuperar. Cerca de 11% de áreas desmatadas (capim/campo) passaram pelo mesmo processo de regeneração.

7. AVALIAÇÕES AMBIENTAIS RELEVANTES: PROBLEMAS E POTENCIALIDADES DO PARQUE ESTADUAL DA PEDRA BRANCA

A avaliação da real necessidade de proteção ambiental do Parque Estadual da Pedra Branca e o fomento às atividades econômicas compatíveis com sua conservação pressupõem o conhecimento de várias situações ambientais, para que haja condições efetivas de manejo sustentável de seus recursos, dentre elas os problemas e potencialidades da área protegida. Nesse sentido, foram realizadas avaliações diretas e complexas, cujos resultados são mostrados a seguir.

7.1. RISCOS DE DESLIZAMENTOS E DESMORONAMENTOS

Os maciços litorâneos da Cidade do Rio de Janeiro são notoriamente conhecidos pela comunidade técnico-científica e pela população carioca em geral, como sendo áreas de risco de movimentos de massa, em diferentes escalas e processos. Essa condição é imposta pelas condicionantes naturais e antrópicas. Particularmente o maciço da Pedra Branca se constitui, em sua quase totalidade, numa grande área de risco com diferentes níveis de vulnerabilidade à erosão (GEORIO, 1997). Essa característica deve ser levada em conta por aqueles que irão efetivamente planejar e gerenciar o parque, principalmente no que concerne ao uso público: ecoturismo e atividades de visitação.

Inicialmente foi feita a avaliação considerando, separadamente, as condições de riscos geradas por influência dos aspectos do meio físico e antrópico. Numa segunda etapa, foi realizada uma avaliação entre os dois mapas gerados através do uso de operadores definidos pela lógica booleana (combinações sem colisão — XAVIER-DA-SILVA, 1999), conforme mostra o **Quadro 1**, originando o mapa final de riscos.

Foram obtidas 16 classes, geradas a partir da combinação de quatro situações de riscos (baixo, médio, alto e altíssimo), encontradas em cada um dos dois mapas. Serão aqui enfatizadas as combinações que indicam situações que variam de alto a altíssimo risco, pois grande parte da área em estudo se enquadra nessas condições.

Quadro 1 — Combinações de Situações de Riscos de Deslizamentos e Desmoronamentos

Classes			Condicionantes Antropicos (50%)			
		⇨	baixo	médio	alto	altíssimo
Condicionantes Físicos (50%)		Notas (*)	0	2	4	6
	Baixo	0	Baixo-baixo (0)	Médio-baixo (1)	Alto-baixo (2)	Altíssimo-baixo (3)
	Médio	16	Baixo-médio (8)	Médio-médio (9)	Alto-médio (10)	Altíssimo-médio (11)
	Alto	32	Baixo-alto (16)	Médio-alto (17)	Alto-alto (18)	Altíssimo-alto (19)
	Altíssimo	48	Baixo-altíssimo (24)	Médio-altíssimo (25)	Alto-altíssimo (26)	Altíssimo-altíssimo (27)

(*) Números (notas) preestabelecidos a partir da técnica da Lógica Booleana (combinações sem colisão — XAVIER-DA-SILVA, 1999).

7.1.1. ÁREAS DE ALTÍSSIMO RISCO

Compreendem 2% da área analisada, num total de 320ha. Aparecem no maciço sob a forma de pequenas manchas, disseminadas predominantemente em suas vertentes, norte e noroeste. Esses locais conjugam as seguintes características: altimetrias variadas (200 a 400m e 500 a 700m), encostas predominantemente côncavas-retilíneas e retilíneas-retilíneas, de forte gradiente (25 a 45º), próximas à rede viária (estradas e caminhos), ocupadas principalmente por capim colonião (áreas desmatadas), em solos podzólico vermelho-amarelo em associação a solos litólicos indiscriminados, originados da decomposição dos sienogranitos e gnaisses.

7.1.2. Áreas de Alto Risco

Essas áreas totalizam quase 60% da área analisada, o que corresponde a 9.620,53ha de terras. Sua distribuição espacial se dá por todo o maciço, excetuando-se as vertentes nordeste e sul, que correspondem às partes das serras do Engenho Velho e de Guaratiba. Nessas situações estão quase todas as encostas elevadas (acima de 25°) e de forte gradiente, independentemente de seu uso. A presença da floresta é um atenuante à ocorrência de erosão. Os exemplos são inúmeros, mas o mais representativo corresponde às cabeceiras de drenagem da bacia do Rio Grande, a maior e a mais importante bacia hidrográfica do maciço da Pedra Branca. Nela, os fatores de ordem física foram preponderantes no desencadeamento dos processos erosivos.

7.2. Riscos de Desmatamentos

Um dos problemas mais graves que vêm afetando não somente o PEPB, mas todas as Unidades de Conservação localizadas em áreas vegetadas, principalmente com florestas, são os constantes e crescentes desmatamentos. Suas conseqüências para uma área legalmente protegida são inúmeras: perda do patrimônio genético representada principalmente pela destruição da Mata Atlântica, comprometimento do *habitat* da fauna, erosão das encostas e comprometimento de seus recursos hídricos. O mapa final apresenta cinco classes de riscos, quais sejam: baixo, baixo-médio, médio-alto, alto e altíssimo.

7.2.1. Áreas de Altíssimo e Alto Risco

As áreas de altíssimo risco representam 1,8% da área total analisada (312,24ha). São pontos do maciço ocupados, predominantemente, por matas em diferentes estágios sucessionais (desde florestas clímax até macega), em encostas de gradiente moderado a forte (15-45°) e baixas altitudes. Sua proximidade de favelas, condomínios de classe média/alta e vias de acesso as torna muito vulneráveis aos desmatamentos. A presença da comunidade Pau da Fome, no médio vale do Rio Grande, no bairro da Taquara (Jacarepaguá), coloca a mata ainda existente ao longo de seu vale em condição de altíssimo risco de desaparecimento. Algumas manchas de florestas e macegas localizadas sob as linhas de transmissão de FURNAS também estão altamente ameaçadas de desaparecer. A própria expansão da Cidade do Rio de Janeiro em direção à zona oeste deixa os remanescentes florestais do maciço da Pedra Branca em condição de altíssimo risco, principalmente porque novos empreendimentos, de naturezas diversas, estão surgindo e avançando para os locais mais aprazíveis da cidade, a exemplo dos parques aquáticos e clubes de lazer.

Por sua vez, as áreas de alto risco compreendem 8.853,18ha de terras, representando 51,25% do total da área analisada. Apresentam uma distribuição territorial concentrada no entorno do maciço, principalmente em suas vertentes leste e sul.

7.2.2. Áreas de Médio-Alto Risco

Correspondem a 42,6% da área analisada, num total de 7.355,44ha de terras. Sua distribuição territorial é fragmentada por diversas porções do maciço, tendo uma concentração mais significativa em sua parte central, estendendo-se por suas extremidades, oeste, nordeste, sudoeste e noroeste.

São áreas ocupadas por diversas coberturas vegetais, principalmente por macega, em encostas de altitude e gradiente variáveis. São vulneráveis à ação de desmatamentos, mesmo nos locais considerados de difícil acesso. Os vários interesses motivam a população para retirada da cobertura florestal. No caso específico da vertente norte do maciço, checagens de campo mostraram que os desmatamentos ocorrem, basicamente, para ampliação das áreas de pastagem, o que de certa forma favorece o avanço da população. Nas serras interioranas e de Guaratiba, a expansão do cultivo da banana é a principal ameaça à sobrevivência das demais coberturas vegetais do maciço.

7.2.3. ÁREAS DE BAIXO-MÉDIO RISCO

Representam apenas 2,1% do total da área analisada, com 362,06ha de terras sob estas condições. São manchas disseminadas predominantemente sobre as encostas da vertente norte do maciço e em sua porção central. Geograficamente estão localizadas nas serras de Bangu e do Engenho Velho, nos bairros de Bangu, Realengo e Jardim Sulacap. Estão associadas às áreas que já se encontram desmatadas e/ou ocupadas por construções residenciais, em encostas baixas (50 a 200m) e menos íngremes (5º a 15º), onde o fácil acesso permitiu que as florestas outrora existentes fossem retiradas.

7.3. RISCOS DE INCÊNDIO

Uma das grandes preocupações no manejo de Unidades de Conservação é o controle dos incêndios, cada vez mais freqüentes em áreas protegidas. Eles ocorrem, na maioria das vezes, de maneira intencional, motivados pela necessidade de novas áreas de pastagens, introdução de atividades agrícolas e ocupação residencial. À semelhança do que ocorre com os desmatamentos, as queimadas tendem a avançar encosta acima, porém de maneira descontrolada, independentemente da influência de determinados aspectos. Os efeitos são devastadores aos ecossistemas, recursos hídricos e solos, acarretando danos muitas vezes irreversíveis, a exemplo da perda de indivíduos de espécies da flora e fauna e empobrecimento do solo. O mapa final de riscos de incêndios indicou cinco classes de riscos: muito baixo, baixo, médio, alto e altíssimo.

7.3.1. ÁREAS DE ALTÍSSIMO E ALTO RISCO

As áreas de altíssimo risco representam 18,7% da área analisada, num total de 3.212,85ha. Aparecem sob a forma de manchas isoladas nas bordas do maciço e em duas grandes manchas localizadas em suas vertentes, nordeste e noroeste. São áreas predominantemente degradadas, ocupadas por capim colonião (de fácil combustão), contíguas a áreas florestadas, em encostas de baixa/média altitude (variando de 50 a 500m) e gradiente fraco a moderado (de 5 a 15º). A proximidade da malha viária representada por estradas e caminhos, de maneira semelhante às áreas com alto risco de desmatamentos, favorece o acesso de pessoas que irão (direta ou indiretamente) promover as queimadas. Durante a estação mais seca de inverno, essas áreas tornam-se ainda mais vulneráveis, a exemplo do que anualmente é constatado na serra do Engenho Velho, na zona limítrofe ao maciço da Tijuca.

A classe de alto risco é a mais expressiva dentre as três classes de risco, representando 70,5% da área analisada. Apresenta-se como uma extensa e contínua mancha que se estende de norte a sul do maciço, indo até a serra de Guaratiba. Ela congrega praticamente todas as categorias de uso existentes nas partes mais elevadas e íngremes das encostas, sendo as matas do interior do maciço as mais vulneráveis. Na medida em que o fogo ocorre nas áreas de altíssimo risco, poderá se alastrar para as áreas contíguas, independentemente do que exista no local.

7.3.2. Áreas de Médio e Baixo Risco

Ao contrário das áreas anteriormente citadas, apenas 8,6% da área total analisada se enquadram em situação de médio risco de incêndios, mostrando o quão vulnerável se encontram toda a Unidade de Conservação em estudo e o seu entorno próximo. Correspondem às encostas mais suaves e baixas voltadas para os bairros de Bangu, Realengo e Jardim Sulacap. São locais densamente ocupados onde a intencionalidade é um fator significativo a esse tipo de prática.

Apenas 0,2% da área analisada apresenta baixo risco de incêndios, correspondendo a pequenas manchas contíguas às áreas de médio risco, em sua vertente norte. Isso mostra o nível de vulnerabilidade da área em estudo em função da ocorrência desse fenômeno.

7.4. Potencial para Expansão Urbana Desordenada

A falta de uma política habitacional, aliada a uma série de fatores de ordem econômico-social (a exemplo da perda do poder aquisitivo da população, aumento da pobreza, desemprego e marginalização) e física (a fisiografia da cidade, com estreitas planícies — já densamente ocupadas — cercadas de elevações), gera condições favoráveis ao avanço da população sobre as Unidades de Conservação.

A situação encontra-se caótica, na medida em que não se têm dados precisos sobre a ocupação humana e sua tendência de crescimento, nas principais áreas protegidas e seu entorno, à exceção do PEPB. Os dados são preocupantes, principalmente considerando o fato de ser o PEPB a maior Unidade de Conservação do município e que a expansão da cidade caminha, a passos largos, para a Zona Oeste (O GLOBO, 1997). Dessa forma, estabelecer quais são os locais de maior potencial para expansão da ocupação no PEPB é primordial, na medida em que essas áreas deverão ser alvo de proteção, por parte daqueles que as administram, contra a ocupação desordenada e suas ações, na maioria das vezes, degradantes ao meio ambiente local.

A posição geográfica do maciço da Pedra Branca, encravado no centro da segunda maior metrópole brasileira, o coloca numa condição peculiar, em termos de sofrer a pressão populacional sobre sua área legalmente protegida. Vulnerável a essa situação, tornou-se fundamental avaliar os locais de maior potencial para expansão urbana, visando a dar subsídios ao controle do avanço populacional sobre suas encostas e, assim, mitigar os impactos ambientais dele decorrentes.

Assim foi gerado o mapa de potencial, dividido em cinco classes, quais sejam: baixo, baixo-médio, médio, alto e altíssimo potencial. O **Quadro 2** apresenta as classes, com suas respectivas áreas e percentuais de representatividade, no contexto da área total analisada.

Quadro 2 — Resultado da Avaliação do Potencial para Expansão Urbana Desordenada

Notas	Classes	Área (ha)	% *
2	Baixo	2,95	1,01
3 e 4	Baixo - médio	1.147,68	6,6
5 e 6	Médio	8.485,88	49,2
7, 8 e 9	Alto	6.338,61	36,7
10	Altíssimo	937,88	5,4

(*) Do total da área analisada

7.4.1. ÁREAS COM ALTÍSSIMO E ALTO POTENCIAL

As áreas de altíssimo potencial abrangem 5,4% da área analisada, num total de 937,88ha. Encontram-se predominantemente distribuídas, sob a forma de pequenas manchas, nas bordas do maciço, próximas às áreas das baixadas densamente ocupadas. Bairros como Vargem Grande, Vargem Pequena e Recreio dos Bandeirantes, localizados em grande parte no domínio da baixada, são considerados de franca expansão populacional e habitados principalmente por moradores da classe média/alta, que procuram a região em busca de melhor qualidade de vida. Assim, as encostas do maciço passam a ser locais preferenciais de ocupação, colocando em risco os recursos naturais do PEPB.

Por sua vez, as áreas de alto potencial correspondem a 36,7% da área analisada, num total de 6.338,61ha de extensão. Estão distribuídas sob a forma de grandes manchas, mais concentradas nas vertentes leste, oeste e sul do maciço.

7.4.2. ÁREAS COM MÉDIO POTENCIAL

Representam quase 49,2% da área analisada, correspondendo a 8.485,88ha de terras. Sua maior expressão territorial se dá nas vertentes norte e oeste do maciço e em grande parte da serra de Guaratiba, em locais com diversas características, tanto de ordem física, quanto antrópica. Sua ampla distribuição pelas encostas do maciço mostra a potencialidade (neste caso, maior vulnerabilidade) que as encostas do PEPB apresentam, à ocupação humana, seja de população de baixa renda, seja de condomínios da classe média/alta.

7.4 3. ÁREAS COM BAIXO-MÉDIO E BAIXO POTENCIAL

As áreas com baixo-médio potencial correspondem a apenas 6,6% da área analisada, num total de 1.147,68ha de terras. Espacialmente aparecem de maneira mais concentrada, na porção central do maciço, próximas ao pico da Pedra Branca e nas encostas do morro Sta. Bárbara. São encostas elevadas (acima de 500m), de forte gradiente (algumas sob forma de paredão rochoso), distantes da malha viária, podendo ser desmatadas ou cobertas por outro tipo de vegetação.

Apesar de terem ocupações esparsas (são observadas a partir de atividades de campo), mesmo próximas ao pico, são áreas de difícil acesso, o que de certa forma vem dificultar uma ocupação populacional mais intensa, a curto e médio prazos.

Já as áreas com baixo potencial são praticamente inexpressivas e aparecem em pontos isolados do maciço, em locais de difícil acesso, cujas condições naturais são limitantes à ocupação. Representam menos de 1% da área analisada e aparecem mais próximas ao Pico da Pedra Branca, em locais muito íngremes.

7.5. POTENCIAL PARA ECOTURISMO E LAZER CONTROLADO

Uma das principais atividades previstas para serem desenvolvidas em Unidades de Conservação de Uso Indireto é o lazer e o turismo, ambos controlados, particularmente o ecoturismo. COSTA *et al.* (2000) apresentam algumas propostas iniciais dirigidas a práticas do ecoturismo no maciço da Pedra Branca e baixada de Guaratiba, voltadas para a exploração de suas trilhas e recursos naturais, dentro de um programa de educação ambiental. Ressalta-se que as populações residentes, principalmente as tradicionais, devem estar inseridas no processo, viabilizando a gestão participativa do PEPB. Apesar de essa Unidade de Conservação ser a maior de todo o Município do Rio de Janeiro, seu potencial ecoturístico e de lazer encontra-se pouco explorado, necessitando de ações que conduzam a um aproveitamento racional de todo o seu potencial.

Assim sendo, levantar as áreas que apresentem esse potencial é o primeiro passo a ser dado, como uma das mais importantes etapas de seu planejamento. Dentro dessa premissa, a presente investigação se propõe a indicá-las, tomando como base suas características físicas e socioeconômicas, levantadas a partir das assinaturas ambientais realizadas. Convém ressaltar que, apesar de serem conceitualmente distintas[11], as duas atividades foram consideradas, na presente análise, de maneira conjunta, por serem ainda muito incipientes na área em estudo.

Apesar de o PEPB existir há quase 30 anos, essas atividades ainda são incipientes e realizadas de maneira desordenada. Dessa forma, o mapa de potencial ecoturístico e de lazer constitui-se numa poderosa ferramenta de planejamento, dentro da filosofia de desenvolvimento participativo, onde as comunidades residentes poderão contribuir no seu efetivo manejo.

O mapa final obtido foi dividido em quatro níveis de potencialidade (baixo, médio, alto e altíssimo) com base nas notas alcançadas, conforme mostra o **Quadro 3**.

Quadro 3 — Resultado da Avaliação do Potencial para Ecoturismo e Lazer

Notas	Classes	Área (ha)	% *
1 a 3	Baixo	7.285,45	43,1
4 a 6	Médio	8.406,92	49,7
7 a 9	Alto	406,24	2,4
10	Altíssimo	138,31	0,8

(*) Do total da área analisada.

---

[11] Segundo o IBAMA (1994), ecoturismo é definido como: *um segmento da atividade turística que utiliza, de forma sustentável, o patrimônio natural e cultural, incentiva sua conservação e busca a formação de uma consciência ambientalista através da interpretação do ambiente, promovendo o bem-estar das populações envolvidas.*

7.5.1. Áreas com Altíssimo e Alto Potencial

As áreas com altíssimo potencial representam menos de 1% (0,82%) de toda a área analisada, num total de 138,31ha. Estão localizadas em pontos específicos do maciço, muito próximos dos locais que já contam com alguma atividade dessa natureza. São elas: (a) Sede do PEPB, no médio/alto vale do Rio Grande; (b) Subsede do PEPB, no médio/alto vale do rio Camorim; (c) Represa do Camorim, no entorno próximo ao lago; (d) Horto Florestal da Colônia Juliano Moreira; (e) Fazenda Alegria, no bairro de Vargem Pequena; (f) Sítio Burle Marx, no bairro do Recreio dos Bandeirantes; (g) Pico da Pedra Branca. São locais em altitudes moderadas (não passando de 600m, com exceção do Pico da Pedra Branca), com gradientes variáveis, porém predominando as encostas de moderada inclinação, próximas à malha viária (principalmente estradas e caminhos) e com a presença da floresta. Na realidade, apesar de já possuírem atividades em desenvolvimento, elas necessitam melhorar sua infra-estrutura, de modo a atender à crescente demanda existente no local.

Já as áreas com alto potencial compreendem 2,4% da área analisada, perfazendo 406,24ha de terras. Acham-se distribuídas por vários pontos do maciço, principalmente em suas vertentes leste, sul e oeste. São representadas por locais contíguos às áreas de altíssimo potencial, com a presença de mirantes (e pontos elevados das encostas) existentes ao longo das trilhas que atravessam o maciço. Nelas não existe nenhuma infra-estrutura de apoio às atividades, mas apresentam belezas cênicas de grande interesse ao visitante (a exemplo das praias desérticas de Perigoso, Meio e Funda) e àqueles que querem praticar atividades ecoturísticas mais radicais (turismo, aventura e montanhismo, por exemplo).

São encostas em diferentes cotas altimétricas e gradientes de moderado a forte (15º a 45º), em geral distantes das estradas e dos aglomerados humanos, porém contíguas ou nas próprias trilhas. Apresentam cobertura vegetal florestal, podendo estar em locais mais degradados (clareiras em meio à floresta e/ou cultivos de banana). A trilha que sai da sede do PEPB, no bairro da Taquara, em direção ao Pico da Pedra Branca apresenta vários mirantes, onde poderão ser observados variados aspectos da flora e fauna do PEPB, além das baixadas.

7.5.2. Áreas com Médio Potencial

Compreendem quase 50% da área analisada, com 8.406,92ha de terras. Espacialmente são representadas por grandes manchas, disseminadas principalmente por suas vertentes leste, sul e oeste. São áreas, em sua grande maioria, florestadas, com presença de várias trilhas, em encostas de diferentes altimetrias e gradientes. Estão relativamente distantes dos grandes aglomerados urbanos. São locais que devem ser alvo de estudos mais detalhados e que poderão conduzir a um melhor aproveitamento de seu potencial para o tipo de atividade analisada.

7.5.3. Áreas com Baixo Potencial

Essas áreas têm uma representatividade elevada no contexto da área total analisada (43,1%), com 7.285,45ha de terras distribuídas por várias partes do maciço. Caracterizam-se basicamente por serem áreas altamente degradadas, constituídas por pastagens ou densamente ocupadas (por população e atividades, a exemplo das pedreiras e saibreiras), em encostas predominantemente baixas e de moderado gradiente.

Estão relativamente próximas à malha viária, principalmente àquelas pertencentes à vertente norte. Algumas áreas elevadas se enquadraram nessa classe de baixo potencial, por serem ocupadas por cultivo de banana — a exemplo das encostas voltadas para a praia de Grumari — ou por se constituírem paredões rochosos, a exemplo do morro do Calembá (Barra da Tijuca), onde hoje existe uma pedreira em exploração. Uma política de recuperação das áreas degradadas poderá, a médio e longo prazos, reverter essa situação.

7.6. Áreas Críticas quanto à Degradação da Cobertura Florestal

O cruzamento entre a categoria de floresta, pertencente ao mapa de uso do solo e cobertura vegetal de 1996 da base de dados, e os mapas classificados de riscos de desmatamentos e incêndios permitiu a identificação das áreas críticas quanto à degradação dos remanescentes florestais de Mata Atlântica ainda existentes no maciço da Pedra Branca. Com pesos (percentuais de contribuição) equivalentes, o cruzamento foi feito entre as classes de risco de cada mapa, gerando várias situações ambientais.

Serão aqui ressaltadas as três situações mais representativas encontradas no mapa final de áreas críticas. Convém ressaltar que não houve situação de baixo nível de criticidade quanto à vulnerabilidade das florestas à degradação por queimadas e desmatamentos, o que demonstra a necessidade urgente de proteção de seus remanescentes.

7.6.1. Áreas com Altíssimo Nível

A situação mais crítica assinalada no mapa quanto à possibilidade de degradação das florestas corresponde à combinação entre altíssimo risco de desmatamentos e altíssimo risco de incêndios, representando 1,4% da área em estudo, num total de 240ha de terras. Essas áreas estão localizadas em pontos específicos do maciço, nos locais onde é maior o acesso da população, possibilitando ações rápidas de degradação das florestas.

7.6.2. Áreas com Altíssimo/Alto Nível e Alto Nível

As áreas com altíssimo/alto nível representam 8% da área em estudo, qual seja, 1.379ha de terras. São manchas pequenas, porém distribuídas em várias partes do maciço, em suas bordas (entre as cotas altimétricas de 50 e 300m), com exceção de sua vertente norte, onde a floresta é praticamente inexistente. Pelas mesmas razões citadas, são locais de mais fácil acesso, em encostas não muito íngremes, onde essas práticas se tornam relativamente fáceis de serem executadas.

Já as áreas com alto nível representam a combinação entre alto risco de desmatamentos e alto risco de incêndios, totalizando 32,4% da área do maciço, ou seja, 5.632,780ha de terras. Sua maior expressão territorial encontra-se nas serras do Nogueira, Quilombo, Pedra Branca e Barata, na parte centro-oeste do maciço.

7.6.3. *Áreas com Alto/Médio Nível*

As demais situações encontradas retratam médio nível de criticidade quanto à vulnerabilidade da floresta às principais ações impactantes mencionadas e são inexpressivas em termos de ocorrência no maciço. Na realidade, toda a cobertura florestal ainda existente no PEPB e seu entorno estão sob forte ameaça de desaparecer, caso medidas urgentes e eficazes não sejam tomadas.

7.7. *Impactos Ambientais da Urbanização sobre os Recursos do PEPB*

A questão mais preocupante e de difícil implementação quando se trata do manejo de unidade de conservação em áreas urbanas é o controle do avanço populacional para seu interior, principalmente quando esta não possui limites físicos demarcatórios de sua gleba, como é o caso do Parque Estadual da Pedra Branca. Neste sentido, estimar uma possível repercussão da incidência do processo de expansão urbana sobre o ambiente do PEPB torna-se uma avaliação de suma importância para que o seu plano de manejo seja futuramente proposto dentro de uma ótica realista de gestão efetiva de seus recursos. Assim sendo, realizou-se uma estimativa (análise prospectiva) do impacto da urbanização sobre as condições físicas, bióticas e socioeconômicas do PEPB e seu entorno, mostrando as áreas mais vulneráveis às ações impactantes decorrentes do crescimento urbano desordenado da cidade, em locais com condições limitantes (riscos) e potenciais que, uma vez desrespeitadas, poderão acarretar danos irreversíveis ao seu meio ambiente.

7.7.1. *Impacto Setorial da Expansão Urbana Desordenada sobre as Áreas de Risco de Deslizamentos e Desmoronamentos*

Independentemente do status de Unidade de Conservação, toda área em estudo apresenta níveis elevados de risco de ocorrência de movimentos de massa, o que de certa forma a coloca numa condição de alta vulnerabilidade aos efeitos danosos decorrentes da expansão urbana, por menor que ela seja. Visando identificar as áreas mais vulneráveis a isso, foram gerados dois mapas: o primeiro foi obtido a partir do cruzamento entre os mapas de potencial de expansão urbana desordenada e risco de deslizamentos e desmoronamentos, tendo obtido 35 combinações (classes) de potenciais e riscos; o segundo foi produzido a partir da integração daquelas 35 classes, em três conjuntos de áreas (Unidades) que deverão ser manejadas de forma diferenciada, considerando os fenômenos avaliados (**Mapa 1**). São elas: áreas de uso intensivo controlado; áreas de uso limitado e em processo de recuperação natural da cobertura vegetal e áreas de proteção das encostas (preservação das florestas).

7.7.1.1. Áreas de Uso Intensivo Controlado

Essa unidade de manejo corresponde a 9% da área analisada (1.420,86ha) e tem a sua maior expressão territorial na vertente norte do maciço, voltada para a planície interiorana dos bairros de Bangu, Realengo e Jardim Sulacap. São áreas contíguas às baixadas fortemente ocupadas, não somente por população, mas também por atividades econômicas, pertencentes, em sua grande maioria, à denominada "zona tampão" do PEPB. Na realidade, são encostas que já se apresentam com uma forte presença antrópica.

Algumas proposições gerais de manejo dessas áreas são sugeridas dentro de um processo inicial de contribuição ao planejamento da Unidade de Conservação e seu entorno. Convém ressaltar que elas não esgotam o elenco de medidas que deverão ser implementadas, sendo, portanto, a primeira iniciativa em indicá-las. É necessário, portanto: (a) erradicar, efetivamente, as atividades que aceleram e/ou desencadeiam os movimentos de massa; (b) implementar novos programas de recuperação da cobertura vegetal (reflorestamento das encostas, envolvendo moradores locais, que visem não somente à contenção das encostas, mas também à recomposição paisagística da região e à atenuação das condições climáticas locais (redução das altas temperaturas).

MAPA 1 - IMPACTO SETORIAL DA EXPANSÃO URBANA DESORDENADA SOBRE AS ÁREAS DE RISCO DE DESLIZAMENTOS E DESMORONAMENTOS
MACIÇO DA PEDRA BRANCA

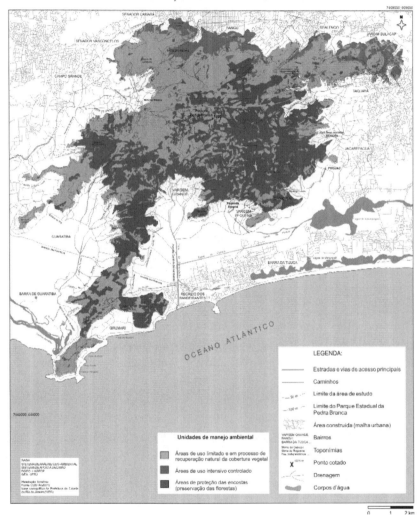

7.7.1.2. Áreas de Uso Limitado e em Processo de Recuperação Natural da Cobertura Vegetal

Essa unidade de manejo é a de maior extensão territorial, correspondendo a quase 50% da área analisada (7.989,99ha). Apesar da forte degradação ambiental que elas vêm sofrendo, a cobertura florestal se mostra em regeneração em vários pontos. O fato de serem áreas de risco elevado quanto à ocorrência de movimentos de massa faz com que essa unidade necessite manter e estimular a recuperação da cobertura vegetal, principalmente das florestas. Nesse sentido, as principais medidas sugeridas são: (a) criar mecanismos eficazes que conduzam à regeneração natural das áreas degradadas, sendo a principal medida o controle da expansão urbana; (b) implementar programas agrossilviculturais capazes de conduzir os agricultores à substituição gradual do cultivo da banana por outros economicamente rentáveis e ecologicamente corretos, já que aquele é considerado por grande parte da comunidade técnico-científica desencadeador de movimentos de massa.

7.7.1.3. Áreas de Proteção das Encostas (Preservação das Florestas)

Essa unidade representa 40% (6.497,03ha) da área analisada, ocorrendo predominantemente nas vertentes do maciço voltadas para os bairros de Jacarepaguá, Barra da Tijuca, Vargem Grande, Vargem Pequena, Recreio dos Bandeirantes e Guaratiba. São locais do maciço onde ainda persiste a floresta em seus diversos níveis sucessionais, devendo ser protegida contra quaisquer ações de degradação. Assim sendo, propõem-se aos planejadores da UC as seguintes medidas: (a) criar mecanismos de preservação das florestas, através de uma fiscalização efetiva e eficaz, podendo ter nas comunidades periféricas o maior aliado no combate à sua degradação e, conseqüentemente, proteção contra erosão; (b) manter vínculos e contatos constantes com os órgãos responsáveis pelo controle das áreas de riscos de deslizamentos e desmoronamentos — a exemplo da Fundação GEORIO e Defesa Civil Municipal — no sentido de definir planos de emergência e monitoramento dos locais mais vulneráveis (a exemplo do caminho do

Camorim, que conduz visitantes à lagoa de mesmo nome) onde já foram registrados movimentos de massa durante os meses de verão.

7.7.2. IMPACTO SETORIAL DA EXPANSÃO URBANA DESORDENADA SOBRE AS ÁREAS CRÍTICAS QUANTO À DEGRADAÇÃO DA COBERTURA FLORESTAL

Os remanescentes florestais do maciço da Pedra Branca encontram-se seriamente ameaçados de desaparecer, sob a ação de desmatamentos e queimadas, cada vez mais intensas e crescentes. A estimativa de crescimento populacional em seu entorno e o avanço para o interior do parque tornam ainda maior essa ameaça, já que a criação de novos espaços a serem ocupados é feita quase sempre com o sacrifício das florestas. Avaliar, ao nível prospectivo, quais são esses locais é de suma importância para o efetivo controle do que ainda resta da Mata Atlântica no Município do Rio de Janeiro. Essa avaliação foi feita a partir da geração de dois mapas: o primeiro resultou do cruzamento entre os mapas de potencial de expansão urbana desordenada e áreas críticas quanto à degradação da cobertura florestal, gerando 17 classes de combinações entre potenciais e áreas críticas; o segundo foi originado a partir da aglutinação daquelas classes, em três, que representam as Unidades de Manejo Ambiental quanto à questão da proteção dos remanescentes florestais contra desmatamentos e incêndios (**Mapa 2**). São elas: áreas de médio impacto, destinadas a uma moderada vigilância no controle dos desmatamentos e incêndios; áreas de alto impacto, destinadas a uma alta vigilância no controle dos desmatamentos e incêndios, e áreas de altíssimo impacto, destinadas à vigilância máxima no controle dos desmatamentos e incêndios.

7.7.2.1. ÁREAS DE MÉDIO IMPACTO, DESTINADAS A UMA MODERADA VIGILÂNCIA NO CONTROLE DOS DESMATAMENTOS E INCÊNDIOS

Compreendem 7% da área analisada (527,28ha), correspondendo, predominantemente, às vertentes, norte e oeste do maciço, e à serra de

Guaratiba. São encostas ocupadas por diversos usos, sendo as florestas menos expressivas. Neste sentido propõe-se que: (a) haja a inserção das comunidades residentes no interior do PEPB no processo de vigilância dos locais mais vulneráveis, num trabalho interativo do controle das ações, envolvendo poder público e sociedade; (b) ocorra o aumento do número de agentes oficiais e equipamentos, principalmente no combate aos incêndios (Brigada de Prevenção e Combate a Incêndios Florestais da SOS Floresta da Pedra Branca), freqüentes na estação seca de inverno; (c) haja o fomento a atividades de Educação Ambiental, num trabalho de educação e conscientização da necessidade de proteção das florestas.

7.7.2.2. Áreas de Alto Impacto, Destinadas a uma Alta Vigilância no Controle dos Desmatamentos e Incêndios

Essa unidade perfaz cerca de 80% (5.904,21ha) do PEPB e seu entorno, correspondendo, predominantemente, às altas encostas florestadas do maciço, particularmente aquelas situadas nas serras do Quilombo, Pau da Fome, Rio Pequeno, Barata, Morgado e Cabuçu. Nelas, o controle deve ser maior ainda do que nas áreas anteriormente citadas, já que a floresta é a principal cobertura do solo, alvo dos agentes degradadores da região. Assim sendo, propõe-se como medidas gerais de controle que: (a) a vigilância seja intensa, efetuada pelo poder público (integrando Estado e União), considerando que além de serem protegidas legalmente pelo PEPB (de responsabilidade do IEF/RJ) fazem parte das chamadas Florestas Protetoras da União, sob responsabilidade do IBAMA; (b) criem-se mecanismos de proteção física das florestas, particularmente aquelas em estágio sucessional elevado (Floresta do Camorim e São Gonçalo, por exemplo), podendo esta ser feita através de "cercas vivas" com espécies folhosas, resistentes ao fogo.

MAPA2 - IMPACTO SETORIAL DA EXPANSÃO URBANA DESORDENADA SOBRE AS ÁREAS CRÍTICAS QUANTO À DEGRADAÇÃO DA COBERTURA FLORESTAL
MACIÇO DA PEDRA BRANCA

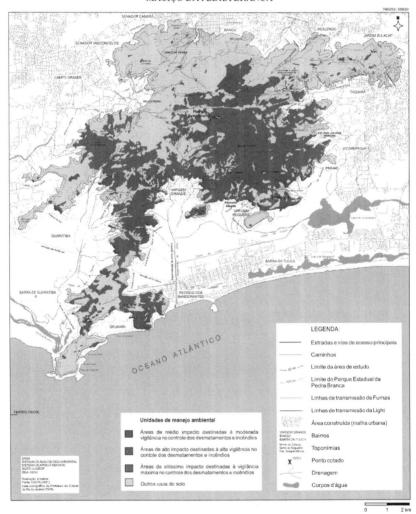

7.7.2.3. Áreas de Altíssimo Impacto, Destinadas à Vigilância Máxima no Controle dos Desmatamentos e Incêndios

Representam 12% (862,35ha) da área de estudo. São áreas florestadas, muito próximas das encostas ocupadas, quer por comunidades de baixa renda ou por condomínios de classe média/alta, o que as torna altamente vulneráveis à ação de degradação, tanto por desmatamentos quanto por queimadas, muitas delas intencionais. Essas áreas são identificadas, predominantemente, nas bordas florestadas do maciço, em sua faixa altimétrica mais baixa (entre as cotas 50 e 200m), correspondendo, em muitos locais, à "zona tampão do PEPB". O controle das ações de degradação deve ser o mais rigoroso possível, pois esses pontos do maciço vêm sofrendo forte pressão do avanço da população, constituindo-se em verdadeiras "entradas" de degradação das florestas. Tais medidas devem estar centradas em: (a) conter o avanço da ocupação, através de vigilância rigorosa, oficial e da própria população adjacente, servindo esta como verdadeiros "fiscais da natureza", no controle das ocupações irregulares em áreas legalmente protegidas (O GLOBO, 2001); (b) preservar integralmente toda a cobertura florestal, à semelhança do que foi proposto no item anterior.

7.7.3. Impacto Setorial da Expansão Urbana Desordenada sobre as Áreas Potenciais para Ecoturismo e Lazer Controlado

Essa avaliação está alicerçada na idéia de que as Unidades de Conservação de uso indireto permitem o desenvolvimento de atividades ecoturísticas e de lazer controlado, principalmente quando elas apresentam forte potencial para isso, como é o caso do PEPB. A exploração correta desse potencial, tendo a participação da população local, pode ser uma fonte importante de recursos para o próprio parque, como já vem sendo para muitas áreas protegidas em outras cidades brasileiras.

Um dos fatores preocupantes à exploração dessa atividade é o crescimento desordenado da Cidade do Rio de Janeiro em direção às áreas de maior potencial, o que pode acarretar o comprometimento dos recursos naturais que servem de atrativo aos visitantes. Assim sendo, analisar essa situação é fundamental à proposição de um planejamento sustentável do PEPB. Para isso, foi necessário elaborar dois mapas: o primeiro foi originado a partir do cruzamento entre os mapas de potencial (potencial de expansão urbana desordenada, com potencial para ecoturismo e lazer controlado); o segundo foi produzido condensando as 19 combinações geradas no primeiro mapa, em quatro unidades (**Mapa 3**), cujas características e proposições gerais de manejo, sob a ótica do fomento ao ecoturismo e lazer, são a seguir descritas:

7.7.3.1. Áreas de Controle da Expansão Urbana

Representam 40% (6.508,35ha) da área em estudo, correspondendo, predominantemente, às encostas degradadas do entorno do maciço, onde a presença de atrativos é reduzida. À semelhança da análise feita com as áreas de risco de deslizamentos e desmoronamentos, esses locais devem ser destinados ao controle da expansão populacional, já que apresentam ocupação humana em franco crescimento, o que de certa forma favorece a atração de novos moradores. A ausência da floresta e de escassos recursos hídricos (mais especificamente a vertente norte) reduz, ainda mais, as chances de transformá-las em pólos turísticos, só tornando essa possibilidade viável, mediante altos investimentos. Assim sendo, propõe-se que: (a) sejam fomentados programas de reflorestamento (a exemplo do que foi proposto pelo IEF, 1992), principalmente com espécies resistentes às ações contínuas de degradação, particularmente o fogo, que conduzam, a médio e longo prazos, à recuperação paisagística do local, gerando condições para a prática do lazer das comunidades periféricas; (b) que haja uma fiscalização mais rigorosa, capaz de coibir a expansão urbana desordenada e ações agressivas ao meio ambiente, principalmente nos limites do PEPB.

7.7.3.2. Áreas com Necessidade de Proteção

Essas áreas correspondem a 18% (2.996,04ha) da área estudada. São locais que apresentam cobertura florestal em processo de regeneração,

O CASO DO PARQUE ESTADUAL DA PEDRA BRANCA — RJ

MAPA 3 - IMPACTO SETORIAL DA EXPANSÃO URBANA DESORDENADA SOBRE AS ÁREAS POTENCIAIS PARA ECOTURISMO E LAZER CONTROLADO
MACIÇO DA PEDRA BRANCA

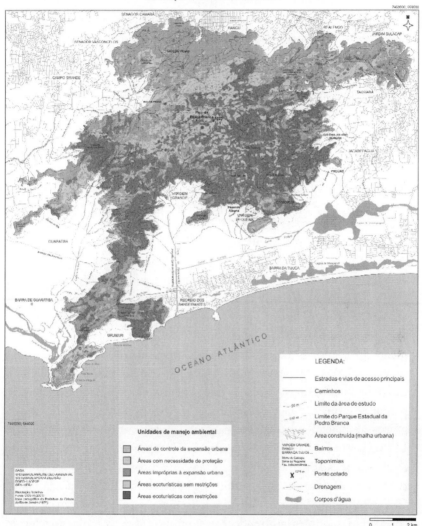

mesclados às atividades agropastoris. Se a ocupação humana não se expandir e essas atividades forem substituídas, gradativamente, por outras ambientalmente corretas, os recursos da natureza necessários à implementação do lazer controlado e ecoturismo retornarão às encostas, criando condições para a melhoria da qualidade de vida daqueles que residem no local ou em sua periferia. Para isso será necessário tomar as seguintes medidas gerais: (a) proteger as encostas que já apresentam uma regeneração natural da cobertura florestal, a exemplo das áreas recobertas por macega, que estão presentes em vários pontos dessas áreas; (b) fomentar programas de recuperação das áreas degradadas, contíguas às áreas em recuperação, no intuito de acelerar o retorno das florestas.

7.7.3.3. *Áreas Impróprias à Expansão Urbana*

Correspondem a 41% (6.550,43ha) de toda a área do maciço. Isso representa uma parcela significativa do PEPB e seu entorno, favorável ao desenvolvimento de atividades que proporcionem ao visitante momentos de lazer e contato com a natureza. São locais onde a floresta predomina, com sua fauna associada, e os rios são abundantes. Por serem os últimos redutos de Mata Atlântica do município, essas áreas devem ser preservadas e totalmente protegidas do avanço populacional. Elas estão, predominantemente distribuídas no maciço, em suas vertentes leste e oeste, nas encostas de várias serras. Apesar de suas características altamente favoráveis ao desenvolvimento do ecoturismo, este já vem sendo realizado nessas áreas, porém de forma incipiente e predatória, sem nenhum acompanhamento de grupos ambientalistas treinados para tal, ligados à atual administração do PEPB. Desta forma, torna-se fundamental: (a) intensificar o controle do avanço populacional, o que poderá ser feito a partir da revitalização dos centros de fiscalização, localizados nas subsedes do PEPB (Pau da Fome, Colônia Juliano Moreira e Camorim); (b) fomentar a capacitação de monitores e guias ambientais, tendo como público-alvo os moradores locais, visando a inserir as comunidades no processo de desenvolvimento sustentável do PEPB (UINCN, 1997); (c) estimular o desenvolvimento de pesquisas científicas por parte de entidades governamentais e privadas que poderão conduzir a um real conhecimento das potencialidades da área.

7.7.3.4. Áreas Ecoturísticas com Restrições

Representam apenas 0,9% (138,29ha) de toda a área do maciço. São locais que já apresentam atrativos turísticos em exploração, mesmo que de forma precária e sem nenhuma planificação. São pontos específicos do maciço, a maioria não muito distante das áreas ocupadas, o que os colocam vulneráveis às ações de degradação. Estão, em geral, localizados em áreas onde as florestas estão em processo de recuperação, porém a presença de trilhas com mirantes — que permitem apreciar a paisagem e as cachoeiras — os torna excelentes atrativos aos visitantes. Elas estão mais concentradas na porção centro-oeste do maciço, na média/alta encosta das serras voltadas para o bairro de Campo Grande. Devem ser manejadas tendo como principais ações: (a) a criação de infra-estrutura de suporte às atividades ecoturísticas e de lazer em desenvolvimento, por parte do órgão de controle ambiental do parque, visando a discipliná-las, evitando a degradação ambiental e, ao mesmo tempo, criando condições de auto-sustentabilidade; (b) o controle do acesso dos visitantes através de uma fiscalização mais eficaz, capaz de coibir o excesso de práticas que possam degradar os ecossistemas; (c) o fomento ao conhecimento científico, voltado ao aproveitamento do real potencial que a área possui para o desenvolvimento dessas atividades, paralelamente ao levantamento da capacidade de suporte do número de visitantes aos locais.

7.7.3.5. Áreas Ecoturísticas sem Restrições

De modo semelhante à unidade anterior, estão presentes em pontos específicos do maciço, representando apenas 0,2% (30,81ha) da área em estudo. Difere das anteriores por estarem mais distantes das áreas ocupadas e por terem a floresta como ambiente principal de atração. Também são exploradas pelos eventuais visitantes, porém de maneira totalmente desarticulada da administração da Unidade de Conservação. Estão concentradas na vertente leste, nas altas encostas. O principal atrativo dessa parte do maciço é a lagoa do Camorim, mais visitada clandestinamente (por trilhas alternativas) do que oficialmente, passando pela fiscalização existente na subsede, localizada no caminho principal de acesso à mesma.

O extremo sul da serra de Guaratiba apresenta trilhas que levam às praias mais paradisíacas de toda a Cidade do Rio de Janeiro, constituindo-se num dos principais atrativos do maciço. A dificuldade de acesso às mesmas e o seu estado de conservação enquadram essa parte do PEPB na condição de áreas ecoturísticas sem restrições. Apesar desse status, tais áreas devem ser manejadas com todo rigor possível para que se mantenham preservadas.

Para tal, é aqui indicado como medida geral de manejo praticamente o mesmo conjunto de medidas propostas para as áreas ecoturísticas com restrições, sendo que para essas últimas o rigor na fiscalização quanto à implementação das atividades deve ser ainda maior, já que elas comportam os últimos redutos florestais do maciço.

8. CONCLUSÕES

Alicerçadas nas trinta assinaturas realizadas de locais e atributos previamente conhecidos e na monitoria do uso do solo e cobertura vegetal no período de 1992 a 1996, foi possível identificar, por meio de avaliações ambientais (diretas e complexas), as áreas onde os problemas e as potencialidades do Parque Estadual da Pedra Branca e seu entorno são mais significativos.

Das avaliações diretas realizadas, três representam situações de riscos e dois potenciais, sendo a expansão urbana desordenada altamente negativa à manutenção da integridade dos recursos naturais do parque. Esse conjunto que, metodologicamente, faz parte dos procedimentos diagnósticos da área em estudo conduziu a importantes e reveladoras informações acerca de suas características geoambientais.

Com relação às situações de risco, o maciço, como um todo, apresenta-se bastante vulnerável, tanto no que diz respeito à ocorrência de movimentos de massa quanto de desmatamentos e incêndios, gerando condições limitantes e críticas, que poderão dificultar o efetivo planejamento de toda a área legalmente protegida e seu entorno próximo. A perda significativa da cobertura florestal (25%), num intervalo de tempo relativamente curto (4 anos), retrata a grave situação em que os remanescentes de Mata Atlântica se encontram. Paradoxalmente, algumas de suas bacias hidrográficas, a exemplo das bacias dos rios da Prata, Grande e Sacarrão, apresentam parte de suas encostas em processo de regeneração. São locais onde o cultivo da banana foi abandonado em meio à floresta, permitindo que espécies pioneiras rapidamente aparecessem. Se novas ações de degradação não mais ocorrerem, a tendência é, a médio e longo prazos, haver o retorno da mata, embora com características fitofisionômicas diferentes.

Por sua vez, quanto às potencialidades (excetuando-se a expansão populacional, considerada um potencial de natureza negativa), as áreas mais expressivas estão mais restritas às encostas mais preservadas da vertente leste/sul e parte da vertente oeste, onde a floresta ainda se faz presente em maior extensão. São nelas que as atividades de ecoturismo e de lazer controlado poderão se desenvolver, desde que de maneira estruturada, compatível com a conservação dos recursos naturais.

O crescimento populacional no interior e periferia próxima da UC foi uma das mais importantes questões avaliadas, tanto sob a ótica quantitativa/qualitativa (número de residentes e suas características socioeconômicas) quanto sob os prováveis efeitos decorrentes de sua pressão sobre os recursos naturais.

Neste contexto, foram produzidos três mapas (prospectivos) de avaliação de impactos setoriais decorrentes da expansão urbana desordenada, que conduziram à definição das Unidades de Manejo Ambiental (UMAs), cada uma delas apresentando um conjunto de proposições gerais referentes às ações voltadas ao seu efetivo planejamento.

Sob a visão metodológica, o uso de várias técnicas ambientais apoiadas em ferramentas de geoprocessamento, principalmente SGIs, permitiu uma análise detalhada, em nível espacial e taxonômico, das diversas situações ambientais citadas. Através do SAGA/UFRJ foi possível manipular número considerável de dados georreferenciados, com forte resolução, e obter respostas com alto grau de confiabilidade, capazes de apoiar, de forma significativa, a tomada de decisões. Paralelamente ao seu uso, foi possível apreender novas tecnologias de tratamento e aprimoramento de imagens digitais, na intenção de gerar produtos finais (mapas digitais temáticos) de boa qualidade, compatível com o nível de detalhamento trabalhado.

Uma das mais importantes contribuições que a presente investigação pode fornecer à comunidade técnico-científica, particularmente àqueles especialistas de áreas afins à Geografia — a exemplo dos biólogos e engenheiros florestais, principais profissionais que desenvolvem planos de manejo de Unidades de Conservação —, consiste em mostrar a necessidade de aplicar em projetos ambientais dessa natureza tecnologias modernas, principalmente de SGIs, que permitam não somente o manuseio e interação de grande quantidade de dados, mas principalmente a sua periódica atualização, de maneira rápida e eficiente, produzindo informações com alto nível de precisão e confiabilidade que estudos dessa natureza exigem. Lamentavelmente, ainda são poucos os planos de manejo de áreas silvestres que lançam mão dessas ferramentas, capazes de gerar uma base de dados georreferenciados que venha a traduzir, de maneira simplificada, as relações que ocorrem no mundo real. Na prática, os Planos de Manejo de Áreas Silvestres devem contemplar a espacialidade das relações ambientais, e não apenas as características físicas, bióticas e socioeconômicas de forma estanque e desarticulada, como na maioria das vezes é feita.

O conhecimento por ora adquirido com o presente estudo não encerra os levantamentos do Parque Estadual da Pedra Branca, ao contrário, abre novas possibilidades, não somente ao aprofundamento de estudos específicos — a exemplo do levantamento de fauna e flora —, como também a atualização e/ou detalhamento de informações que poderão subsidiar a segunda fase de seu plano de manejo, de acordo com que preceituam os órgãos de controle ambiental.

9. REFERÊNCIAS BIBLIOGRÁFICAS

COSTA, N. M. C. da. *Geomorfologia estrutural dos maciços litorâneos do Rio de Janeiro*. Rio de Janeiro, Instituto de Geociências da Universidade Federal do Rio de Janeiro, UFRJ, 1986. 108p. il. Dissertação (mestrado) IGEO/CCMN UFRJ.

COSTA, V. C. da *et al*. O Desafio do Ecoturismo em Unidades de Conservação. *Revista GEO UERJ*. Rio de Janeiro, Depto. de Geografia da Universidade do Estado do Rio de Janeiro, 2000, Vol. 8, pp. 55-66.

FEEMA. *Roteiro para Elaboração de Plano Diretor de Parque Estadual*. Sistema de Licenciamento de Atividades Poluidoras. Rio de Janeiro, Fundação Estadual de Engenharia do Meio Ambiente, 1977, 10 p.

FONSECA, G. A. B., PINTO, L. P. S. e RYLANDS, A. B. Biodiversidade e Unidades de Conservação. *In*: I CONGRESSO BRASILEIRO DE UNI-

DADES DE CONSERVAÇÃO, Curitiba, 1997, *Anais.* UNILIVRE. 1997, Vol. 1, pp. 262-285.

FRANCISCO, C. N. *O Uso de Sistema Geográfico de Informação (SGI) na Elaboração de Plano de Manejo de Unidades de Conservação — Uma Aplicação no Parque Nacional da Tijuca — RJ.* São Paulo, Universidade de São Paulo (USP) / Escola Politécnica, 1995, 189 p. il. Dissertação (mestrado) E.P. USP.

GOES, M. H. de B. et al. *Uma Contribuição ao Geoprocessamento para avaliação da Reserva Biológica do Tinguá (Nova Iguaçu — RJ) e Arredores: a base de dados geocodificada — 1ª parte. In:* 1ª SEMANA ESTADUAL DE GEOPROCESSAMENTO, Rio de Janeiro, 1996. *Comunicações.* Rio de Janeiro, Clube de Engenharia, 1996, pp. 390-402.

GEORIO. Fundação GEORIO. *Mapa Geológico-Geotécnico do Município do Rio de Janeiro.* Volume de Texto: Thalweg. Rio de Janeiro, 1997, 25p. Esc. 1:10.000. Color.

GONÇALVES, C. W. P. *Os (Des)Caminhos do Meio Ambiente.* Cap. IX, 2ª ed., São Paulo, Contexto, 1990, pp. 75-94.

HERCULANO, S. C. Do desenvolvimento (In)Suportável à Sociedade Feliz. *In: Ecologia, Ciência e Política.* Org. Eduardo Viola. Rio de Janeiro, Revan, 1992, pp. 9-48.

IBAMA. *Roteiro Técnico para Elaboração de Planos de Manejo em Áreas Protegidas de Uso Indireto.* Brasília — DF, Instituto Brasileiro do Meio Ambiente e dos Recursos Naturais Renováveis (IBAMA), Secretaria de Meio Ambiente da Presidência da República, 1992, 47p.

IBAMA. *Roteiro Metodológico para o Planejamento de Unidades de Conservação de Uso Indireto. Versão 3.0.* Brasília — DF, Instituto Brasileiro do Meio Ambiente e dos Recursos Naturais Renováveis — IBAMA, Ministério do Meio Ambiente dos Recursos Hídricos e da Amazônia Legal, 1996, 110p.

IUCN. Manejo Participativo de Áreas Protegidas: Adaptando o Método ao Contexto. *In: Temas de Política Social.* Org. Borrini-Feyerabend. Quito, Equador, União Mundial para a Natureza (IUCN), 1997, 67p.

LA ROVERE, E.L. *A Sociedade tecnológica, a democracia e o planejamento. In: Ecologia, Ciência e Política.* Coord. Mirian Goldenberg. Rio de Janeiro, Revan, 1992, pp. 77-105.

MARETTI et al. *A Construção da Metodologia de Planos de Gestão Ambiental para Unidades de Conservação em São Paulo. In:* In: I CONGRESSO BRASILEIRO DE UNIDADES DE CONSERVAÇÃO, Curitiba, 1997. *Anais.* UNILIVRE, 1997, Vol. 2, pp. 234-247.

MILANO, M. S. Planejamento de Unidades de Conservação: um Meio e não um Fim. *In*: I CONGRESSO BRASILEIRO DE UNIDADES DE CONSERVAÇÃO, Curitiba, 1997. *Anais*. UNILIVRE, 1997, Vol. 1, pp. 150-165.

O GLOBO. Jornal O Globo. *Na direção do Oeste. Imóveis com preços mais baixos estimulam crescimento da antiga área rural do Rio*. Caderno Morar Bem. André Moragas e Luciana Anselmo. Rio de Janeiro, 2 de novembro de 1997, pp.1-3.

PENHA, H.M. Geologia do Maciço da Pedra Branca, RJ. *Comunicação*. Academia Brasileira de Ciências, Rio de Janeiro, 3(56): 355 p., 1984.

PORTO Jr., R. *Petrologia das Rochas Graníticas das Serras da Pedra Branca e Misericórdia, Município do Rio de Janeiro*. Rio de Janeiro, Instituto de Geociências, UFRJ, 1993, 145p. Dissertação (mestrado) IGEO UFRJ.

SNUC. *Sistema Nacional de Unidades de Conservação*. Lei nº 9.985, de 18 de julho de 2000. Presidência da República. Subchefia para Assuntos Jurídicos. Disponível na INTERNET via http//www. Gov.Br/CCIVIL/Leis/L9985.-htm. Arquivo consultado em 2000.

WWF (Brasil). World Wide Foundation. Áreas Protegidas ou Espaços Ameaçados: O grau de implementação e a vulnerabilidade das unidades de conservação federais brasileiras de uso indireto. Coords. Rosa M. Lemos de Sá e Leandro Ferreira. Brasília, WWF Brasil, Série Técnica, mar. 1999, Vol. III, 32p. Disponível na INTERNET no site http://www.wwf.org.br. Arquivo consultado em 2001.

UNILIVRE — Manejo de Áreas Naturais Protegidas. Apostila do Curso sobre Manejo de Áreas Naturais Protegidas. Org. pela Universidade Livre do Meio Ambiente — UNILIVRE. Curitiba, 1997, 127p.

XAVIER-DA-SILVA, J. Um Sistema de Análise Geo-Ambiental: o SAGA. *In*: I CONGRESSO BRASILEIRO DE DEFESA DO MEIO AMBIENTE. Rio de Janeiro, 1984. *Anais*. Clube de Engenharia, 1984, Vol. 2, pp. 417-419.

XAVIER-DA-SILVA, J. *et al*. Geoprocessamento para Análise Ambiental. *In*: *Apostila do Curso de Especialização em Geoprocessamento*. Rio de Janeiro, CEGEOP/UFRJ, Vol. 4, unid. 9, 1999, pp.1-31.

_____. SGIs: Uma Proposta Metodológica. *In*: *Apostila do Curso de Especialização em Geoprocessamento*. Rio de Janeiro, CEGEOP/UFRJ, 2000, Vol. 4, unid. 9, pp. 1-54.

CAPÍTULO 3

GEOPROCESSAMENTO APLICADO À FISCALIZAÇÃO DE ÁREAS DE PROTEÇÃO LEGAL: O CASO DO MUNICÍPIO DE LINHARES — ES

Edson Rodrigues Pereira Junior
Jorge Xavier da Silva
Maria Hilde de Barros Góes
Wilson José de Oliveira

1. INTRODUÇÃO

O processo de crescimento dos centros urbanos nos países do Terceiro Mundo possui uma dinâmica própria, marcada por desajustes estruturais que influenciam decisivamente na qualidade de vida da população (FISCHER,1997). O reflexo da falta de planejamento territorial é apresentado de vários modos, como, por exemplo, através da utilização de áreas potencialmente interessantes para determinado empreendimento (turismo, agricultura, pecuária etc.) invadidas pela expansão urbana desordenada (inchaço das cidades) ou então áreas com sérios riscos ambientais (enchentes, deslizamentos, etc.) usadas como moradias.

Esse atraso quanto à abordagem do planejamento territorial-municipal é decorrente da falta de conhecimentos científico-tecnológicos por muitos administradores públicos, ocorrendo ineficiência no que diz respeito à formulação de um adequado planejamento. Vemos com freqüência favelas crescendo em áreas apropriadas para determinados fins econômicos; loteamentos ou outros tipos de uso em área de preservação ambiental.

As novas tecnologias de coleta e manuseio da informação espacial podem ser a resposta à gestão municipal, pois subsidiam o processo de tomada de decisão com informações sobre o território. O Mix das tecnologias de Sensoriamento Remoto, GPS (Global Positioning System), Videografia Multiespectral Aérea, Levantamentos Aerofotográficos e Geoprocessamento permitem a criação de Sistemas de Informações Espaciais, ambiente de respostas a perguntas que envolvem o fator localização como variável primordial. A característica básica destes sistemas é sua capacidade de associar as representações do mundo real, organizadas em planos sobreponíveis de informações, a bancos de dados alfanuméricos com seus atributos.

No entanto, desde a disponibilidade dessas tecnologias, muita ênfase foi dada à representação das informações espaciais, deixando, em segundo plano, as rotinas geradoras de informações, parte integrante do cotidiano das administrações municipais. Se essas rotinas não forem automatizadas e não produzirem informações confiáveis sobre a dinâmica das transformações urbanas, o Sistema de Informações Espaciais do município vai retratar uma realidade fictícia, invalidando sua razão de ser.

Ciente dessa circunstância, o presente trabalho traz uma proposta para a gestão municipal, que é a aplicação de técnicas para promoção do planejamento territorial do município. Essa proposta de planejamento envolve identificação de áreas a serem protegidas, através de análises da ocorrência de áreas com Infrações de Uso em Áreas de Proteção Legal.

A metodologia baseou-se na utilização da tecnologia de Geoprocessamento através do programa desenvolvido por Jorge Xavier da Silva na UFRJ, Sistema de Análise Geo-Ambiental (SAGA).

1.1. JUSTIFICATIVAS

a) Contribuição no descobrimento das delimitações (km^2) de diversos tipos de Infrações de Uso em Áreas de Proteção Legal. Por meio desse resultado, os órgãos que cuidam da integridade ambiental desse município em estudo poderão promover punições aos infratores, como, por exemplo, o impedimento dos usos indevidos através de multas financeiras ou aplicações de modelos de recuperação das áreas culpadamente degradadas.

b) Tal análise ambiental anteriormente descrita, assim como a base de dados confeccionada para a análise da mesma, poderá servir para muitos outros estudos ambientais, como, por exemplo, monitoramentos das infrações.

1.2. OBJETIVOS

a) Contribuir para os estudos ambientais aplicados ao Planejamento Territorial na área de domínio da cidade de Linhares (ES), definindo uma base de dados georreferenciada, o que poderá alicerçar as definições e análises de diferentes situações ambientais (Avaliações Ambientais), com uso da tecnologia de Sistemas Geográficos de Informação.

b) Criar uma base de dados georreferenciada atual, natural e antrópica (dados básicos, declividade, uso do solo e cobertura vegetal e áreas de proteção legal) relativa à região em estudo, através da utilização de cartas topográficas, imagens de satélites, fotografias convencionais e inventário de campo.

c) Analisar a situação ambiental de Infrações de Uso em Áreas de Proteção Legal, através do uso do Sistema de Apoio à Decisão (SAGA/UFRJ).

2. LOCALIZAÇÃO E ASPECTOS GERAIS DA ÁREA

A área de estudo localiza-se em Linhares — ES (**Figuras 1 e 2**). Nesse município há uma grande adversidade ambiental, pois possui, em seu domínio, os três grandes compartimentos geomorfológicos, quais sejam: regiões serrana, tabuliforme e costeira.

Tabela 1 — Expressão territorial das três Províncias Geomorfológicas do Município de Linhares — ES

Províncias Geomorfológicas	Área km^2	(%)
Planície Costeira	1.899	53
Planície dos Tabuleiros	1.302	37
Região Serrana	352	10
Total	3.553	100

Fonte: PEREIRA-JUNIOR, 2002.

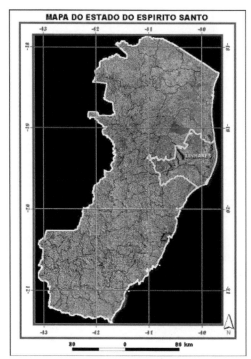

Figura 1 — Estado do Espírito Santo. O local da pesquisa é todo domínio da área municipal de Linhares.

Fonte: PEREIRA-JUNIOR, 2002.

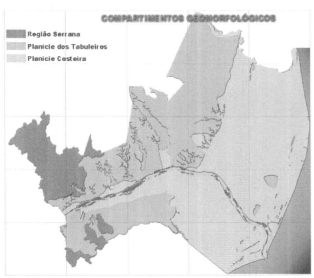

Figura 2 — Os compartimentos geomorfológicos existentes no Município de Linhares — ES.
Fonte: PEREIRA-JUNIOR, 2002.

2.1. A Região Serrana

Situado sobre rochas pré-cambrianas. Esse compartimento geomorfológico é drenado por uma rede hidrográfica dendrítica. Numerosos vales recentes apresentam um aspecto de ravinas mortas recobertas pela vegetação. Isso traduz uma interrupção da erosão e indica um fraco carreamento de sedimentos grosseiros para os cursos de água (SUGUIO, *et al.*, 1982).

A **Figura 3** ilustra o início da região serrana, sendo observadas também algumas colinas estruturais isoladas, inseridas em um relevo bem dissecado.

Figura 3 — Início da Região Serrana de Linhares — ES.
Fonte: PEREIRA-JUNIOR, 2002.

2.2. A Planície dos Tabuleiros

Instalada sobre os sedimentos da Formação Barreiras, esta província é caracterizada por interflúvios de superfície plana com uma declividade para o mar da ordem de 1,2m/km (**Figura 4**). Sobre esta superfície se instalou uma drenagem de estruturas subparalelas e angulares. A estrutura subparalela unidirecional, determinada pela declividade da superfície original sobre a qual se alojaram a drenagem e a estrutura angular, parece estar ligada a problemas de fraturamento. Os vales são freqüentemente muito largos e também têm os fundos planos colmatados por sedimentos quaternários. Esses vales são ocupados por cursos de água muito pequenos em relação a sua dimensão. A planície de tabuleiros era a área que detinha a maior diversidade de estruturas de espécies florestais (SUGUIO K. *et al.*, 1982).

Figura 4 — A parte inferior da foto ilustra a Região dos Tabuleiros, nela se inserindo a zona urbana de Linhares. Nos fundos se observa a Região Serrana.
Fonte: FRANCISCO DURÃO.

2.3. A Planície Costeira

Corresponde às acumulações marinhas e fluviomarinhas que compõem as feições morfológicas características da faixa litorânea e que englobam os Complexos Deltaicos, Estuarinos e Praiais. Nessa categoria estão incluídos, principalmente, as planícies e terraços marinhos e fluviomarinhos (RADAMBRASIL, 1987).

Ela apresenta-se com forma semilunar crescente, assimétrica e convexa em direção ao mar (SUGUIO; MARTIN e DOMINGUEZ, 1982), com uma largura máxima contínua E-W de 35,1km e comprimento máximo N-S (referente à orla praial) com cerca de 72,1km (**Figura 5**).

O CASO DO MUNICÍPIO DE LINHARES — ES

Figura 5 — Região costeira de Linhares — ES, especificamente a Lagoa do Monsarás. Nos fundos se observa a desembocadura do Rio Doce com o mar.
Fonte: FRANCISCO DURÃO.

De maneira geral, pode-se concluir que tal província geomorfológica, em relação à diversidade de características ambientais (classes de solos, feições geomorfológicas, grupos vegetacionais, fauna etc.), é a mais rica de toda a área, o que pode estar ligado ao fato de ser uma zona que envolveu grandes processos deposicionais e erosivos, "pelas mudanças do nível do mar e alternância de direção dos movimentos de suas ondas; ondas na direção sul constituindo deposição ou construção, e ondas na direção norte representadas pelo processo de erosão" (INSTITUTO DE GEOCIÊNCIAS, 1993). Alicerçados a esses eventos eustáticos estão os processos deposicionais e erosivos lagunares e fluviais (Rio Doce).

3. METODOLOGIA

A metodologia aplicada caracteriza-se pela estratificação das informações em níveis ou camadas distintas, os quais são denominados de planos de informação. Isso permite flexibilidade de combinações e eficiência no acesso a qualquer localização geográfica da base de dados. Relações das entidades contidas nos planos de informação também podem ser inferidas a partir da investigação da ocorrência conjunta de condições ou locais representados no modelo digital do ambiente (SOUSA, 1995).

Os planos de informação e suas entidades foram levantados considerando as necessidades dos objetivos propostos. As entidades de cada plano de informação são bastante abrangentes e serão explicitadas detalhadamente mais adiante.

O sistema geográfico de informação utilizado foi o SAGA/UFRJ (Sistema de Análise Geo-Ambiental da UFRJ).

O tratamento dos dados e das informações espaciais como um todo é apresentado sinteticamente pela **Figura 6**.

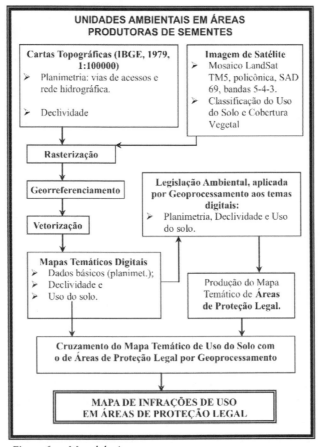

Figura 6 — Metodologia.

3.1. ESTRUTURA BÁSICA

São os elementos básicos que compreenderão o alicerce da pesquisa por geoprocessamento: a escala cartográfica, o nível de resolução (o valor em m² que cada pixel possui), a projeção, o datum e os planos de informação.

a) escala do produto final: 1:100.000;
b) projeção: UTM;
c) datum: SAD 69;
d) resolução: 25 metros,
e) planos de informação: dados básicos, declividade, área de proteção legal e uso do solo e cobertura vegetal.

3.2. ETAPAS METODOLÓGICAS

Segundo GOES e XAVIER-DA-SILVA (1996), as etapas metodológicas subdividem-se em três: Pré-Geoprocessamento (organização e aquisição dos dados), Geoprocessamento (tratamento e análise dos dados e das informações em formato digital) e Pós-Geoprocessamento (escala, configuração das legendas dos mapas impressos e definições de normas e unidades de manejo). A seguir será detalhada cada uma dessas fases.

3.2.1. ETAPA 1 OU FASE DE PRÉ-GEOPROCESSAMENTO

Essa fase é considerada suporte para as demais, sendo dividida em três partes:

a) Investigação, organização e aquisição dos dados.

Nesta fase inicial foi feito o levantamento estratégico e logístico para estruturação da pesquisa, com as seguintes atividades:

a[1] — Investigação qualitativa sobre os principais enfoques a serem abordados, como, por exemplo, a doutrina legislativa que iria compor as obrigações protecionistas dos ecossistemas e os temas que materializariam a aplicação da legislação.

a² — Aquisição de informações existentes como: dados espaciais e temporais, cartografados e não cartografados.

b) Apoio de cartas topográficas, na transferência de suas informações para o papel vegetal, para futura digitalização.

A carta topográfica utilizada é a do IBGE, representada pela escala 1:100.000, e ano 1979.
Ela foi usada para o registro da base geográfica (vias de acesso e rede de drenagem), delimitação e definição das classes de declividade.

c) Apoio da imagem de satélite para definição das classes de uso do solo, transferindo essas informações para o papel vegetal, para futura digitalização dessas informações.

A imagem orbital utilizada é um Mosaico Imagem Landsat TM5, que compreende todo o limite municipal. Sua escala de ampliação chega a até 1:70.000 sem que haja perda na resolução da imagem. O ano é de 1999.

O Mosaico TM5/Composição Colorida Falsa-Cor/5r-4g-3b possibilitou definir as classes de uso do solo e cobertura vegetal, servindo também como fonte para identificação e atualização das vias pavimentadas, estradas não-pavimentadas e caminhos.

3.2.2. Etapa 2 ou Fase de Geoprocessamento dos Dados

Equivale à geração e criação da base de dados georreferenciada em formato digital, comportando quatro mapas temáticos digitais e um classificatório (Mapa de Infrações de Uso em Áreas de Proteção Legal).

3.2.2.1. ENTRADA E EDIÇÃO DE DADOS

Essa atividade é responsável pela captura do mapa temático convencional em papel vegetal por um dos programas do pacote SAGA.

A entrada de dados no sistema foi feita via leitura ótica de um *scanner* de mesa, com dimensões de 210 x 350mm (A4). Como o mapa scannerizado abrange uma área de 77 x 91cm, foi necessário scannerizar toda a área em 14 partes diferentes. O mapa foi scannerizado através do programa Adobe Photoshop 5.5, em extensão TIF (Tagget Image File Format), em tons de cinza e resolução de 150 DPIs (dots per inch).

Estando as partes do mapa no sistema, deu-se início à utilização do primeiro módulo do programa SAGA: MONTAGEM. Nessa etapa os processos principais que se citam são:

— Conversão das partes em formato TIFF para um formato raster específico do SAGA.
— União das partes em uma única matriz. Essa operação representou a definição final da área de estudo com a gravação do mapa no formato raster (RST). Nesse arquivo raster foram representadas apenas as marcas que significam os contornos das feições scannerizadas, dentro da modulação definida.
— Georreferenciamento à projeção UTM, datum SAD69.

Melhores explicações quanto às etapas acima descritas são encontradas no Manual Operacional do Montagem (FERREIRA, A. L.e XAVIER-DA-SILVA, 1994).

Após a entrada dos dados e a produção de um formato raster, iniciou-se a etapa de edição dos mapas, conseguida pela utilização de um dos programas do pacote SAGA, qual seja, o TRAÇADOR VETORIAL.

Através da edição, começou-se a estabelecer o reconhecimento das marcas, nomeando cada área, linha ou ponto conforme a legenda do mapa. O produto final foi a criação dos cartogramas digitais básicos.

3.2.2.2. Apresentação das Fontes e Informações Oriundas dos Mapas Temáticos Convencionais que Foram Processados e Transformados em Formato Digital

a) Dados básicos ou base geográfica

Esse mapa constitui a base de registro ou de georreferenciamento dos demais planos de informação. Nele foram registradas entidades que foram usadas em todos os outros mapas, diminuindo, desse modo, o tempo de edição dessas classes nos outros mapeamentos (corpos d'água, por exemplo). Para formulação do mesmo, foram compiladas informações oriundas das cartas topográficas do IBGE, na escala 1:100.000, ano 1979, representadas pelas folhas: Linhares (SE-24-Y-D-I); Rio Doce (SE-24-Y-D-II); São Gabriel (SE-24-Y-D-III); Aracruz (SE-24-Y-D-IV); Regência (SE-24-Y-D-V).

Essas informações foram atualizadas para o ano 2000, através de registros de campo e interpretação da imagem Landsat TM5, com a banda 3 em tons de cinza.

Esse plano de informação destinou-se a delimitar a realidade natural e antrópica local, comportando as seguintes classes: redes de drenagem natural e artificial, sistemas viários, lagoas, rios, limite municipal, linhas de transmissão de energia e faixas de duto da PETROBRAS.

b) Uso do solo e cobertura vegetal

Para tal mapeamento utilizou-se como fonte de interpretação a imagem de satélite (Mosaico Imagem Landsat TM5/Composição Colorida Falsa-Cor/5r-4g-3b) e levantamentos de campo. A princípio, foi feita interpretação da imagem em laboratório e, posteriormente, obteve-se levantamento de campo para confirmar as interpretações.

As categorias levantadas foram: floresta ombrófila densa, vegetação de restinga, macega, reflorestamento, solo exposto, área agrícola, campus de prospecções petrolíferas, faixa de gasoduto e oleoduto, zona urbana, vilas interioranas, vilas praiais, fazendas, áreas pantanosas, áreas periodicamente inundáveis, campo de pouso e campo de pastagem.

c) Declividade

Esse mapa foi gerado a partir das cartas topográficas básicas do IBGE. A metodologia utilizada para delimitar as classes é a proposta por DEBIASE (1970), que consiste em demarcar essas classes por intermédio de um *Ábaco Triangular*. A eqüidistância entre as curvas de nível foi de 50m. A elaboração do ábaco obedece à seguinte equação:

Declividade (%) = (h/d) x 100

Assim: h — diferença de nível entre dois pontos e d — distância horizontal entre estes mesmos dois pontos.

Foram registradas as seguintes classes: 0 — 5%; 5 — 10%; 10 — 20%; 20 — 30%; 30 — 45%; 45 — 75% e a classe maior que 75%.

d) Áreas de proteção legal

Esse mapa objetivou localizar áreas de preservação permanente (florestas e demais tipos de ecossistemas) e áreas que sofrem restrições de parcelamento do solo para expansão urbana ordenada (áreas acima de 30% de declividade e entorno das lagoas Juparanã e Nova), amparadas legalmente pelas Legislações Federal e Estadual.

Dentro desse contexto, o mapa de Áreas de Proteção Legal foi elaborado a partir da identificação de áreas sobre as quais incidem restrições legais de uso ou de ocupação. Por exemplo, proteção das florestas nas altas encostas (maior que 45%) e no entorno de arroios, rios e lagoas.

A elaboração desse mapa é resultante, basicamente, dos mapas temáticos de declividade e dados básicos.

Do mapa de declividade retiram-se as informações das classes superiores a 30% e 45%.

A partir do mapa de dados básicos localizaram-se os Arroios (rede de drenagens superficiais e naturais), Rio Doce, Rio Pequeno, Rio Barra Seca, Rio Ipiranga e o Rio Monsarás, localizando-se também Lagoas Rurais e Urbanas. A partir dessas classes foram traçadas faixas de influência em torno de cada elemento (*buffers*) protegido legalmente.

Para esse estudo, segundo o Artigo 2º do Código Florestal Federal (Lei nº 4.771 de 15 de setembro de 1965), consideram-se de preservação permanente as florestas e demais tipos de vegetação natural situadas:

— 30 metros para os cursos d' água menores que 10 metros de largura (os arroios geralmente têm largura inferior a esse valor).
— 50 metros para os cursos d'água que tenham entre 10 e 50 metros de largura (Rio Pequeno, Ipiranga, Barra Seca e o da Lagoa do Monsarás).
— 500 metros para os cursos d'água que tenham largura superior a 600 metros (Rio Doce).

Do Artigo 3º da Resolução CONAMA, nº 004, de 18 de setembro de 1985, consideram-se, para esse estudo, áreas de proteção legal:

— 30 metros ao redor das lagoas que estão situadas em áreas urbanas.
— 100 metros ao redor das lagoas que estão situadas em áreas rurais.
— 300 metros nas restingas a contar da linha da preamar máxima (no caso de Linhares a preamar é de 35 metros).
— áreas com florestas naturais e demais formas de vegetação natural situadas em classes de declividades superiores a 45%.

Estabeleceram-se, também, áreas de proteção legal, aquelas abrigadas pela Lei nº 6.766, de 19 de dezembro de 1979, restringindo o parcelamento do solo para fins urbanos em terrenos com declividade igual ou superior a 30%.

Por último, obedeceu-se às restrições do parcelamento do solo compreendida na Lei Estadual nº 3.384, de 27 de novembro de 1981, as quais preconizam restrições de uso de 2 quilômetros do entorno das lagoas Juparanã e Juparanã Mirim (Lagoa Nova).

3.2.2.3. ANÁLISE AMBIENTAL

Uma vez elaborada a base de dados digital, procedeu-se então às análises espaciais dos dados, utilizando para isso o terceiro módulo do SAGA, denominado de Análise Ambiental.

Esse módulo usa técnicas de apoio à decisão. O apoio usado nesse estudo referiu-se à agregação de características de temas diferentes localizadas em uma mesma área, denominada de interseção entre temas.

A operação de interseção foi feita a partir do cruzamento entre dois temas. Assim foi cruzado o tema de área de proteção legal com uso do solo. O produto dessa operação foi o Mapa Infrações de Uso em Área de Proteção Legal.

3.2.3. Etapa 3 ou Fase Pós-Geoprocessamento

Equivale à análise de situações de caráter prospectivo, alicerçadas ao diagnóstico ambiental por geoprocessamento definido, consolidado e atualizável. A partir das classes registradas nesse mapa avaliativo poderão ser definidas as unidades e normas de manejo ambiental, o que irá contribuir significativamente na elaboração ou na atualização do plano diretor do referido município.

4. Resultados e Conclusões

Nessa seção serão apresentados os mapas confeccionados para base de dados e para as avaliações.

As informações do tema Dados Básicos foram carregadas em todos os outros mapas, reconhecidas como Legenda Cartográfica. Isso possibilitou a não-apresentação individualizada desse mapa (dados básicos), haja vista que as informações dele já se encontram representadas em todos os outros temas.

Uma observação importante é que muitos mapas apresentados a seguir não representam claramente a riqueza de suas legendas, pois foi necessário reduzi-los para o tamanho proposto nessa redação, que é muito pequena. O mapa original está no formato próximo ao A0, sendo definido pelas dimensões 90 x 86cm, escala 1:100000, possibilitando uma visualização bem clara e muito rica.

130 GEOPROCESSAMENTO & ANÁLISE AMBIENTAL: APLICAÇÕES

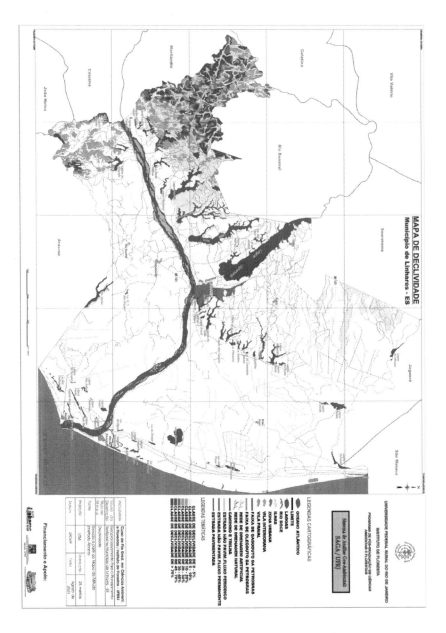

Figura 7 — Mapa de Declividade. Segundo a legenda foram registradas as seguintes classes: 0 — 5%; 5 — 10%; 10 — 20%; 20 — 30%; 30 — 45%; 45 — 75% e a classe maior que 75%.

O CASO DO MUNICÍPIO DE LINHARES — ES 131

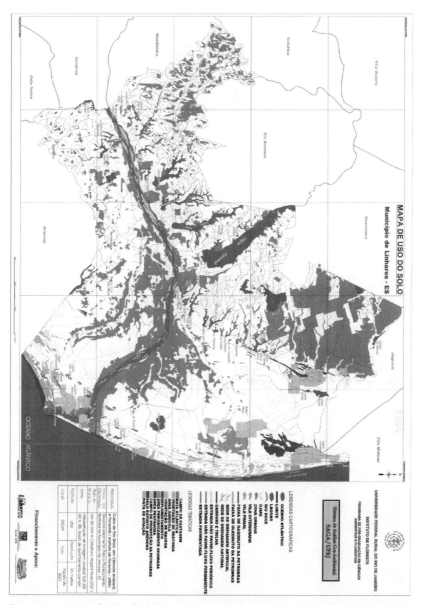

Figura 8 — Mapa de Uso do Solo e Cobertura Vegetal. Segundo a legenda, foram registradas as seguintes classes: floresta ombrófila densa, vegetação de restinga, macega, reflorestamento, solo exposto, área agrícola, campos de prospecções petrolíferas, faixa de gasoduto e oleoduto, zona urbana, vilas interioranas, vilas praias, áreas pantanosas, áreas periodicamente inundáveis, campo de pouso e campo de pastagem.

132 GEOPROCESSAMENTO & ANÁLISE AMBIENTAL: APLICAÇÕES

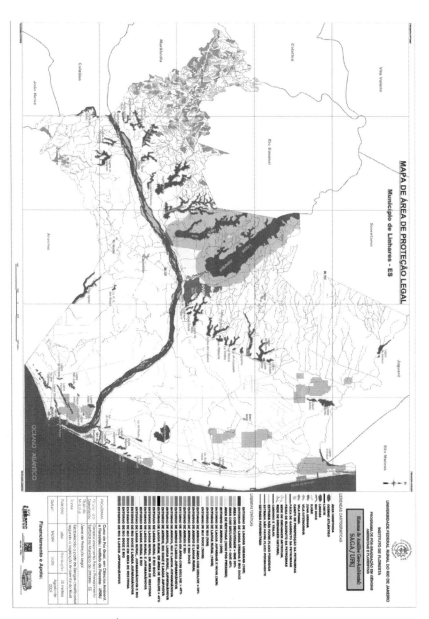

Figura 9 — Mapa de Área de Proteção Legal. A legenda desse mapa é muito extensa para ser visualizada no espaço destinado. Poderá ser visualizada com mais clareza no Anexo 1.

A seguir são apresentados os temas que constituíram a base de dados digital:

a) Parâmetro natural — Mapa de Declividade.

b) Parâmetro antrópico e natural — Mapa de Uso do Solo e Cobertura Vegetal.

c) Parâmetro antrópico — Mapa de Área de Proteção Legal.

4.1. Resultados e Discussões sobre as Infrações de Uso em Áreas de Proteção Legal

Essa avaliação registrou as localizações e respectivas extensões territoriais de vários tipos de infrações legais associadas ao uso indevido de áreas protegidas por lei. Para tanto, foi utilizada a superposição de informações contidas no mapa digital de Uso do Solo e Cobertura Vegetal Atual (2000) e o de Áreas de Proteção Legal.

A expressão territorial das áreas protegidas legalmente alcança 527,52km². Esse valor é relativo à área municipal de 14,83%, correspondendo a 3.560,03km² (PEREIRA-JUNIOR, 2002).

Segundo o **Quadro 1**, a classe que apresentou maior área a ser protegida é a do Entorno das Lagoas Juparanã e Nova, a qual abrange um total de 170km² (2km do entorno desses corpos d' águas devem ser protegidos contra o parcelamento do solo para urbanização). Em segundo lugar, apresenta-se a área de entorno do Rio Doce (80,61km²), defendida pela legislação quanto à proteção de 500m de suas margens, protegendo contra depredação de sua mata ciliar.

Os **Quadros 1** e **2** apresentam números, em área (km²) ou em percentagem (%), sobre a ocorrência ou não de áreas com infrações legais. Dois valores chamaram atenção quanto à proteção e não-proteção, quais sejam: por um lado foi levantado que as áreas com classe de declividade maior que 30%, que visam à proteção contra o parcelamento do solo para expansão urbana (lei estadual), possuíam apenas 0,09% ocupadas irregularmente com vilas interioranas e, por outro, os entornos de Lagoas Urbanas, que deveriam ter 100 metros de suas margens protegidas, encontram-se em total ocupação das mesmas com a sede municipal de Linhares.

Outro dado importante tirado desses **Quadros 1 e 2** diz respeito ao valor total das áreas infringidas e das não infringidas, mostrando que, apesar de todos os ciclos econômicos ocorridos nesse município, ele possui ainda 52,46 de suas áreas legais protegidas.

Quadro 1 — Expressões territoriais em km² e % das classes de áreas de proteção legal não infringidas

Classes	Área (km²) Protegida Legalmente	Área (km²) Não Infringida	Área (%) Não Infringida
Declividade maior que 30%	52,89	52,84	99,91
Declividade maior que 45%	66,53	44,66	67,14
Arroios	59,95	13,94	23,26
Lagoas Rurais	67,70	8,29	12,24
Lagoas Juparanã e Nova	174,00	171,50	98,56
Lagoas Urbanas	0,36	0,00	0,00
Rio Doce	80,61	33,72	41,84
Restinga	25,80	20,96	81,25
TOTAL	527,84	345,91	

Quadro 2 — Expressões territoriais em km² e % das classes de áreas de proteção legal infringidas

Classes	Área (km²) Protegida Legalmente	Área (km²) Infringida	Área (%) Infringida
Declividade maior que 30%	52,89	0,05	0,09
Declividade maior que 45%	66,53	21,86	32,86
Arroios	59,95	46,01	76,74
Lagoas Rurais	67,70	59,41	87,76
Lagoas Juparanã e Nova	174,00	2,50	1,44
Lagoas Urbanas	0,36	0,36	100,00
Rio Doce	80,61	46,88	58,16
Restinga	25,80	4,84	18,74
TOTAL	527,84	181,91	

Segundo o **Quadro 3** e a **Figura 10**, ocorreram 76 classes distintas de infração de uso sobre as áreas de proteção legal. É bom esclarecer também que muitas vezes, em um mesmo local, ocorreu sobreposição de infrações, sensibilizando ainda mais esses locais.

Quadro 3 — Classes de infrações de uso em áreas de proteção legal e classes que estão preservadas

Classes	Km²
Áreas de restinga com oleoduto Petrobras	0,01
Áreas de restinga com pasto	2,78
Áreas de restinga com prospecção Petrobras	0,61
Áreas de restinga com vilas praiais	0,20
Declive maior que 30% com vilas interioranas	0,05
Declive acima de 45% com agricultura	0,59
Declive acima de 45% com pasto	42,51
Entorno de arroio e Rio Doce com agricultura	0,02

Quadro 3 (cont.)

Classes	Km²
Entorno de arroio e Rio Doce com pasto	0,11
Entorno de arroio e rio com pasto	0,01
Entorno de arroio com declive maior que 45% com agricultura	0,01
Entorno de arroio com declive maior que 45% com pasto	1,41
Entorno de lagoa rural com agricultura	6,91
Entorno de lagoa rural com pasto	49,60
Entorno de lagoa rural com macega	0,06
Entorno de lagoa rural com oleoduto Petrobras	0,04
Entorno de lagoa rural com gasoduto Petrobras	0,06
Entorno de lagoa rural com campo de prospecção da Petrobras	1,83
Entorno de lagoa rural com zona urbana	0,05
Entorno de lagoa rural, com arroio e com agricultura	0,04
Entorno de lagoa rural, com arroio e com pasto	0,40
Entorno de lagoa rural, com arroio e com campo de prospecção da Petrobras	0,01
Entorno de lagoa rural, com arroio e com zona urbana	0,01
Entorno de lagoa rural, com declividade maior que 45% e com pasto	0,15
Entorno de lagoa rural, com restinga e com pasto	0,15
Entorno de lagoa rural, com o Rio Doce e com pasto	0,06
Entorno de lagoa rural, com rio e com pasto	0,03
Entorno de lagoa rural, com rio e com campo de prospecção da Petrobras	0,02
Entorno de restinga, com o Rio Doce e com pasto	1,10
Entorno de lagoa Juparanã, com vila interiorana	0,25
Entorno de lagoa Juparanã com zona urbana	2,25
Entorno de lagoa urbana com pasto	0,00
Entorno de lagoa urbana com zona urbana	0,35
Entorno de arroio com gasoduto da Petrobras	0,001
Entorno de arroio com campo de prospecção da Petrobras	0,40
Entorno de arroio com pasto	39,05
Entorno de arroio com reflorestamento	0,79
Entorno do Rio Doce com oleoduto Petrobras	0,01
Entorno do Rio Doce com gasoduto Petrobras	0,02
Entorno do Rio Doce com prospecção Petrobras	2,33

Quadro 3 (cont.)

Classes	Km²
Entorno do Rio Doce com vilas praias	0,10
Entorno do Rio Doce com agricultura	1,66
Entorno do Rio Doce com pasto	26,84
Entorno do Rio Doce com zona urbana	1,41
Entorno de arroio com vila interiorana	0,07
Entorno de arroio com zona urbana	0,18
Entorno de rio com oleoduto Petrobras	0,00
Entorno de rio com gasoduto Petrobras	0,00
Entorno de rio com prospecção Petrobras	0,65
Entorno de rio com zona urbana	0,02
Entorno de rio com pasto	2,83
Entorno do Rio Doce e rios com pasto	0,05
Entorno do Rio Doce e rios com zona urbana	0,02
Entorno de arroios com agricultura	3,96
Entorno de arroios com oleoduto Petrobras	0,00
Arroio preservado com floresta	13,00
Arroio e rio preservados com floresta	0,00
Arroio e declividade maior que 45% preservados com floresta	0,67
Declividade maior que 45% preservada com floresta	21,16
Lagoa rural e arroio preservados com floresta	0,02
Lagoa rural e declividade maiores que 45% preservadas com floresta	0,03
Lagoa rural e Rio Doce preservados com floresta	0,06
Lagoa rural preservada com floresta	6,53
Lagoa rural preservada com restinga	1,29
Restinga e lagoa rural preservadas com vegetação de restinga	0,34
Restinga preservada com floresta	0,04
Restinga preservada com vegetação de restinga	8,89
Restinga e lagoa rural preservadas com floresta	0,01
Restinga e Rio Doce preservados com floresta	0,16
Rio Doce preservado com floresta	45,20
Rio Doce preservado com vegetação de restinga	1,23
Rio Doce e arroios preservados com floresta	0,24
Rio preservado com vegetação de restinga	0,02
Rio preservado com floresta	0,01
Rio e lagoa rural preservados com vegetação de restinga	0,01

138 GEOPROCESSAMENTO & ANÁLISE AMBIENTAL: APLICAÇÕES

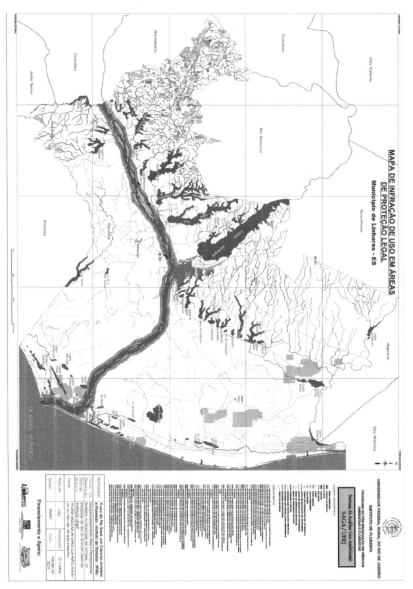

Figura 10 — Mapa de Infração de Uso em Área de Proteção Legal. Por se tratar de uma legenda muito extensa e pelo fato de o limite destinado à apresentação da mesma ser muito pequeno, foi apresentada anteriormente no **Quadro 3**.

a) Parâmetro avaliativo — Mapa de Infrações de Uso em Áreas de Proteção Legal.

O conhecimento da localização dessas áreas infringidas, assim como das áreas que conservam sua integridade legal preservada, permitirá ao poder público (agente executor) buscar maiores elementos para punição das infrações (melhor instrumento de fiscalização) e estabelecer futuras propostas que visem à adequação ambiental das áreas protegidas, administradas por esses executivos (recuperação ou proteção).

Analisando os resultados obtidos nessa pesquisa, a partir da hierarquia de inspeção ambiental do modelo digital, segundo a metodologia proposta, chegou-se às seguintes conclusões e recomendações:

a) sendo os problemas ambientais complexos, motivados pela dinâmica inter-relacionada dos avanços tecnológicos, econômicos e sociais, superpostos ao quadro natural, eles são conduzidos a uma necessidade de rapidez quanto à organização e atualização de soluções a esses problemas. Desse modo, o domínio da utilização de Sistemas Geográficos de Informação em Análise Ambiental permitiu uma resposta em tempo útil de forma detalhada espacial e taxonômica sobre as áreas infringidas legalmente;

b) a grande e rica massa de informações oriunda do inventário ambiental tem sua importância quando se percebe haver uma grande carência de informações ambientais na área em estudo. Espera-se que essas informações sejam ainda mais exploradas por parte da comunidade científica, administradores públicos ou pela comunidade em geral, permitindo, assim, futuros projetos de planejamento para o Município de Linhares;

c) as informações contidas na avaliação complexa de Infrações de Uso em Áreas de Proteção Legal denotaram a definição de áreas que estão sofrendo infrações legais quanto a seu uso, assim como áreas que estão devidamente protegidas. Através de tais resultados espera-se que medidas executivas (projetos de recuperação e incentivos fiscais a áreas protegidas) sejam promovidas por parte dos órgãos competentes, pois o uso previsto na legislação dessas áreas protegidas por lei, quando infringido, pode proporcionar graves desequilíbrios de importância não só municipal, mas regional (falta d'água, assoreamento de rios, erosões e posteriores voçorocas, deslizamentos, enchentes, poluição das águas etc.);

d) o esforço desse trabalho só terá êxito se houver uma evolução de integrações das ações administrativas, a alcançar uma gestão inteligente do município (baseada no uso do Geoprocessamento), seja adquirindo soluções prontas, seja desenvolvendo uma tecnologia própria. O objetivo só será alcançado a partir do momento em que se atinja uma massa crítica, onde o uso das novas metodologias se sobreponha naturalmente aos métodos antigos, sem que haja esforços no sentido de mantê-las.

5. REFERÊNCIAS BIBLIOGRÁFICAS

AFONSO, C. M. *Uso e Ocupação do Solo na Zona Costeira do Estado de São Paulo: Uma Análise Ambiental.* São Paulo: Annablume: FAPESP, 1999, 185p.

BARROS GÓES, M. H., XAVIER-DA-SILVA, J. *Uma contribuição metodológica para diagnósticos ambientais por geoprocessamento.* Parque Estadual de Ibitipoca, Seminário de Pesquisa, 1996, Ibitipoca. Resumos... Ibitipoca: IBAMA, 1996, pp. 13-23.

FERREIRA, A. L. e XAVIER-DA-SILVA. J. *Manual operacional do Montagem.* Rio de Janeiro: UFRJ/CCMN/IGEO/LAGEOP. Rio de Janeiro, 1994, 34p. (edição preliminar, impresso).

PEREIRA JUNIOR, E. R. *Geoprocessamento para o planejamento territorial no Município de Linhares,* ES. 2002. Tese (Mestrado em Ciências Ambientais e Florestais). UFRRJ, Seropédica, RJ, 123p.

RADAMBRASIL. *Levantamento de recursos naturais,* Folha SE 24, Rio Doce. Rio de Janeiro: RADAMBRASIL, 1987, 390p.

SOUZA, S. A. A *Territorialidade do Potencial Turístico do Estado do Rio de Janeiro,* 1995, 160p. Tese (Mestrado em Ciências e Computação) — Instituto Militar de Engenharia, RJ.

SUGUIO, K., MARTIN, L., DOMINGUEZ, J. M. L. *Evolução da planície costeira do Rio Doce (ES) durante o quaternário: influência das flutuações do nível do mar. In*: SIMPÓSIO DO QUATERNÁRIO DO BRASIL, 4º Vol., 1982, São Paulo. Anais... São Paulo: USP, 1992, pp. 93-116.

LEI ESTADUAL Nº 6.766, de 19 de dezembro de 1979.

LEI ESTADUAL Nº 3.384, de 27 de novembro de 1981.

LEI FEDERAL Nº 004. RESOLUÇÃO CONAMA. Artigo 3º, 18 de setembro de 1985.

LEI FEDERAL Nº 4.771. CÓDIGO FLORESTAL FEDERAL. Artigo 2º, 15 de setembro de 1965.

6. Anexo

6.1. Anexo 1 — Legenda do Mapa de Área de Proteção Legal

— Entorno de lagoa urbana (30m);
— Área com declividade maior que 30%;
— Área com declividade maior que 45%;
— Área de restinga (300m pós-preamar);
— Entorno de arroio (30m);
— Entorno da lagoa Juparanã e Nova (2km);
— Entorno de lagoa rural (110m);
— Entorno de rio (50m);
— Entorno do Rio Doce (500m);
— Entorno de lagoa urbana com o Rio Doce;
— Entorno de arroio em área de declividade maior que 30%;
— Entorno de arroio com lagoa rural;
— Entorno de arroio com o Rio Doce;
— Entorno de arroio com rio;
— Entorno de arroio em área de declividade maior que 45%;
— Entorno de arroio com as lagoas Juparanã e Nova;
— Entorno de arroio com rio e com as lagoas Juparanã e Nova;
— Entorno de arroio com lagoa rural e com as lagoas Juparanã e Nova;
— Entorno de arroio com o Rio Doce e com as lagoas Juparanã e Nova;
— Entorno de lagoa rural em área com declividade maior que 45%;
— Entorno de lagoa rural e com o Rio Doce;
— Entorno de lagoa rural em área de restinga;
— Entorno de lagoa rural e das lagoas Juparanã e Nova;
— Entorno de lagoa rural e de rio;
— Entorno de lagoa rural com rio e com as lagoas Juparanã e Nova;
— Entorno das lagoas Juparanã e Nova com o Rio Doce;
— Entorno do Rio Doce em área de restinga;
— Entorno de rio com o Rio Doce;
— Entorno de rio com as lagoas Juparanã e Nova.

CAPÍTULO 4

GEOPROCESSAMENTO APLICADO À ANÁLISE AMBIENTAL: O CASO DO MUNICÍPIO DE VOLTA REDONDA – RJ

José Eduardo Dias
Maria Hilde de Barros Goes
Jorge Xavier da Silva
Olga Venimar de Oliveira Gomes

1. INTRODUÇÃO

As condições naturais e antrópicas do Município de Volta Redonda/RJ evidenciam uma série de fatores geoambientais que podem ser traduzidos por áreas problemáticas (Áreas de Riscos) e outros tipos de áreas, que pelos seus atributos ambientais bem utilizados podem ser definidos como áreas vocacionais (Áreas Potenciais), sendo os eixos do crescimento dos pólos industriais e urbanos.

A degradação dos recursos naturais vem crescendo assustadoramente no município. Áreas bastante críticas são reflexos da deterioração gradativa do ambiente, como da proliferação de áreas de riscos de erosão do solo e enchentes. Este quadro freqüente na paisagem do município é conseqüente da ação humana desordenada, induzindo a uma expansão urbana desordenada e contraposta com o consolidado pólo industrial. Urge a adoção de medidas apropriadas para assegurar e controlar a ocupação racional do homem nessas áreas. Torna-se fundamental o uso da tecnologia computacional moderna aplicada à Análise Ambiental.

A aplicação e o valor dos Sistemas Geográficos de Informação têm sido mencionados na literatura (XAVIER-DA-SILVA & SOUZA, 1987; BORROUGH, 1990; ARONOFF, 1991; BONHAM-CARTER, 1993; GÓES, 1994; XAVIER-DA-SILVA, 2001). Para a pesquisa ambiental o uso de SGIs associados às técnicas de geoprocessamento tem contribuído para o apoio à decisão.

Nesse caso, a tecnologia de geoprocessamento, por ser uma ferramenta poderosa e precisa, permite realizar investigações oferecendo produtos digitais básicos e aplicados para as análises de cada Situação Ambiental definida. Nesse sentido, desenvolveu-se um estudo analítico, utilizando-se o Sistema de Análise Geo-Ambiental/SAGA/UFRJ (XAVIER-DA-SILVA, 1982). O diagnóstico básico sobre as questões ambientais mais relevantes no Município de Volta Redonda, tanto os produtos digitais básicos (Base de Dados Inventariada) como os aplicados (Avaliações Ambientais), irá certamente contribuir como subsídios a um Planejamento Territorial em nível municipal. Nesse sentido foi criado um modelo digital, representado pela geração de Bases de Dados Digitais (Inventariada e Avaliativa) atualizáveis para o Município de Volta Redonda, RJ. Inventário Ambiental é considerado suporte físico-lógico para as conseqüentes definições das principais Situações Ambientais representadas por áreas de Riscos e Potenciais Ambientais. Esse conjunto diagnosticável irá embasar o Cenário Prospectivo, elemento metodológico diretamente contribuinte aos planos de ação do Poder Público.

A aquisição e o tratamento dos dados foram executados utilizando-se os métodos convencionais de pesquisa como observações, cotejos de campo, interpretações de imagem de satélite e fotos convencionais, passando pela elaboração de mapeamentos temáticos e sua edição por geoprocessamento e as análises das Situações Ambientais. A coleta e a organização dos dados e os mapeamentos irão definir o Inventário Ambiental com a criação da Base de Dados Inventariada, que foi utilizado na fase de tratamento dos dados correspondentes às Avaliações Ambientais. Para os procedimentos de avaliações, foi aplicada a tecnologia de Apoio à Decisão do SAGA/UFRJ, integrada aos resultados das investigações empíricas, através das Assinaturas das Situações Ambientais.

A análise ambiental do Município de Volta Redonda foi apresentada em um modelo digital de um território, por meio de dois produtos digitais expostos em cartogramas básicos e aplicados, onde serão extraídas as informações: 1) o Inventário Ambiental apresentando uma Base de Dados com 11 planos de informação e 2) quatro Situações Ambientais. Apesar de ser uma análise diagnóstica das áreas problemáticas e potenciais, não serão considerados para este estudo ambiental os demais levantamentos de outras áreas diagnosticáveis.

Essa investigação servirá para gerar informações básicas para um planejamento territorial do Município de Volta Redonda, apoiado num Sistema Geográfico de Informação. Propostas e recomendações serão apresentadas visando a mitigar a problemática ambiental, a criar meios que impeçam a proliferação de novas áreas com instabilidades ambientais em virtude da ocupação humana desordenada e a indicar as áreas vocacionais que propiciem um uso compatível ao seu potencial.

O presente estudo teve como objetivo analisar as condições ambientais básicas mais relevantes do Município de Volta Redonda, utilizando a metodologia de Diagnose Ambiental do Sistema de Análise Geo-Ambiental (SAGA/UFRJ), criando-se um modelo digital básico que irá contribuir como subsídio ao Planejamento e também à Gestão Territorial.

2. METODOLOGIA

Para o referido estudo foi construída uma base de dados georreferenciada, com 11 planos temáticos, em escala nominal e de intervalo, assinaturas ambientais, com um plano de informação e avaliações ambientais, em escala ordinal.

Foi utilizada a estrutura matricial Raster para a montagem da base de dados georreferenciada. A entrada de dados de caráter espacial foi realizada através de leitura ótica por Scanner, que consistiu na captura dos registros espaciais. A fase operacional seguinte à edição dos dados foi o reconhecimento das feições geométricas, realizadas pelo processo de vetorização interativa nesses dados scannerizados.

Criou-se a base de dados digitais, o que representou o inventário ambiental, consistindo do levantamento das condições ambientais vigentes, compostas por 11 cartogramas digitais básicos para o Município de Volta Redonda:

1) Dados Básicos (1973): compilado da carta topográfica do IBGE, na escala básica de 1:50.000 (Folha SF-23-Z-A-11-4, Nossa Senhora do Amparo, RJ-MG e Folha SF-23-Z-A-V-2, Volta Redonda, RJ-SP, 1973). Este cartograma foi considerado, desde o início dos procedimentos metodológicos, o alicerce para a definição e elaboração dos demais planos de informação, pois nele são registrados linhas, pontos e áreas, representando entidades básicas para os demais mapeamentos temáticos.

2) Dados Básicos (1998): elaborado a partir da atualização para o ano de 1998 do mapa temático Dados Básicos (IBGE, 1973).

3) Proximidades (1973): utilizando-se recursos do SAGA a partir do mapa temático Dados Básicos (IBGE, 1973). Trata-se de um mapa temático bastante útil ao Poder Público. Apresenta os principais níveis de acessibilidade a qualquer empreendimento ou investimento previamente georreferenciado (áreas urbanas, rodovias, ferrovias etc.).

4) Proximidades (1998): idem aplicado ao mapa temático Dados Básicos (1998).

5) Cobertura Vegetal/Uso do Solo (1973): gerado a partir da carta topográfica do IBGE (1973), na escala básica 1:50.000 (Folha SF-23-Z-A-11-4, Nossa Senhora do Amparo, RJ-MG e Folha SF-23-Z-A-V-2, Volta Redonda, RJ-SP), obedecendo às unidades territoriais correspondentes àquela época.

6) Cobertura Vegetal/Uso do Solo (1998): o mapeamento foi elaborado a partir de dados de campo, conjugados à interpretação de imagens Landsat, na escala de 1:100.000 e fotos convencionais, relativos ao ano de 1998.

7) Altitude ou Hipsometria: gerado a partir da carta topográfica do IBGE, escala básica 1:50.000 (Folha SF-23-Z-A-11-4, Nossa Senhora do Amparo, RJ-MG e Folha SF-23-Z-A-V-2, Volta Redonda, RJ-SP). As curvas de níveis apresentam eqüidistância de 40 metros, com cotas variando entre 380 e 720 metros.

8) Declividade: gerado a partir da carta topográfica do IBGE, escala básica 1:50.000 (Folha SF-23-Z-A-11-4, Nossa Senhora do Amparo, RJ-MG e Folha SF-23-Z-A-V-2, Volta Redonda, RJ-SP), utilizando-se da metodologia proposta por De Biase (1970).

9) Geomorfologia: mapeamento gerado obedecendo aos seguintes cri-

térios: morfologia e morfometria, constituição dos terrenos (solo e subsolo), cobertura vegetal e processos dominantes (intempéricos, pedogenéticos e morfogenéticos).

10) Solos: elaborado com base nos mapeamentos geomorfológico e litológico, com saídas de campo para a identificação de classes de solos, procedendo-se à abertura de trincheiras. Elaborou-se um mapa expedito de solos para fins de planejamento ambiental.

11) Geologia: compilado da fonte DRM-RJ (1983) na escala básica 1:50.000 (Projeto Carta Geológica do Estado do Rio de Janeiro, Folhas Nossa Senhora do Amparo SF-23-Z-A-11-4 e Volta Redonda SF-23-Z-A-V-2).

As assinaturas ambientais foram realizadas empiricamente, dando suporte às avaliações ambientais. As características naturais e antrópicas que mais influenciaram na ocorrência dos fenômenos ambientais para as áreas de riscos de enchentes e erosão do solo e potenciais para expansão urbana e pecuária foram registradas em polígonos e delimitadas na carta topográfica, tendo-se a certeza ou a constatação de sua ocorrência no local selecionado. Constituindo-se em importante ferramenta de investigação empírica, fornece segurança para o desenvolvimento dos processos avaliativos a fim de definir as principais situações ambientais. Inferências foram levantadas quanto às associações causais e características relevantes das variáveis ou parâmetros que envolvem cada fenômeno natural ou antrópico, servindo de base para as avaliações ambientais. As assinaturas ambientais foram capitais para a efetivação das avaliações ambientais, assim como para as análises da área estudada, pois foram referenciadas geograficamente, constituindo-se no atributo de localização correspondente a fenômenos ambientais, tais como áreas de riscos de enchentes e erosão do solo e potenciais para expansão urbana e pecuária.

O procedimento foi executado em nível de campo, assinando as áreas de ocorrência dos fenômenos ambientais, a fim de constatar a presença de certas características no percurso de vários locais escolhidos e analisados. A partir desse procedimento foram possíveis as associações entre variáveis e eventos de interesse, sendo considerada como referência a ocorrência de correlações em áreas com características semelhantes.

As avaliações ambientais com o uso da ferramenta do geoprocessamento mostraram a realidade ambiental do Município de Volta Redonda, traduzida pela magnitude das áreas de instabilidades e potencialidades ambientais mapeadas.

Algoritmo do tipo média ponderada foi aplicado para a definição de posições territoriais ao longo de um eixo integrador das unidades territoriais, classificadas segundo um conjunto de atributos (XAVIER-DA-SILVA & CARVALHO FILHO, 1993).

Um algoritmo sugerido, aplicável a estruturas de matrizes ou matriciais, é apresentado a seguir:

$$A_{ij} = \sum (Pk.Nk)$$

onde:

Aij = qualquer célula da matriz;
P = peso atribuído ao parâmetro, transposto o percentual para a escala de 0 a 1;
k = 1;
N = nota na escala de 0 a 10, atribuída à categoria encontrada na célula.

Para a realização das avaliações foi empregado o algoritmo classificador, aplicável a uma estrutura de matrizes, no qual cada célula corresponde a uma unidade territorial. A importância de cada evento analisado foi considerada em função do somatório dos produtos dos pesos relativos das variáveis escolhidas, multiplicado pelas notas das classes em cada unidade da célula.

Foram analisadas as situações ambientais mais relevantes, com as classes registradas em escala nominal nas categorias: Altíssimo-Alto, Alto-Médio, Médio, Médio-Baixo e Baixo-Baixíssimo.

A partir das avaliações ambientais foram definidas quatro situações representadas pelas Áreas de Riscos de Enchente (**Figura 1**) e Riscos de Erosão do Solo (**Figura 2**). Quanto às Áreas Potenciais, geraram-se as Áreas Potenciais para Urbanização (**Figura 3**) e as Áreas Potenciais para Pecuária (**Figura 4**), apresentadas ao longo deste trabalho.

3. Resultados

Com a criação da Base de Dados (utilizando-se os planos de informação) e do apoio integral das Assinaturas Ambientais foi feita uma análise avaliativa, aplicando-se o Sistema de Apoio à Decisão correspondente ao módulo de análise ambiental do SAGA. Nesse estudo ambiental sobre o Município de Volta Redonda foram definidas e analisadas as avaliações simples, que acompanham o levantamento das áreas de Riscos e Potenciais Ambientais, diretamente derivados da Base de Dados. Nesse sentido foram analisadas as situações ambientais mais relevantes para o referido município.

Convém aqui lembrar que os Riscos e Potenciais Ambientais representados em Cartogramas Digitais Classificatórios Simples, cujas classes acham-se registradas em escala nominal, foram distribuídos nas seguintes categorias: Altíssimo-Alto, Alto-Médio, Médio, Médio-Baixo e Baixo-Baixíssimo. Para cada Situação Ambiental foram apresentadas: a) influência dos planos de informação e b) sua Análise Ambiental.

O Método de Avaliação Ambiental consiste em fazer estimativas sobre possíveis ocorrências de alterações ambientais segundo diversas intensidades, definindo-se a extensão destas estimativas e suas relações de proximidade e conexão (em outras palavras, prever o que ocorrerá, em que intensidade, em que extensão e próximo a quê). Estas estimativas pressupõem um conhecimento prévio da área a ser analisada, conhecimento este que pode advir principalmente da etapa de levantamento dos dados ambientais, bem como dos conhecimentos sistemáticos específicos detidos pelo usuário.

Para o Município de Volta Redonda, as Avaliações Ambientais foram realizadas atribuindo as classes de cada plano de informação ou parâmetro.

3.1. Áreas de Riscos Geoambientais

Foram consideradas as áreas de Riscos de Enchentes e de Erosão do Solo como as mais expressivas áreas problemáticas.

3.1.1. Áreas de Riscos de Enchentes

As áreas de Riscos de Enchentes se distribuem básica e significativamente neste município na área de influência inundada do Rio Paraíba do Sul (Várzea e Baixos Terraços), sendo acentuadas pelo "mascaramento" das edificações urbana e industrial, além do mau manejo das bacias hidrográficas dos afluentes do Rio Paraíba do Sul.

a) Parâmetros influenciadores:

- Geomorfologia (peso 27%): as unidades geomorfológicas que mais influenciaram nas áreas de Riscos de Enchentes foram: Terraços e Várzeas Fluviais, Bancos Fluviais, com nota 10, e Terraços Alúvio-Coluvionares, com nota 8. Realmente, estas são as classes que mais contribuem para as inundações no Município de Volta Redonda pelo seu posicionamento geográfico (próximo ao Rio Paraíba do Sul), morfologia (terras baixas) e fraco gradiente topográfico, somados principalmente às edificações urbanas e industriais, uma vez distribuídas estas feições geomorfológicas. Em segundo plano, com nota 7, surgem os Terraços Colúvio-Aluvionares de Vales Estruturais, associados aos médios cursos de drenagem, e as Rampas de Colúvio, que por posicionarem-se ao longo do sopé das Encostas Estruturais são receptores dos fluxos de água que descem dessas encostas em alta energia por ocasião das chuvas concentradas. As demais categorias tiveram pouca significância para o fenômeno das enchentes, como as componentes do sistema colinas.
- Declividade (peso 25%): as classes deste parâmetro que mais influenciaram nas áreas de enchentes foram: 0 a 2,5% (nota 10), 2,5 a 5% (nota 9) e 5 a 10% (nota 7). A categoria que recebeu nota 10 foi declividade entre 0 e 2,5%, considerada como baixo gradiente morfométrico. Correspondem às baixas feições geomorfológicas Várzeas e Terraços Fluviais. As demais classes estão associadas aos Terraços Colúvio-Aluvionares e Rampas de Colúvio. A morfometria do relevo tem interferência na hidrodinâmica.

- Solos (peso 20%): as classes que tiveram maior influência para as enchentes no município de Volta Redonda foram GLEISSOLOS e NEOSSOLOS FLÚVICOS, ambas apresentando nota 10. Estes solos, no período chuvoso, apresentam-se com o nível do lençol freático elevado, ocorrendo afloramento do aqüífero, ocasionando o alagamento em algumas áreas. Cabe aqui salientar que estes solos estão sob aterro, sendo ocupado com urbanização, cidade planejada e industrialização.
- Uso e Ocupação do Solo/Cobertura Vegetal (1998) (peso 15%): com relação a este parâmetro, as classes que mais influenciaram para o flagelo ambiental, Enchentes, no Município de Volta Redonda, foram Vegetação de Campos Inundáveis (nota 10), Gramínea Rasteira (nota 10), Floresta de Galeria (nota 10), Área em Urbanização (nota 9), Pastagem (nota 9), Área Urbana (nota 8), Olericultura (nota 8), Área de Lazer (nota 8), Área Institucional (nota 8). O tipo de Uso e Ocupação do Solo, a Cobertura Vegetal rala e a impermeabilização do solo através da urbanização influenciam no escoamento das águas plúvio-fluviais, ocasionando as inundações, principalmente as urbanas. No caso das classes correspondentes à cobertura vegetal, as duas primeiras que receberam nota 10 são áreas topograficamente mais deprimidas e mal drenadas, enquanto a floresta de galeria posiciona-se ao longo da margem do Rio Paraíba do Sul. Quanto às classes referentes ao Uso do Solo, observa-se a presença marcante das edificações.
- Proximidades (peso 13%): a influência antrópica nas áreas de enchentes do parâmetro Proximidades (1998) apresentaram as seguintes classes influenciadoras: Proximidade Urbana (nota 10), Proximidade Urbana com Estrada Pavimentada (nota 10), Proximidade em Urbanização (nota 9), Proximidade em Urbanização com Estrada de Ferro com Estrada Pavimentada (nota 9), Proximidade em Urbanização com Estrada não Pavimentada (nota 8). No caso do município em tela, essas classes são as que mais têm contribuído para as inundações. Em razão de as ações antrópicas serem bastantes intensivas, como cortes no terreno para construções de estradas, ocupação desordenada do solo com a impermeabilização, tem aumentado o escoamento superficial, gerando o impacto das enchentes principalmente nas áreas urbanas.

b) Análise Ambiental das Áreas de Riscos de Enchentes:

Das cinco classes ordinais geradas da combinação dos Planos de Informações com a aplicação do Sistema de Apoio à Decisão (SAD), foram extraídas informações relevantes sobre as áreas de Riscos de Enchentes para cada uma das categorias. Estão registradas no Mapa Digital Áreas de Riscos de Enchentes (**Figura 1**).

- Altíssimo-Alto Risco: áreas sempre sujeitas a enchentes. Nota de 10 a 8 na escala ordinal de 0 a 10.
  — Condições Ambientais: são áreas morfologicamente inseridas em ambiente de Baixada, ao longo e no entorno da Planície do Rio Paraíba do Sul. O parâmetro Solo representado pela classe GLEISSOLOS não é fator condicionante para as inundações, pois estes se encontram sob aterros, onde foi construída a cidade planejada e instalada a Companhia Siderúrgica Nacional (CSN). As cheias nessas áreas são provocadas pelos afluentes do Rio Paraíba do Sul; estes se encontram obstruídos e assoreados em função do mau uso e manejo do solo, principalmente nas áreas de captação dessas bacias hidrográficas. Em função desses fatores o tempo máximo de chuva coincide com a intensidade máxima de vazão, significando tempo de cheias; o uso da bacia desses afluentes interfere tanto, que esta não é capaz de responder. O momento que mais chove é o que gera maior vazão e conseqüentemente maiores cheias. A impermeabilização das margens dos cursos d'água devido à expansão urbana, acrescentando-se o acúmulo de lixo, principalmente nos córregos Brandão, Sécades e Ponte Alta, tem propiciado condições para este flagelo ambiental. Cabe ressaltar que na construção da Represa do Funil no Município de Itatiaia o Rio Paraíba do Sul tem gerado baixa influência no fenômeno das enchentes no Município de Volta Redonda, pois, com a represa, laminam-se cheias e torna-se possível administrar a água dentro da calha do rio.
  — Localização Geográfica: na margem convexa do meandro do Rio Paraíba do Sul (bairros Conforto, Vila Mury e algumas

O CASO DO MUNICÍPIO DE VOLTA REDONDA — RJ

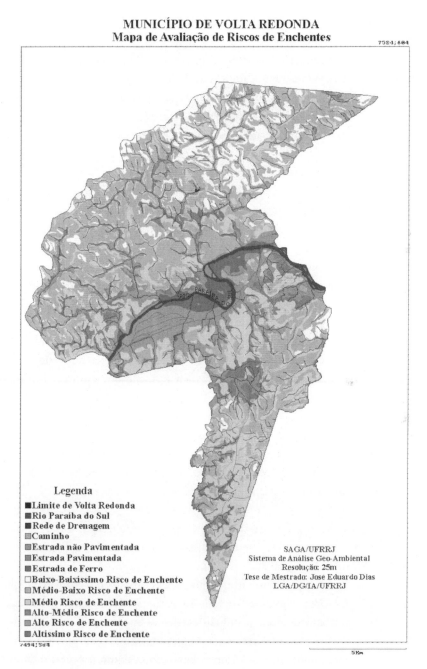

Figura 1 — Áreas de Riscos de Enchentes.

áreas dos bairros Vila Santa Cecília, Açude e Retiro), e a oeste do meandro e a CSN na várzea do Rio Paraíba do Sul, a leste do meandro em direção ao Município de Pinheiral, na margem direita (Loteamento Volta Grande, no bairro Santo Agostinho).

— Situação Atual: inundações freqüentes nas áreas urbanas e em urbanização, e na área de convergência dos baixos cursos fluviais. Canais retificados assoreados com sedimentos e o acúmulo de lixo. Escoamento superficial alto, carreando grande quantidade de sedimentos para os cursos d'água.

— Recomendações: 1) viabilizar politicamente o manejo das bacias hidrográficas afluentes do Rio Paraíba do Sul, setorizando ou estratificando as áreas com restrição de uso e com potencial para a produção de água; 2) manejar com consciência os fragmentos florestais, pois estes exercem influência na recarga do lençol freático que são responsáveis pelo fluxo básico das bacias hidrográficas, retendo água nas vertentes, visando a regularizar a saída de água na bacia, pois ajuda a reter a água e soltá-la lentamente para os leitos dos rios, minimizando os processos erosivos, diminuindo o escoamento superficial, o carreamento de sedimentos e a redução do assoreamento da calha dos rios; 3) adoção de medidas físicas, utilizando obras físicas baseadas em preceitos de geomorfologia fluvial, hidráulica e geotecnia; 4) construção de bacões com o objetivo de administrar a água na calha do rio, principalmente no córrego Brandão; e 5) controlar a expansão urbana visando a reduzir a impermeabilização ao longo das margens dos rios.

• Alto-Médio Risco: áreas afetadas por enchentes, geralmente influenciadas pelas áreas de altíssimo-alto risco. Nota 7 na escala ordinal de 0 a 10.

—Condições Ambientais: são áreas constituídas por Terraços Colúvio-Aluvionar de Vale Estrutural e Rampas de Colúvio, feições que podem induzir eventuais enchentes locais. As primeiras feições posicionaram-se ao longo dos médios cursos fluviais, enquanto as Rampas de Colúvio, como já foi lembrado, são áreas receptoras de fluxos de água e sedimentos provenientes das encostas, apresentando em sua maior parte gradiente topográfico entre 5 e 10%. Por outro lado, a influência antrópica com o traçado de estradas pavimentadas e não pavimentadas, ferrovia, área urbana e em urbanização, dificulta o escoamento natural das drenagens.

—Localização Geográfica: acham-se distribuídas nas áreas de convergência de drenagem dos baixos cursos fluviais, ao longo em alguns setores das Rodovias Tancredo Neves e Volta Redonda — Pinheiral.

—Situação Atual: obstrução dos canais pelo acúmulo de sedimento e lixo, dificultando o escoamento das águas pluviais. Áreas mal drenadas afetadas pelo sistema viário.

—Recomendações: 1) ampliação da rede de coleta de águas pluviais; 2) desobstrução dos canais assoreados; 3) adoção de medidas biológicas através do plantio de espécies nativas da Mata Atlântica; e 4) campanha educativa junto à população no sentido de evitar que se jogue lixo nos canais e cursos d'água.

- Médio Risco: ocasionalmente são áreas afetadas por enchentes razoáveis. Nota de 6 a 5 na escala ordinal de 0 a 10.

—Condições Ambientais: essas razoáveis inundações distribuem-se nos Patamares Colinosos Aplainados e Alvéolos Estruturais, apresentando gradiente topográfico entre 5 e 10%, pedologicamente em setores de solos CAMBISSOLOS. Estes fatores influenciam no escoamento superficial, que é mais rápido, não possibilitando a estagnação de água.

—Localização Geográfica: acham-se distribuídas nas baixas/médias encostas em setores ao longo das Rodovias Tancredo Neves e Presidente Dutra e nas pequenas planícies dos baixos cursos fluviais principalmente ao sul do município.

—Situação Atual: áreas mal drenadas com escoamento superficial alto, devido à vegetação rala. Recobrindo esses solos, podem ser encontradas gramíneas como sapê (*Imperata brasiliensis*), capim colonião (*Panicum maximum*) e intenso pisoteio pelo gado.

—Recomendações: 1) a longo prazo deixar que a vegetação espontaneamente chegue a pasto sujo, capoeira e Floresta

Secundária (área de domínio ecológico) e 2) adoção de medidas biológicas através do plantio de espécies nativas da Mata Atlântica nas encostas críticas com solo exposto.

- Médio-Baixo Risco: áreas com fraca vulnerabilidade de inundações. Nota de 4 a 3 na escala ordinal de 0 a 10.
  — Condições Ambientais: em termos de expressão territorial, as áreas de Médio-Baixo Risco de Enchentes dominam o município. Este fato pode ser explicado pela dominância do sistema geomorfológico Encosta e pela única e significativa Planície Fluvial (sistema Baixada) posicionada, somente ao longo do Rio Paraíba do Sul. As restantes das planícies (várzeas e terraços) são setores pequenos, associados ao sistema Encosta. Essas áreas quase não afetadas por enchentes são as médias e baixas Encostas Estruturais Dissecadas que dominam o município, e também os Patamares Tabuliformes Dissecados, em setores de solo do tipo ARGISSOLOS VERMELHO AMARELO, situados à retaguarda da planície do Rio Paraíba do Sul; seus altos vales dissecados é que são ocasionalmente atingidos.
  — Localização Geográfica: acham-se distribuídas nas médias encostas.
  — Situação Atual: solos com cobertura vegetal rala e escoamento superficial alto. Recobrindo esses solos podem ser encontradas gramíneas como sapê (*Imperata brasiliensis*), capim colonião (*Panicum maximum*) e intenso pisoteio pelo gado. Fluxo de sedimentos acelerado nos altos vales. Ocorrendo enchentes nas áreas de convergências dos baixos cursos fluviais.
  — Recomendação: adoção de medidas biológicas com o plantio de espécies nativas da Mata Atlântica, visando a diminuir o escoamento superficial nas altas encostas mais críticas.

- Baixo-Baixíssimo Risco: áreas praticamente com nulo risco de enchentes. Nota de 2 a 0 na escala ordinal de 0 a 10.
  — Condições Ambientais: áreas topograficamente mais altas, gradiente <40%, com a presença de alguns Fragmentos Florestais constituídos pelas classes de solos ARGISSOLOS VERME-

LHO AMARELO e CAMBISSOLOS, ocupados pelo pisoteio do gado e também afetados por processos intensos e acelerados de erosão. Áreas sem condições para enchentes, ocorrem nas Encostas Estruturais Dissecadas, Interflúvios Aplainados, Interflúvios Estruturais, Encostas de Tálus, Vales Estruturais e Encostas Adaptadas a falhas.

— Localização Geográfica: nas médias e altas Encostas Estruturais, nas Colinas Isoladas e nos Interflúvios em toda a extensão municipal.

— Situação Atual: intenso pisoteio pelo gado nas encostas, com processos erosivos bastante acentuados, com erosão laminar, ravinas e voçorocas. Áreas com fragmentos florestais.

— Recomendações: 1) manejar conscientemente os fragmentos florestais existentes nessas áreas; 2) reduzir o pisoteio pelo gado nas encostas; 3) evitar queimadas para que a vegetação espontânea possa chegar a pasto sujo, capoeira e floresta secundária; e 4) adoção de medidas biológicas, como o plantio de espécies nativas da Mata Atlântica, visando a diminuir o escoamento superficial.

3.1.2. Áreas de Riscos de Erosão do Solo

O Município de Volta Redonda, pelo seu uso pregresso e atual, é bastante afetado por áreas vulneráveis à erosão do solo nas altas, médias e baixas encostas. Cumpre aqui lembrar que o referido município é dominado territorialmente pelo Sistema de Encostas.

a) Parâmetros influenciadores:

• Geomorfologia (peso 30%): as unidades geomorfológicas que mais influenciaram nas áreas de Erosão do Solo foram: Colinas Estruturais Isoladas (nota 10), Patamares Tabuliformes Dissecados (nota 9) e Patamares Colinosos Aplainados (nota 8). A Geomorfologia atua em conjunto com os fatores naturais, intrínsecos (Solos, Vegetação, Geologia), integrados com a sua geodinâmica e interligados com os processos pedogenéticos, condicionantes para o processo erosivo. Essas feições apresentam uma morfometria e constituição e facilitam os processos erosivos e suas encostas alta e média declividade, solo susceptível a erosão (ARGISSOLOS VERMELHO AMARELO), desprovido de vegetação de porte arbóreo, predominando a vegetação rala e ocupada pelo gado.

• Solos (peso 25%): os processos erosivos intensos que afetam as altas, médias e baixas encostas dessas feições geomorfológicas são conseqüências de fatores naturais/antrópicos desde épocas mais remotas referentes ao seu passado monocultor. O solo desprotegido de florestas é ocupado pelo pisoteio do gado e provoca o intenso fluxo de sedimentos, provocando mais a jusante (terras baixas) assoreamentos localizados. Por outro lado, o traçado de estradas e caminhos sem os preceitos de Geologia de Engenharia, Geotecnia e Engenharia Civil tem provocado o desequilíbrio gradativo de suas encostas regolíticas.

• Declividade (peso 20%): as classes que mais influenciaram nas áreas de erosão do solo foram: <40% (nota 10), 20 a 40% (nota 9) e 0 a 20% (nota 8). Os fatores que mais influenciaram para a erosão do solo no Município de Volta Redonda foram o gradiente encosta, a morfologia do declive, sendo côncava ou convexa, e o comprimento do declive. Esses fatores interligados contribuíram na velocidade das águas provenientes do escoamento superficial, que descem encostas abaixo, carreando grande quantidade e sedimentos, ocasionando perdas de solos e a formação dos processos erosivos (laminar, ravinas e voçorocas).

• Uso e Ocupação do Solo/Cobertura Vegetal (1998) (Peso 15%): as classes deste parâmetro que apresentaram maior significância nas áreas de riscos de Erosão do Solo foram: Solo Exposto (nota 10), Pastagem (nota 10), Olericultura (nota 9), Eucalipto (nota 9), Depósito de Lixo (nota 9), Área em Urbanização (nota 8) e Capoeira (nota 8). A forte presença antrópica influenciada pelo pisoteio do gado, loteamentos e abertura de estradas provoca diretamente os processos morfogenéticos. Nas duas primeiras categorias que receberam nota máxima, é notório o registro de áreas vul-

neráveis à erosão, principalmente em setores de pastagens. As classes que receberam nota 9, ocupadas por Olericultura e Eucalipto, são culturas bastante afetadas pela erosão em função de manejo. Quanto às demais, distribuem-se em áreas mais pontuais, como aquelas com loteamentos e depósitos de lixo.
- Proximidades (peso 10%): neste parâmetro, as classes que mais influenciaram para a erosão do solo foram: Proximidade em Urbanização (nota 10), Proximidades em Caminhos (nota 10), Proximidade em Urbanização com Estradas Pavimentadas e não Pavimentadas (nota 9) e Proximidade em Urbanização com Estrada Pavimentada e Ferrovia (nota 9). A presença antrópica tem sido marcada pela distribuição do sistema viário, um dos fatores condicionantes no aumento dos processos erosivos no Município de Volta Redonda. Através da ocupação desordenada do solo, principalmente das encostas, seja pela expansão urbana, pisoteio pelo gado e cortes para a abertura de estradas, influencia muito na aceleração dos processos morfométricos nas encostas, somados aos fatores naturais intrínsecos ao sistema encosta: a morfometria, constituição do terreno (Solos), Geologia (estrutura geológica), Cobertura Vegetal e Uso e Ocupação do Solo.

b) Análise Ambiental das Áreas de Riscos de Erosão do Solo:

Cinco classes foram obtidas da conjugação dos parâmetros selecionados: Altíssimo-Alto, Alto-Médio, Médio, Médio-Baixo e Baixo-Baixíssimo. Estão registradas no Mapa Digital Áreas de Riscos de Erosão do Solo (**Figura 2**).

- Altíssimo-Alto Risco: encostas com processo erosivo intenso laminar, ravinas, voçorocas e badlands. Nota de 10 a 8 na escala ordinal de 0 a 10.
  —Condições Ambientais: acham-se associados às Colinas Estruturais Isoladas, Patamares Tabuliformes Dissecados e Patamares Colinosos Aplainados. Contribuição pedológica com solo predominante ARGISSOLOS VERMELHO AMARELO dada a sua alta susceptibilidade à erosão em áreas de

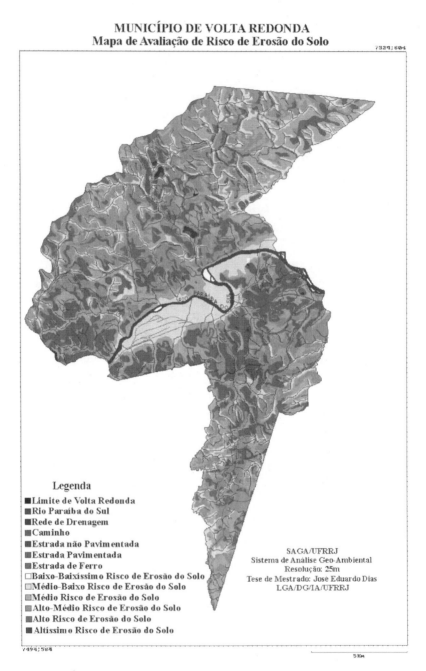

Figura 2 — Áreas de Riscos de Erosão do Solo.

alto gradiente topográfico e influenciado antropicamente pela malha viária e expansão urbana desordenada. Volta Redonda como todo o Médio Vale do Paraíba nos meados do XIX foi considerada Área de Excelência Nacional, dada a sua alta produtividade de café. O processo de ocupação e manejo do solo pode ser resumido da seguinte forma: a área era ocupada por floresta de domínio ecológico da Mata Atlântica, que foi desmatada de maneira irracional para a introdução da cultura do café. Com o declínio dessa monocultura a área passou a ter um outro tipo de uso através da pastagem, adotando-se o pastoreio extensivo. Com o superpisoteio pelo gado a pastagem raleou, intensificando os processos erosivos (ravinas e voçorocas). O resultado dessas atividades antrópicas inadequadas na exploração dos recursos naturais renováveis ao longo dos anos ocasionou a perda da biodiversidade e a diminuição das terras produtivas através de usos, como agricultura, pastagem, e atualmente a urbanização desordenada tem acelerado ainda mais o processo de degradação ambiental no município.

— Localização Geográfica: nas altas encostas e nas Colinas Isoladas e Interflúvios, ao longo de toda a extensão do município.

— Situação Atual: grande parte da cobertura original foi retirada, estando o solo desprotegido. Áreas com intenso pisoteio pelo gado, vegetação rala sujeita a constantes queimadas durante o ano, escoamento superficial alto, carreando grande quantidade de sedimentos para os cursos d'água, onde ravinas e voçorocas são uma constante.

— Recomendações: 1) levar em consideração resultados a longo prazo; 2) induzir o processo de sucessão vegetal controlando incêndios; e 3) deixar que a vegetação espontaneamente chegue a pasto, pasto sujo, capoeira, floresta secundária (área de domínio ecológico da Mata Atlântica). Nesse caso, a adoção de medidas biológicas não vale a pena, pois é muito dispendiosa.

• Alto-Médio Risco: área apresentando menor intensidade de erosão do solo. Nota 7 na escala ordinal de 0 a 10.

— Condições Ambientais: são áreas morfologicamente constituídas por baixas e médias Encostas Estruturais e as Colinas Isoladas, gradiente topográfico acentuado, associado à classe de ARGISSOLOS VERMELHO e AMARELO, com intenso pisoteio pelo gado, e o predomínio de erosão laminar e ravinas.
— Localização Geográfica: nas médias/altas encostas ao longo de toda área do município.
— Situação Atual: médias/altas encostas ocupadas por pastagens em sua maior parte e com o pisoteio pelo gado. Ao longo das rodovias Dutra e Tancredo Neves observam-se encostas com ravinas e voçorocas.
— Recomendações: 1) reduzir o pisoteio pelo gado nas baixas encostas; 2) nas encostas mais críticas adoção de medidas biológicas, realizando o plantio de espécies nativas da Mata Atlântica.

• Médio Risco: área com razoável risco de erosão do solo. Nota de 6 a 5 na escala ordinal de 0 a 10.
— Condições Ambientais: são também as baixas e médias Encostas associadas às classes do nível anterior. Destacam-se principalmente as Encostas Estruturais Dissecadas, os Patamares Colinosos Aplainados, as Colinas Isoladas, todas afetadas pelo pisoteio do gado e/ou sem a presença de fragmentos florestais.
— Localização Geográfica: nas médias encostas e nas altas encostas próximas às áreas de fragmento florestal.
— Situação Atual: predomínio de pastagem rala com a ocorrência de incêndios e algumas manchas remanescentes de fragmentos florestais.
— Recomendações: 1) manejar com consciência as manchas de fragmentos florestais e 2) evitar queimadas nas áreas de pastagens.

• Médio-Baixo Risco: área com fraca possibilidade de erosão do solo. Nota de 4 a 3 na escala ordinal de 0 a 10.

— Condições Ambientais: o baixo gradiente topográfico e o comprimento do declive são fatores que condicionam esta classe; morfometricamente são constituídas pela Rampa de Colúvio. Há remoção dos horizontes superficiais do solo, por escoamento superficial alto, provocando ravinas, principalmente no contato baixa encosta Rampa de Colúvio.
— Localização Geográfica: acham-se inseridas nas Rampas de Colúvio e no sopé das baixas encostas.
— Situação Atual: pastagem com o pisoteio pelo gado nas Rampas de Colúvio e nos Terraços e Várzeas Fluviais.
— Recomendações: adoção de rodízio no pastoreio do gado para diminuir o pisoteio.

• Baixo-Baixíssimo Risco: área com praticamente nulo risco de erosão do solo. Nota de 2 a 0 na escala ordinal de 0 a 10.
— Condições Ambientais: áreas caracterizadas por baixos terrenos e com fraca declividade. As condições ambientais são mínimas para a erosão do solo, havendo pouca remoção do solo. Morfologicamente são constituídas de Terraços Colúvio-Aluvionares de Vale Estrutural e Bancos Fluviais com fraco gradiente topográfico.
— Localização Geográfica: nas áreas de Terraços e Várzeas Fluviais, nas Rampas de Colúvio, nos Bancos Fluviais, nos sopés das baixas encostas e nas convergências dos baixos cursos fluviais.
— Situação Atual: presença de gramínea rasteira, pastagem e vegetação herbácea.
— Recomendações: explorar com consciência os recursos naturais para evitar a degradação dessas áreas.

3.2. POTENCIAIS GEOAMBIENTAIS

O Município de Volta Redonda pela sua disponibilidade positiva de recursos antrópicos dispõe de áreas com potencialidades geoambientais. Foram selecionados os potenciais para Pecuária e para áreas em Urbanização.

3.2.1. Potencial para Áreas em Urbanização

Suas condições naturais, principalmente a morfologia e a morfometria, não induzem à geração de feições morfogenéticas (ravinas, voçorocas etc.), o que permite a alocação e expansão de áreas urbanas. São áreas mais baixas como as Várzeas e Terraços Fluviais e também os Bancos Fluviais.

a) Parâmetros Influenciadores:

- Geomorfologia (peso 26%): as unidades geomorfológicas que mais influenciaram na avaliação "Áreas para Expansão Urbana" foram: Terraços Alúvio-Coluvionares (nota 10), Patamares Tabuliformes Dissecados (nota 9), Rampas de Colúvio (nota 9), Terraços e Várzeas Fluviais (nota 8). Os baixos terraços Alúvio-Coluvionares são os mais propícios à alocação e expansão urbana pelo seu posicionamento geográfico, afastado das enchentes. Seguem a sua retaguarda as áreas tabuliformes, um pouco mais altas, e os Terraços e Várzeas Fluviais; foram nestas feições que se expandiu a Cidade de Volta Redonda.
- Declividade (peso 24%): neste parâmetro, as classes que tiveram mais influência para as "Áreas para Expansão Urbana" no Município de Volta Redonda foram: 0 a 2,5% (nota 10), 2,5 a 5% (nota 9) e 5 a 10% (nota 7). Este parâmetro é caracterizado pelo aspecto morfométrico das formas de relevo. A expansão urbana ocorre com segurança em declividade de até 30%. No caso da ocupação urbana em áreas com o gradiente topográfico acentuado há a necessidade de adoção de medidas preventivas.
- Solos (peso 20%): em relação ao parâmetro Solo as classes que mais influenciaram foram: ARGISSOLOS VERMELHO AMARELO (nota 9) e os NEOSSOLOS FLÚVICOS (nota 8). O tipo de solo é muito importante para a expansão urbana ordenada. Uma ocupação imprópria com assentamentos urbanos poderá resultar em áreas de instabilidades ambientais. A classe de ARGISSOLOS VERMELHO AMARELO foi a mais destacada; correspondem às baixas encostas Tabuliformes. O solo NEOSSOLOS FLÚVICOS, constituinte dos Terraços Fluviais, é também próprio para as fundações.

- Uso e Ocupação do Solo/Cobertura Vegetal (1998) (peso 15%): as classes relativas ao parâmetro Uso e Ocupação do Solo/Cobertura Vegetal que apresentaram mais influência nas áreas com "Potencial para Urbanização" foram: Área Urbana (nota 10), Área em Urbanização (nota 10), Área Institucional (nota 10), Gramínea Rasteira (nota 10), Pastagem (nota 9) e Área de Lazer (nota 9). As primeiras categorias receberam nota máxima, pois estão associadas às edificações. A categoria "natural" Gramínea Rasteira, também com nota 10, favorece as alocações urbanas e institucionais; por sua vez acha-se vinculada a outros fatores naturais que a favorecem: solo, morfologia e morfometria.
- Proximidades (peso 15%): as categorias que permitiram uma maior influência antrópica para as áreas com "Potencial para a Urbanização" no Município de Volta Redonda foram: Proximidade Urbana (nota 10), Proximidade em Urbanização (Nota 10), Proximidades em Urbanização com Urbana (nota 10), Proximidade Urbana com Estradas Pavimentadas (nota 10), Proximidade em Urbanização com Estrada Pavimentada (nota 10), Proximidade em Urbanização com Estrada Não Pavimentada e Ferrovia (nota 9). Observa-se que todas as categorias que obtiveram nota máxima apresentam os dois principais tipos de ocupações urbanas (Proximidade Urbana e Proximidade em Urbanização), de modo setorial, ou relacionadas, ou associadas com outras categorias relevantes do Parâmetro Proximidade, como Estradas Pavimentada e Não Pavimentada.

b) Análise Ambiental das Áreas de Potenciais para a Expansão Urbana:

Das cinco classes ordinais geradas da combinação dos Planos de Informações com a aplicação do Sistema de Apoio à Decisão (SAD) foram extraídas informações relevantes sobre as áreas de Potenciais para Expansão Urbana para cada uma das categorias. Estão registradas no Mapa Digital Potencial para Expansão Urbana (**Figura 3**).

166 GEOPROCESSAMENTO & ANÁLISE AMBIENTAL: APLICAÇÕES

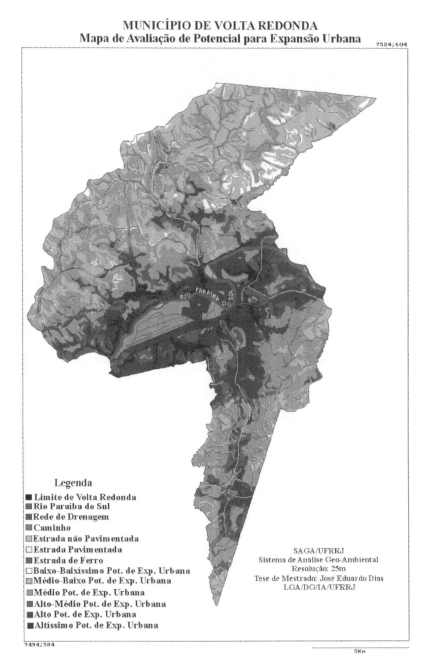

Figura 3 — Áreas Potenciais para Urbanização.

- Altíssimo-Alto Potencial: áreas dominadas com expressivo potencial para uma expansão urbana ordenada. Nota de 10 a 8 na escala ordinal de 0 a 10.
  — Condições Ambientais: os melhores locais para a expansão urbana ordenada acham-se distribuídos nas baixas áreas dos Terraços Alúvio-Coluvionares, dos Patamares Tabuliformes Dissecados e dos Terraços e Várzeas Fluviais. O tipo de morfologia (áreas aplainadas), da morfometria (baixo gradiente), constituição do terreno (solos areno-siltosos ou síltico-argilosos), embasamento (rochas regolíticas) e a ocupação humana (gramíneas, área em urbanização, área urbana, pastagem) são fatores naturais e/ou antrópicos que favoreceram as alocações urbanas.
  — Localização Geográfica: nos Terraços ao longo da planície do Rio Paraíba do Sul, Rampas de Colúvio, nos sopés das baixas encostas e nos baixos Vales Estruturais.
  — Situação Atual: as áreas potenciais acham-se ocupadas por pastagem gramínea rasteira e por áreas em urbanização ordenadas e não ordenadas.
  — Recomendações: 1) fornecer infra-estrutura básica para os assentamentos urbanos ordenados e não ordenados, já estabelecidos nessa área; 2) priorizar a expansão urbana ordenada nessas áreas de altíssimo-alto potencial para a urbanização; e 3) evitar a proliferação de favelas em locais não planejados.

- Alto-Médio Potencial: áreas com bom potencial para a urbanização. Nota 7 na escala ordinal de 0 a 10.
  — Condições Ambientais: as áreas propícias às ocupações e alocações urbanas posicionam-se nas Rampas de Colúvio, no sopé das baixas e médias encostas, ambas as feições apresentadas com baixo gradiente topográfico e solos adequados a fundações.
  — Localização Geográfica: nas Rampas de Colúvio, nas baixas encostas e nos baixos vales. Estas áreas predominam no setor sul do município.

—Situação Atual: atualmente essas áreas estão ocupadas por urbanização já consolidada e também pela expansão urbana, por gramíneas rasteiras e por pastagem ao longo do trecho viário.
—Recomendações: 1) estimular a expansão urbana ordenada nessas áreas de alto-médio potencial para a urbanização e 2) evitar a expansão em áreas vulneráveis a instabilidades ambientais.

• Médio Potencial: áreas com condições razoáveis para a expansão urbana. Nota de 6 a 5 na escala ordinal de 0 a 10.
—Condições Ambientais: são áreas com topografia um pouco elevada como os Patamares Colinosos Aplainados e as Colinas Estruturais Isoladas. São constituídos por solos bons para a alocação urbana (ARGISSOLOS VERMELHO AMARELO), apresentando gradiente topográfico ainda adequado entre 5 e 15%.
—Localização Geográfica: na Várzea Fluvial ao longo da planície do Rio Paraíba do Sul e dos baixos cursos fluviais, e nas médias encostas distribuídas ao longo do município.
—Situação Atual: áreas em franco processo de urbanização, avançando sobre a categoria natural. Gramínea Rasteira e áreas de pastagens decadentes.
—Recomendação: a ocupação humana através da expansão urbana deve ser feita com consciência para evitar a proliferação de áreas com instabilidades ambientais, principalmente os movimentos de massa.

• Médio-Baixo Potencial: as condições naturais e antrópicas são bastante fracas para a urbanização. Nota de 4 a 3 na escala ordinal de 0 a 10.
—Condições Ambientais: os principais fatores influenciadores para a fraca expansão urbana nessas áreas são a declividade com forte gradiente topográfico, destacando-se as Encostas Estruturais Dissecadas, Interflúvios Aplainados e os Alvéolos Estruturais associados ao tipo de solo ARGISSOLOS VERMELHO e AMARELO e a ocupação humana interagido com o uso (monocultura e pastoreio extensivo).

—Localização Geográfica: nas médias/altas encostas, com predominância na região norte do município.

—Situação Atual: atualmente essas áreas são ocupadas por pastagem, gramíneas rasteiras e alguns fragmentos florestais.

—Recomendações: 1) evitar a expansão urbana acelerada nessas áreas de Médio-Baixo Potencial para a Expansão Urbana e 2) de certa forma melhorar o tipo de uso e ocupação do solo.

• Baixo-Baixíssimo Potencial: áreas com nulo potencial para urbanização. Nota de 2 a 0 na escala ordinal de 0 a 10.

—Condições Ambientais: suas condições ambientais não induzem ocupação humana na forma de expansão urbana ordenada. Destacam-se as áreas mais baixas, como os Bancos Fluviais, e as áreas mais altas, como Terraços Colúvio-Aluvionares de Vales Estruturais, Encosta de Tálus, Interflúvios Aplainados, Vales Estruturais, Bancos e Encostas Adaptadas a Falhas.

—Localização Geográfica: nas altas encostas e nos Interflúvios da região norte do município.

—Situação Atual: áreas ocupadas com pastagem, gramíneas rasteiras e fragmentos florestais.

—Recomendação: não utilizar essas áreas com assentamentos urbanos para evitar a proliferação de áreas de riscos ambientais, como Erosão do Solo e Enchentes.

3.2.2. POTENCIAL PARA PECUÁRIA

A vocação para a pecuária no Município de Volta Redonda é condicionada por fatores ambientais integrados: áreas mais baixas, como Várzeas e Terraços Fluviais, e os baixos cursos fluviais, como os solos GLEISSOLOS e NEOSSOLOS FLÚVICOS, associados a fraca declividade e infra-estrutura antrópica com influência das cidades vizinhas e da rede viária.

a) Parâmetros Influenciadores:

- Geomorfologia (peso 22%): das classes dominantes já listadas, as que receberam nota 10 apresentam realmente uma morfologia e morfometria muito adequada ao trânsito da pecuária. São formas aplainadas e com fraco gradiente topográfico. As classes que seguem com notas 8 e 9 apresentam uma morfologia de baixa encosta, dissecada pela drenagem, porém ainda adequada ao desenvolvimento da pecuária.
- Solos (peso 21%): as classes de solo que foram mais significativas nas áreas de pecuárias foram: GLEISSOLOS (nota 10), ARGISSOLOS VERMELHO AMARELO (nota 10) e NEOSSOLOS FLÚVICOS (nota 9). O parâmetro Solo é o substrato natural para o desenvolvimento das atividades de pecuária, propiciando nutrientes minerais e bioquímicos para o estabelecimento das pastagens que servirá de forragens para alimentar o gado.
- Declividade (peso 17%): no parâmetro Declividade as classes que mais influenciaram nas áreas de pecuária foram: 0 a 2,5% (nota 10), 2,5 a 5% (nota 9), 5 a 10% (nota 8) e 10 a 20% (nota 7). O gradiente topográfico mostra que as declividades baixas são mais propícias para a exploração e manejo da atividade de pecuária, como é o caso das três categorias acima mencionadas.
- Uso e Ocupação do Solo/Cobertura Vegetal (1998) (peso 15%): neste parâmetro as classes que apresentaram maior relevância nas áreas de pecuária foram: Pastagem (nota 10), Gramínea Rasteira (nota 10) e Olericultura (nota 9). A relevância deste parâmetro tem importância na constituição do solo, no tipo de uso e nas intervenções antrópicas, sendo fundamental na análise do potencial de pecuária. Quanto às classes dominantes, realmente as que obtiveram nota 10 são expressivamente propícias ao desenvolvimento da pecuária.
- Proximidades (peso 15%): a influência da acessibilidade de referenciais antrópicos nas áreas de pecuária apresentou maior expressão nas classes Proximidades de Estrada Pavimentada (nota 8), Proximidade de Estrada Não Pavimentada (nota 8), Proximidade de Estrada Pavimentada com Estrada Não Pavimentada (nota 8).

A exploração no ramo da pecuária no Município de Volta Redonda ocorre ao longo da malha viária que facilita o escoamento da produção e a comercialização do produto.

• Altitude (peso 10%): as classes altimétricas mais representativas nas áreas de pecuária foram: 380-400m (nota 10), 400-440m (nota 10), 440-480m (nota 10), 480-520m (nota 9), 520-560m (nota 8) e 560-600m (nota 7). A morfometria contribui para a aptidão no ramo da pecuária. As áreas com topografia mais suave são as mais propícias para a exploração e o manejo dessa importante atividade econômica. Quanto às categorias mais propícias, a pecuária é relevante para a realidade altimétrica municipal entre 400-500m.

b) Análise Ambiental das Áreas de Potenciais para a Pecuária:

Das cinco classes ordinais geradas da combinação dos Planos de Informações com a aplicação do Sistema de Apoio a Decisão (SAD) foram extraídas informações relevantes sobre as áreas de Potenciais para a Pecuária para cada uma das categorias. Estão registradas no Mapa Digital Classificatório de Potencial de Pecuária (**Figura 4**).

• Altíssimo-Alto Potencial: áreas excelentes para a exploração da pecuária. Nota de 10 a 8 na escala ordinal de 0 a 10.
 —Condições Ambientais: são áreas bastante propícias para a exploração da pecuária, caracterizadas principalmente por solos GLEISSOLOS, ARGISSOLOS VERMELHO AMARELO e os NEOSSOLOS FLÚVICOS, constituintes dos compartimentos morfológicos como os mais baixos Terraços e Várzeas Fluviais, Terraços Alúvio-Coluvionares e Rampas de Colúvio, distribuindo-se na Planície do Rio Paraíba do Sul e nos baixos cursos fluviais. A baixa declividade ajuda na retenção de umidade na qual propicia a formação de pastagem e capineira, visando à produção de forragem para alimentar o gado; este fato possibilita a divisão da área em piquetes, permitindo o rodízio do gado no pastoreio, significando um período de pousio nas áreas de pastos e também possibilitando o seu

172 GEOPROCESSAMENTO & ANÁLISE AMBIENTAL: APLICAÇÕES

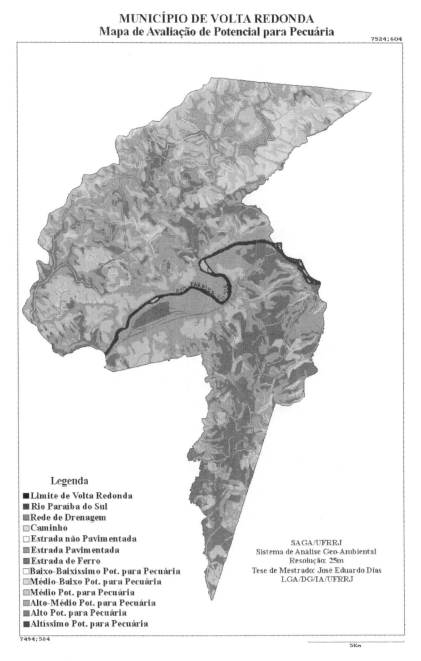

Figura 4 — Áreas Potenciais para Pecuária.

manejo de maneira racional e conseqüentemente reduzindo o pisoteio deste na área. Sua influência antrópica está vinculada à proximidade da malha viária, estrada pavimentada e não pavimentada.

—Localização Geográfica: acham-se inseridas nos terraços ao longo da planície do Rio Paraíba do Sul, nas áreas de convergências dos baixos cursos fluviais e nas baixas e médias encostas com predominância ao sul do município.

—Situação Atual: em função da decadência no ramo da agropecuária e por ser mais viável financeiramente, a maioria dessas áreas são utilizadas com urbanização e indústria. Há o pastoreio extensivo, sem formação e manejo do pasto e com intenso pisoteio pelo gado.

—Recomendações: 1) viabilizar politicamente a retomada da exploração da pecuária no município, pois sua bacia leiteira já foi muito importante para a região e 2) nas áreas onde há exploração do pastoreio extensivo, formar pastagem dividindo-a em piquetes para reduzir o pisoteio pelo gado.

- Alto-Médio Potencial: as condições ambientais ainda para a exploração da pecuária. Nota 7 na escala ordinal de 0 a 10.

    —Condições Ambientais: áreas bastante significativas para a pecuária abrangendo os Patamares Colinosos Aplainados e os Bancos Fluviais, devido à declividade moderada e baixa, com solos ARGISSOLOS VERMELHO AMARELO adequados como substrato para sustentar a pastagem.

    —Localização Geográfica: nas Várzeas Fluviais ao longo da Planície do Rio Paraíba do Sul, nas unidades Rampas de Colúvio e nas baixas encostas, dominando também as áreas de convergência dos baixos cursos fluviais.

    —Situação Atual: atualmente, a maior parte dessas áreas está com outro tipo de ocupação como urbanização e indústria. As áreas com exploração de pecuária adotam o pastoreio extensivo.

    —Recomendação: nas áreas com exploração de pecuária melhorar o pasto e adotar o rodízio do gado nas pastagens, dividindo-a em piquetes, para diminuir o pisoteio pelo gado.

- Médio Potencial: áreas com razoáveis condições ambientais para o desenvolvimento da pecuária. Nota 6 a 5 na escala ordinal de 0 a 10.
  — Condições Ambientais: estas áreas, morfologicamente, são constituídas por Colinas Estruturais Isoladas e pelas baixas e médias Encostas Estruturais Isoladas, constituídas pela associação de classes de solos ARGISSOLOS VERMELHO AMARELO, CAMBISSOLOS e NITOSSOLOS/CHERNOSSOLOS. São terrenos que apresentam boas condições para formar pastos, porém com alguma limitação em função do gradiente topográfico que possibilita os processos erosivos (erosão laminar e ravinas), principalmente pelo escoamento superficial alto. Nessas áreas há baixa infiltração significando baixa retenção de umidade, interferindo na formação da pastagem.
  — Localização Geográfica: nas médias encostas e Colinas Isoladas ao longo de todo o município.
  — Situação Atual: áreas com pastoreio extensivo sem formação e manejo da pastagem e com pisoteio pelo gado.
  — Recomendação: explorar a pecuária nessas áreas com consciência, melhorando a pastagem e reduzindo o pisoteio pelo gado nas encostas.

- Médio-Baixo Potencial: condições ambientais não muito propícias para a exploração da pecuária. Nota de 4 a 3 na escala ordinal de 0 a 10.
  — Condições Ambientais: áreas com fraco potencial para a pecuária, componentes das altas e médias encostas mais íngremes, com solos não muito adequados à pastagem de boa qualidade, como CAMBISSOLOS e ARGISSOLOS VERMELHO AMARELO, apresentando processos erosivos bastante intensos, devido ao escoamento superficial alto, cobertos por pastagens pobres.
  — Localização Geográfica: nas altas encostas, predominando ao norte do município.
  — Situação Atual: pastoreio extensivo nas altas e médias encostas, com intenso pisoteio pelo gado.

—Recomendação: por não ser tão viável economicamente a exploração dessa atividade econômica deve-se desestimular a pecuária nessas áreas.

- Baixo-Baixíssimo Potencial: condições ambientais mínimas para o desenvolvimento da pecuária. Nota de 2 a 0 na escala ordinal de 0 a 10.

—Condições Ambientais: estes ambientes são caracterizados morfometricamente pelas Encostas de Tálus, Interflúvios Estruturais e os Vales Estruturais, apresentando forte gradiente topográfico associado a solos ARGISSOLOS VERMELHO AMARELO e CAMBISSOLOS com processos erosivos intensos, em função do escoamento superficial alto coberto por pastagem pobre.

—Localização Geográfica: nos interflúvios serranos nas proximidades da Serra do Amparo ao norte do município.

—Situação Atual: pastoreio extensivo nessas áreas de pasto pobre, solos com cobertura vegetal rala e escoamento superficial alto. São encontradas gramíneas como sapê (*Imperata brasiliensis*), capim colonião (*Panicum maximum*) e intenso pisoteio pelo gado. Em conseqüência fluxo de sedimentos acelerado nos altos vales.

—Recomendações: retirar ou minimizar o trânsito do gado dessas áreas para permitir a longo prazo sua recuperação espontânea.

4. Conclusões

Conclui-se que o Município de Volta Redonda, pelo seu posicionamento geográfico e estratégico no eixo Rio–São Paulo, apresenta Situações Ambientais caracterizadas por condicionantes naturais e antrópicos, singulares à realidade dos cenários pretérito e atual do município. Os fatores antrópicos induziram a proliferação intensa de áreas com instabilidades ambientais (Enchentes e Erosão do Solo). No entanto, os fatores naturais (morfologia, morfometria, Solo, Altitude, Geologia etc.) induzem à presença de áreas potenciais antrópicas com aptidões para a expansão urbana, industrial e pecuária.

O uso da base metodológica para análise ambiental por geoprocessamento pode auxiliar o Poder Público na tomada de decisão, por ser uma ferramenta robusta, rápida e de baixo custo.

A importância do uso do geoprocessamento e tecnologia de SGI, neste caso do SAGA/UFRJ, permitiu concatenar as tomadas de decisão para os produtos oriundos da Base de Dados e das Avaliações Ambientais, contribuindo como apoio à administração municipal no desenvolvimento de planos de Gestão Territorial dirigidos a questões ambientais em particular (o Sistema de Apoio a Decisão).

No estudo aqui apresentado, as avaliações ambientais realizadas com o apoio de geoprocessamento mostraram a realidade ambiental do município, traduzida pela magnitude das áreas de riscos e potencialidades ambientais mapeadas.

5. Referências Bibliográficas

ARONOFF, S. *Geographic information systems: a management perspective.* 2. ed. Ottawa, Canadá: WDL Publications, 1991, 294p.

BONHAM-CARTER, G.F. *Geographic information system for geoscientists: modelling with GIS.* Ottawa: Pergamon (Computer Methods in the Geosciences, 13), 1993, 98p.

BORROUGH, P. A. *Principles of geographical information systems for land ressources assessment.* Oxford: Claredon, 1990, 194p.

DE BIASE, M. Carta de declividade de vertentes: confecção e utilização. *Geomorfologia*, Vol. 21, 1970, pp. 8-13.

DRM-RJ. Folhas Nossa Senhora do Amparo (SF-23-Z-A-11-4) e Volta Redonda (SF-23-Z-A-V-2) (Escala 1:50.000), 1983.

GOES, M. H. B. *Diagnóstico ambiental por geoprocessamento do município de Itaguaí.* 1994, 529 f. Tese (Doutorado em Geografia) — Universidade Estadual Paulista, Rio Claro.

IBGE. Folhas Nossa Senhora do Amparo (SF-23-Z-A-11-4) e Volta Redonda (SF-23-Z-A-V-2) (Escala 1:50.000), 1973.

XAVIER-DA-SILVA, J. *A digital model of the environmental: an effective approach to areal analysis. In*: LATIN AMERICAN CONFERENCE, 1982, Rio de Janeiro. *Anais...* Rio de Janeiro: IGU, 1982. Vol. 1, pp. 17-22.

_____. *Geoprocessamento para análise ambiental.* Rio de Janeiro: Ed. Jorge Xavier da Silva, 2001, 228 p.

XAVIER-DA-SILVA, J.e Souza, M. J. L. *Análise ambiental.* Rio de Janeiro: UFRJ, 1987, 196 p.

XAVIER-DA-SILVA, J. e Carvalho Filho, L. M. Sistemas de informação geográfica: uma proposta metodológica. *In*: *Conferência Latino-Americana sobre Sistemas de Informação, IV. Simpósio Brasileiro de Geoprocessamento, II.*, 1993, São Paulo. *Anais...* São Paulo: Universidade de São Paulo, 1993, pp. 609-628.

CAPÍTULO 5

GEOPROCESSAMENTO APLICADO À IDENTIFICAÇÃO DE ÁREAS POTENCIAIS PARA ATIVIDADES TURÍSTICAS: O CASO DO MUNICÍPIO DE MACAÉ — RJ

Teresa Cristina Veiga
Jorge Xavier da Silva

1. INTRODUÇÃO

O município é a porção concreta do Território Nacional onde se registram efetivamente os efeitos decorrentes da aplicação da legislação e do planejamento, bem como as conseqüências do crescimento desordenado. O planejamento municipal, nos moldes convencionais, é prioritariamente direcionado para as áreas urbanas, onde se concentra a população, e tende, geralmente, a não levar em consideração os recursos ambientais disponíveis no território como um todo, nem sua potencialidade, levando a uma divisão das ações efetivas entre as áreas urbanas e as rurais (ou agrícolas) quase sempre em detrimento da qualidade de vida da população.

Os planejadores, por isso, são levados, muitas vezes, a tomar decisões com base em informações incompletas ou truncadas, principalmente em relação aos recursos existentes, sejam eles naturais ou construídos. Tratar o município de forma integrada, com visão sinóptica, porém detalhável ao nível necessário para enfrentar os problemas detectados, significa incorporar a natureza do território ao planejamento (McHARG, 1992).

O Brasil conta com mais de 5.000 municípios que podem, em maior ou menor grau, se valer das técnicas de geoprocessamento para a definição dos diferentes tipos de potencial existentes em seus territórios, principalmente quando se trata de técnicas de baixo custo e de uso facilitado pela crescente disseminação dos recursos da Tecnologia de Informação. A alocação de áreas para determinadas atividades, como as relacionadas ao turismo, pode causar impactos ambientais, sociais e econômicos importantes e irreversíveis. Por conseguinte, é crucial que a seleção desses sítios seja feita judiciosamente.

O Município de Macaé (**Figura 1**) tem uma costa de aproximadamente 30 quilômetros, onde a exploração desordenada, em forma de lotea-

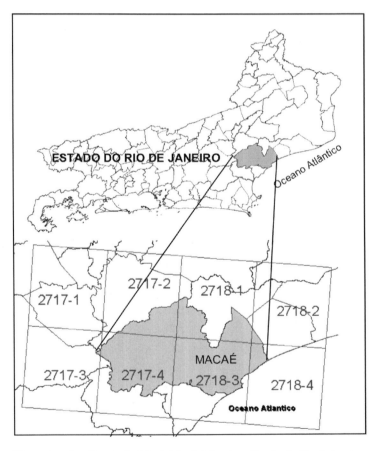

Figura 1 — Localização do Município de Macaé no Estado do Rio de Janeiro.

mentos, está consumindo o potencial das áreas de restinga e das praias adjacentes. A ocupação turística dessas áreas já está quase saturada, voltando-se, assim, o turismo para as áreas de montanha que, atualmente, são as zonas mais apreciadas. A regulamentação para ocupação racional das áreas com potencial turístico, ao longo da costa e nas montanhas, torna-se, assim, urgente e necessária. Para tanto, é necessário definir não somente quais são essas áreas e sua localização, identificando e conhecendo suas características e os recursos nelas existentes, mas também os critérios, as prioridades e as restrições para sua ocupação.

Existem duas opções principais que podem atender à demanda de crescimento em relação à localização de novas atividades turísticas: a expansão e exploração das áreas turísticas já existentes ou a de sítios alternativos. A exploração mais intensa nas áreas já existentes vai pressionar, principalmente, as regiões ao longo da costa, já bastante estressadas. A intensificação das atividades turísticas nesses locais pode ser prejudicial ao ambiente costeiro natural, que é um dos recursos principais de Macaé, dando suporte ao turismo "de Mar" e às atividades dele derivadas. A grande quantidade de resíduos (esgoto, vazamento de combustível etc.), gerados pelas atividades que têm lugar junto às áreas turísticas, está poluindo o solo, o ar e o mar. A ocupação desordenada, por sua vez, está interferindo no acesso às praias, afetando as áreas de banho e, principalmente, destruindo as lagoas costeiras.

Muito dano já foi causado a esse ambiente, e ações preventivas, tais como a busca de novas áreas para desenvolvimento de atividades turísticas, devem ser tomadas sem demora. Sinais de destruição do ambiente e de poluição levam os turistas a procurar sítios mais limpos, geralmente fora do município que, por sua vez, não só vai perder recursos financeiros como, irreparavelmente, perder seus recursos naturais e sua beleza.

Qualquer atividade turística depende, para seu sucesso, da qualidade do ambiente, tanto natural quanto humano. Se as atividades turísticas e suas instalações resultam em um alto grau de degradação ambiental, é muito provável que o turismo decline em vez de crescer. A redução do turismo e da qualidade ambiental vai resultar em perda na renda municipal e acarretar restrições de serviços essenciais, o que irá afastar ainda mais os turistas.

A paisagem natural, as praias, a prática de esportes, o clima, a comida, as festividades, flora e fauna raras, sítios históricos de interesse, o artesanato local ou simplesmente a hospitalidade da população são os maiores atrativos para o turismo. A provisão de instalações e de infra-estrutura adequadas se constitui em um atrativo a mais. A pressão sobre as áreas atualmente ocupadas, resultante da concentração de serviços e infra-estrutura, deve ser aliviada ou, pelo menos, contida. O mais apropriado, então, será considerar sítios alternativos, evitando, assim, maior deterioração das áreas turísticas já existentes. A escolha desses sítios pode se valer de técnicas específicas, como as de geoprocessamento que auxiliam a tomada de decisão.

Dados digitais (cartográficos e alfanuméricos) resultantes de levantamentos ou oriundos de estudos e pesquisas vêm sendo disponibilizados, cada vez mais freqüentemente, pelos diversos organismos públicos e privados, assim como vêm se tornando mais amigáveis e de menor custo os equipamentos e *softwares* para manipular esses dados.

Considerando o que o município abriga em termos de aspectos físicobióticos e socioeconômicos em seu território, pode-se avaliar sua potencialidade para o desenvolvimento das mais diversas práticas e/ou atividades, sejam turísticas, agrícolas, industriais ou outras, através da identificação, com uso de metodologia apropriada, das áreas onde implantar ou expandir essas atividades, preservando o ambiente e elevando a qualidade de vida da população.

O governo municipal pode — e deve — delimitar e valorizar as características naturais do município (praias, ilhas e serras) através da conscientização da população e de um plano de ação que reúna, além de eventos de esporte e lazer, as diretrizes para ocupação racional dessas áreas, possibilitando, assim, a atração de empreendimentos turísticos e o incremento da economia local.

Investimentos em infra-estrutura, principalmente no interior, são fundamentais. Estradas de acesso e saneamento são questões básicas e prioritárias. A edição de um mapa turístico para a região de Macaé e seu entorno (Mapa Turístico, 1999), com eventos e localidades a serem visitados, foi um primeiro passo importante que, adaptado e incorporado à base digital, serviu como parâmetro balizador do estudo.

1.1. OBJETIVOS

O objetivo principal deste trabalho é demonstrar a eficácia do uso do geoprocessamento e as possibilidades inerentes à tecnologia de SGIs (Sistemas Geográficos de Informação), em especial do SAGA/UFRJ (Sistema de Análise Geo-Ambiental), como instrumento de apoio à decisão, além de introduzir o conceito de geoplanejamento, voltado ao equacionamento dos potenciais, limitações e prioridades de desenvolvimento do território municipal.

Os objetivos associados visam à elaboração de um modelo de análise e de integração de dados ambientais, apoiado no geoprocessamento, destinado a gerar subsídios à gestão do território municipal; de uma base digital de dados georreferenciados que abrigue a informação originada desse modelo e que possa ser utilizada para integrar e sintetizar os diversos tipos de dados provenientes das mais diversas fontes, em diferentes escalas, formatos e unidades territoriais; e de um diagnóstico territorial da atual situação geoambiental (físico-biótica e socioeconômica) do Município de Macaé — RJ e seu entorno.

1.2. PREMISSAS BÁSICAS

A questão fundamental a ser respondida refere-se à possibilidade de aproveitamento racional de recursos e infra-estrutura disponíveis no município, segundo as potencialidades e limitações contidas em seu território, as quais podem ser definidas por técnicas de varredura e integração locacional típicas do geoprocessamento (XAVIER-DA-SILVA, 1997), fornecendo os elementos básicos para o geoplanejamento municipal.

Os dados utilizados no estudo, provenientes de fontes diversas, em diferentes formatos e escalas, estavam disponíveis, em meio digital, na época do levantamento e da coleta. Desses dados, foram extraídas apenas as feições ou variáveis relevantes, privilegiando o conhecimento do município e seu entorno como um todo territorial, pois os fenômenos que ocorrem nesse território não se limitam às fronteiras político-administrativas.

A informação digital disponível é suficiente para fazer análises preliminares que resultem em nova informação, incorporada no decorrer do processo de geoplanejamento, de acordo com o modelo de análise, permitindo um maior refinamento dos resultados.

As áreas potencialmente viáveis a atividades turísticas, delimitadas ao fim do processo de avaliação, são o resultado da melhor combinação possível das categorias ou classes que compõem os parâmetros ou planos de informação e indicarão onde será necessário concentrar os investimentos em novos levantamentos, pesquisas e coleta de dados mais detalhados, para complementar as etapas indicadas no modelo de análise representado por uma Árvore de Decisão (ver em VEIGA, 2002, Capítulo 5, **Figura 19**).

Essas premissas devem ser estabelecidas por uma equipe multidisciplinar, responsável também pela atribuição dos pesos e notas aos parâmetros e classes de avaliação, garantindo, assim, um resultado que reflita a melhor combinação possível (BEEDASY & WHYATT, 1999, p. 166).

1.3. Critérios Orientadores da Investigação

Levando em consideração as premissas e os dados disponíveis, foram identificados e preparados para o cálculo da melhor combinação possível na definição de áreas potencialmente viáveis para o desenvolvimento de atividades turísticas os seguintes planos de informação temáticos:

— facilidade de acesso (faixas de proximidade a rodovias principais e secundárias);
— afastamento de áreas densamente povoadas e de elementos degradantes do ambiente (faixas de proximidade a cidades e vilas);
— declividade (dentro de parâmetros permitidos);
— existência de infra-estrutura mínima (dados socioeconômicos);
— mão-de-obra com alguma qualificação (dados socioeconômicos);
— existência de atrativos naturais (classes de uso do solo e cobertura vegetal, áreas agrícolas, florestas, afloramentos rochosos, praias etc.);
— inexistência de risco de inundação ou de deslizamento/desmoronamento (mapa-síntese dos condicionantes físico-ambientais);
— inexistência de restrição ao uso para atividades turísticas (áreas de preservação e proteção ambiental).

Para compor bases digitais que possibilitem a utilização de parâmetros de faixas de proximidade, foram traçadas áreas de influência de 1km, a partir dos elementos que compõem o sistema de transporte (Rodovias), as localidades (Cidades e Vilas), as Linhas de Transmissão e os Dutos, constantes de um plano de informação contendo as referências principais do território em questão (**Figura 2**).

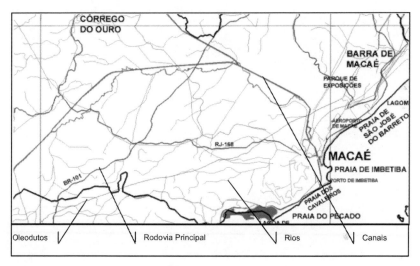

Figura 2 — Detalhe da base de referência.

Características de acesso são mostradas em termos de proximidade a dois tipos ou categorias de rodovias: Rodovia Principal e Rodovia Secundária. As faixas de maior proximidade às estradas estão representadas em um plano de informação indicando as áreas de melhor acesso (**Figura 3**). A inexistência de vias asfaltadas, entretanto, não impede o acesso a áreas de atrativos naturais e pode até ser vista como fator positivo no caso de preservação das áreas mais vulneráveis.

As zonas urbanas mais densas estão caracterizadas pelas faixas em torno de cada área ou ponto, representativos de cidade e vila. A melhor localização para áreas potenciais (**Figura 4**) se dá nas faixas mais distantes.

O mapa de declividade foi obtido a partir das curvas de nível da base altimétrica, representadas no mapa de faixas de altitude. A declividade em

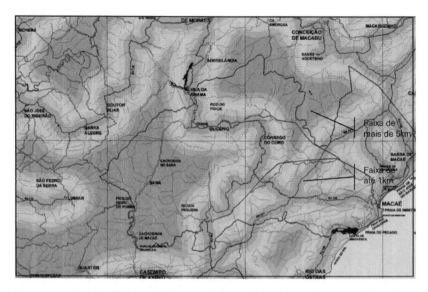

Figura 3 — Detalhe do Mapa de Proximidade à Rodovia Principal, mostrando as faixas consideradas.

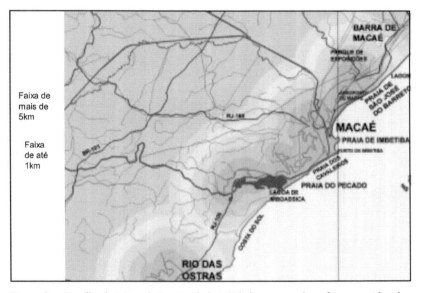

Figura 4 — Detalhe do Mapa de Proximidade à Cidade, mostrando as faixas consideradas.

si não constitui fator de impedimento a atividades turísticas, só quando estiver associada a áreas de risco de inundação ou de deslizamento/desmoronamento de encostas. Nesse caso, dependendo da importância da atividade a ser desenvolvida, os investimentos deverão prever levantamentos mais detalhados para estudos mais aprofundados e geração de informação complementar. Zonas turísticas não podem estar localizadas em áreas com declividade superior a 50%, embora as encostas mais íngremes possam constituir fator atrativo e ser aproveitadas como elementos paisagísticos. As razões de evitar essa localização são a dificuldade maior de acesso e o maior custo de implantação de equipamentos, além dos problemas de risco ambiental.

Os dados sobre saneamento (abastecimento de água, esgotamento sanitário e coleta de lixo) foram obtidos por extração seletiva dos dados censitários espacializados em diferentes planos de informação (**Figura 5**). A inexistência de infra-estrutura não impede o aproveitamento das áreas para um turismo mais rústico, mas pode se constituir, dependendo da atividade, em fonte de poluição ou de danos ambientais. Os dados censitários não trazem informação sobre energia elétrica nos domicílios, porém a existência de linhas de transmissão indica que esse serviço pode ser obtido

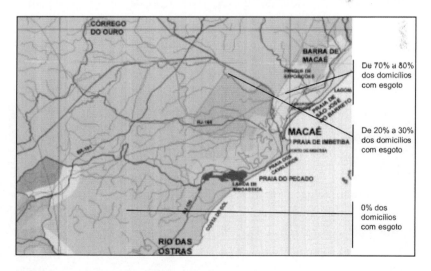

Figura 5 — Exemplo de espacialização dos dados pelos setores censitários — esgotamento sanitário.

— com maior ou menor custo — em todo o território municipal. Por isso o parâmetro não foi incluído no presente estudo.

O contingente populacional da área de estudo foi caracterizado pelos dados censitários sobre demografia, densidade, nível de instrução e renda da população, espacializados pelos setores que compõem a área. O turismo não necessita de mão-de-obra com qualificação especial e pode se constituir em fonte de geração de renda.

Os atrativos turísticos da área são constituídos pela costa e pela áreas de montanhas, definidas pelos parâmetros Altitude, Uso do Solo e Cobertura Vegetal e pela Síntese dos Condicionantes Físico-Ambientais (ver os mapas em VEIGA, 2002, Volume I). As feições de maior atrativo são: o mar, as praias, as florestas, as montanhas e os afloramentos rochosos.

Foi considerado também que nenhum sítio seria localizado em áreas especiais ou parques naturais. Como o estudo prevê atividades turísticas em geral, não foi feito requerimento de área mínima para definição das áreas potenciais. Este parâmetro, entretanto, pode ser inserido em futuras análises para o caso de ser considerado uma atividade mais específica, como a construção de *resorts*. Embutida nas premissas, embora não representada por nenhum parâmetro específico, está a geração de receita para o município, advinda dos diferentes tipos de atividades turísticas, incluindo ecoturismo e um maior aproveitamento do interior, diminuindo a pressão sobre as áreas litorâneas.

1.4. Geoprocessamento

As novas tecnologias de informação e de tratamento de dados espaciais digitais (redes, Internet, computação gráfica, comunicação, imageamento remoto e geoprocessamento, entre outras) se tornam instrumentos indispensáveis ao geoplanejamento à medida que possibilitam, além da espacialização da informação, maior acessibilidade, precisão e velocidade na obtenção e processamento dos dados necessários às análises. Essas novas tecnologias ganham importância cada vez maior, pois propiciam conhecer melhor o espaço e a sociedade que o produz e mais refinadamente espacializar as relações entre os dois, como subsídio à tomada de decisão.

Geoprocessamento, termo pelo qual é ou tornou-se conhecido o processamento digital de dados referenciados geograficamente através da sua localização e relação espacial, é, na definição de RODRIGUES (1993, p. 20), entendido como "o conjunto de tecnologias de coleta, tratamento, manipulação e apresentação de informação espacial". Esse conjunto de tecnologias abriga vários tipos de sistemas e de técnicas para tratamento da informação espacial ou espacializável, permitindo visualizá-la em forma de mapas, relatórios e tabelas, constituindo ferramenta de análise e subsídio à tomada de decisão.

Em sendo o geoprocessamento, segundo XAVIER-DA-SILVA (2001, pp. 12-13), "um conjunto de técnicas computacionais que opera sobre base de dados (que são registros de ocorrências) georreferenciados, para transformar em informação (que é um acréscimo de conhecimento) relevante, deve necessariamente apoiar-se em estruturas de percepção ambiental que proporcionem o máximo de eficiência nesta transformação", podendo facilitar o acompanhamento da rápida evolução da população e dos espaços por ela ocupados.

O geoprocessamento muda a forma de coletar, utilizar e disseminar a informação, possibilitando o acompanhamento — monitoria — do desenvolvimento ou da implementação dos planos de desenvolvimento, por meios diversos, desde imagens de satélite até mapas interativos que permitem medir a espacialização da extensão dos efeitos das políticas e ações de desenvolvimento, sobre o espaço em questão, em tempo real.

O conhecimento do espaço ou do território não é meramente a justaposição de dados, em um dado momento, mas a integração de todos eles dentro de uma mesma unidade de análise. O geoprocessamento permite individualizar cada espaço através de suas características ou assinaturas, para que se possa nele atuar mais confiavelmente, além de discernir e explicitar os fenômenos que nele ocorrem, com base em análises mais concretas e rigorosas, minimizando interferências (XAVIER-DA-SILVA, 1994).

Para tratar de situações (ou fenômenos) que ocorrem no espaço, necessita-se de informação espacializada e integrada que subsidie a tomada de decisão. A possibilidade de processar geograficamente informação confiável, precisa e rapidamente acessível, para elaboração de planos e estratégias necessários à gestão do território municipal, compatíveis com as características particulares de cada sociedade e do espaço por ela ocupado ou produzido, é, sem dúvida, a contribuição maior do geoprocessamento.

A questão fundamental a ser levantada, porém, refere-se à possibilidade de aproveitamento racional dos recursos disponíveis em um município, segundo as potencialidades e limitações contidas em seu território, as quais podem ser definidas, segundo XAVIER-DA-SILVA (2001, p. 29), por procedimentos de varredura e integração locacional (VAIL) típicos de geoprocessamento, fornecendo os elementos básicos para a gestão municipal. Tais procedimentos baseiam-se na existência de uma base de dados digitais a ser pesquisada e no uso do processamento eletrônico de dados como procedimento capaz de executar, incontavelmente, a busca absolutamente exaustiva de ocorrências singulares ou combinadas que caracterizam as entidades registradas nessa base. No presente estudo, serão contempladas as etapas que vão desde a elaboração do inventário de dados até as de diagnóstico e avaliação, oferecendo alternativas que possam direcionar as decisões a serem tomadas pelo governo municipal, nas etapas subseqüentes de planejamento e gestão do território.

1.4.1. SGIs COMO FERRAMENTAS DE ANÁLISE ESPACIAL

De maneira sucinta, pode-se dizer que SGIs são ferramentas que manipulam objetos (ou feições geográficas) e seus atributos (ou registros que compõem um banco de dados) através do seu relacionamento espacial (topologia).

De acordo com BONHAN-CARTER (1996, p. 1), SGI é um sistema de *software* computacional com o qual a informação pode ser capturada, armazenada e analisada, combinando dados espaciais de diversas fontes em uma base unificada, empregando estruturas digitais variadas, representando fenômenos espaciais também variados, através de uma série de planos de informação que se sobrepõe corretamente em qualquer localização.

SGIs podem ser usados para:

— organizar informação espacial;
— sistematizar essa informação de maneiras diferentes;

— averiguar certas localizações de acordo com critérios preestabelecidos;
— combinar múltiplos planos de informação;
— realizar análises espaciais que necessitem associar diferentes tipos de dados.

As técnicas de geoprocessamento empregadas para análise em um SGI permitem, por exemplo, a definição do potencial de determinada área para uma ou mais atividades e a combinação desse potencial com outras características dessas áreas para maior refinamento do estudo. A capacidade de um SGI de permitir modificação rápida, com adição ou remoção de barreiras, e de investigar as inter-relações complexas entre diversos planos de informação temáticos é, sem dúvida, atraente para geoplanejamento e gestão do território. Esta ferramenta, dinâmica e interativa, pode ser sempre reajustada à medida que novos dados se tornam disponíveis e que haja necessidade de mudança de requisitos e/ou prioridades.

Acoplado com modelos de análise apropriados, o SGI pode ser usado para conferir uma abordagem holística ao geoplanejamento, principalmente com relação à solução de problemas nos quais informação qualitativa e quantitativa deve ser processada conjuntamente. O SGI possibilita a visualização dos resultados tanto em forma de relatórios ou gráficos quanto de mapas, permitindo, assim, rápida e eficiente estimativa dos resultados. O acesso à informação não deve ser restrito aos usuários especializados em SGI ou apenas aos tomadores de decisão, mas aberto a todos os participantes envolvidos no processo de planejamento e gestão, ou seja, assessores, técnicos, planejadores, grupos de interesse e população local. Um SGI amigável e interativo pode se tornar uma ferramenta participatória e exploratória, uma vez que discussões e negociações são aspectos importantes na tomada de decisão (BEEDASY & WHYATT, 1999, p. 165).

Para que a utilização do SGI, como uma ferramenta de suporte à decisão, seja eficiente, algumas ponderações se fazem necessárias:

— as prioridades têm que ser estabelecidas previamente a partir de critérios claros e expressivos;
— os tomadores de decisão necessitam ter em mãos métodos de análise que permitam selecionar as alternativas mais apropriadas;

— mais de um participante deve estar envolvido nos processos de decisão.

Uma vez que a solução de problemas (espaciais ou não) se caracteriza pela existência de objetivos múltiplos e, por vezes, conflitantes, torna-se necessário estabelecer, para o SGI, métodos de análise que contribuam para construção de um consenso. De acordo com BEEDASY & WHYATT (1999, pp. 165-166), no suporte à tomada de decisão, em um contexto espacial, a capacidade analítica de um SGI deve ser estruturada de forma que permita resolver problemas que se caracterizam por envolver objetivos diversificados e critérios múltiplos; dessa forma, a integração do SGI com as técnicas de avaliação escolhidas se torna mais operante.

1.5. GEOPLANEJAMENTO

O termo *geoplanejamento,* como tantas outras novas expressões que utilizam o prefixo *geo* (geodado, geomarketing e geonegócios, por exemplo), está relacionado ao uso das novas tecnologias de informação e de tratamento de dados espaciais digitais.

Esse prefixo, agregado ao termo planejamento, está imbuído de um sentido duplo:

— o de relacionar o planejamento com GEOgrafia, representando o espaço geográfico ou, no caso, o território a ser planejado e as características físico-bióticas e socioeconômicas desse território, sem se deter em seus aspectos apenas quantitativos;
— o de relacionar o planejamento com GEOprocessamento, identificando um conjunto de métodos e técnicas que operam sobre bases de dados digitais georreferenciados, para gerar informação ambiental como apoio integrado à decisão.

O geoplanejamento parte da definição dos problemas e da necessidade de buscar soluções, mas não se constitui necessariamente no objeto de um plano de ação e, sim, em um processo que indica quais são e onde estão os recursos ou as entidades ambientais sobre os quais atuar. Propicia assim a elaboração de linhas de ação e de alternativas tanto para o aprofundamento necessário da investigação nas áreas onde for necessário, quanto para subsidiar decisões intermediárias, conforme esquematizado na **Figura 6**.

O geoplanejamento subsidia a gestão de um território, calcado em informação referenciada espacialmente, utilizando o conjunto de métodos e técnicas do geoprocessamento como ferramenta investigativa, de análise, de integração de informação e de apoio integrado a tomada de decisão, vindo de encontro às modernas perspectivas de planejamento aberto, onde a participação dos diversos interessados pode ser ponderada e os resultados reproduzíveis durante todo o andamento da investigação.

Visto como um processo no qual dados digitais espaciais vão sendo incorporados conforme a necessidade e disponibilidade, possibilitando avaliações sucessivas que ampliem o conhecimento do território, como

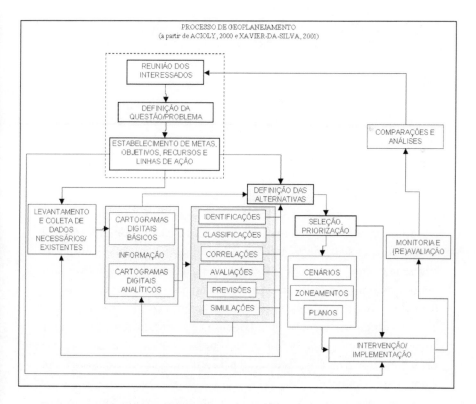

Figura 6 — Processo de geoplanejamento.

apoio à tomada de decisão, o geoplanejamento permite o desencadeamento de ações paralelas, entre os procedimentos iniciais e as ações ou intervenções, à medida que gera sínteses intermediárias e incorpora a nova informação à já existente. "Considera a territorialidade dos dados ambientais, tratando, operacionalmente, o território de forma integrada, holística e com visão sinóptica, porém detalhável ao nível necessário" (XAVIER-DA-SILVA, 1997).

1.6. GEOPLANEJAMENTO x GEOPROCESSAMENTO

O termo geoprocessamento está associado à extração de inferências causais obtidas com base na análise da distribuição espacial dos fenômenos (topologia), inferências estas que se constituem em contribuições importantes ao aprofundamento do conhecimento da realidade ambiental em estudo (XAVIER-DA-SILVA, 1998). Assim sendo, o geoprocessamento se constitui no instrumento essencial para análise da territorialidade dos fenômenos, enquanto o geoplanejamento se constitui no processo que incorpora o geoprocessamento para subsidiar a gestão territorial. O termo geoplanejamento foi cunhado para se referir ao processo de investigação, análise e obtenção de resultados (ou respostas), que utiliza métodos e técnicas de geoprocessamento e informação relevante, extraída dos dados digitais disponíveis sobre determinado território.

A distinção entre geoplanejamento e geoprocessamento pode ser esclarecida, com base em XAVIER-DA-SILVA (1998), da seguinte forma: o geoprocessamento é o conjunto de métodos e técnicas de processamento de dados espacialmente referenciados, destinado a classificar, revelar relacionamentos, acompanhar a evolução e gerar estimativas territoriais e temporais sobre entidades ambientais que estejam presentes em uma base de dados georreferenciados; já o geoplanejamento consiste no tratamento qualificado da informação gerada pelo geoprocessamento, visando ao conhecimento integrado de um território, para subsidiar a elaboração de procedimentos e/ou normas de ação para a melhor utilização dos recursos ambientais disponíveis.

Geoplanejamento pode, então, ser entendido como o processo gerador do conhecimento necessário para elaboração de normas de utilização de determinada área geográfica, levando em consideração a territorialidade ou a espacialidade dos fenômenos envolvidos e suas características ambientais (físico-bióticas e socioeconômicas). Tem como base o geoprocessamento dessa informação, permitindo a integração de diferentes unidades espaciais para análise e utilização dos recursos ambientais disponíveis. Dessa forma, o geoprocessamento se constitui na ferramenta que torna viável o geoplanejamento.

2. Avaliação do Potencial para Desenvolvimento de Atividades Turísticas

Os procedimentos analíticos para elaboração de um modelo de apoio à decisão em função de alternativas locacionais potencialmente viáveis ao desenvolvimento de atividades turísticas tiveram como base a metodologia proposta por XAVIER-DA-SILVA (1993, 1999 e 2001), que leva em consideração a aplicação de técnicas de geoprocessamento, já consolidadas em outros estudos desenvolvidos no LAGEOP (Laboratório de Geoprocessamento/IGEO/UFRJ).

A elaboração de um modelo de análise para determinação do potencial de um território, com base em geoprocessamento, envolve a realização de levantamentos e inventários prévios sobre a informação disponível desse território, bem como avaliações que levem ao diagnóstico da situação existente e ao prognóstico de situações futuras, decorrentes de hipóteses diversas de evolução da situação atual.

A metodologia de análise foi desenvolvida visando à tomada de decisão por uma equipe de planejamento. Os pesos e notas atribuídos aos parâmetros e classes, respectivamente, seriam a síntese de uma avaliação interdisciplinar que poderia se valer, por exemplo, do processo Delphi (XAVIER-DA-SILVA, 1999, Unidade 93) para uma finalização de consenso.

A aplicação dessa metodologia teve como ponto de partida o levantamento das informações necessárias e a coleta dos dados existentes e disponíveis, em formato digital, com os quais foram feitas as associações e cruzamentos necessários às diversas análises, com base em um modelo visando à tomada de decisão e voltado para o desenvolvimento do território municipal, o qual não pode prescindir da elaboração do diagnóstico da situação existente.

O modelo de análise tem por base uma Árvore de Decisão, conforme esquematizado na **Figura 7** (ver figura completa em VEIGA, 2002, **Figura 19**). Os Planos de Informação Básicos e os Derivados, resultantes das avaliações, vão sendo inseridos e integrados, gerando nova informação, direcionando, assim, a investigação para a consecução do objetivo do estudo.

Os planos de informação básicos são combinados, com pesos e notas diferenciados, para definir as áreas potencialmente viáveis a atividades turísticas, tanto nas áreas "de Serra" quanto nas "de Mar". No caso do cálculo do potencial, é obtida informação intermediária sobre as Condições Naturais e da Ocupação Humana, que vão definir as Condições de Ocupação Territorial (também para Serra & Mar). Essa informação intermediária pode ser utilizada no geoplanejamento de um território com finalidades diversas.

A combinação das Condições Naturais e as da Ocupação Humana (físico-bióticas) do território municipal, aliada às Condições da Qualidade de Vida (socioeconômicas), é entendida como o conjunto de potencialidades de interesse para o geoplanejamento, e vai identificar a extensão e possível expansão territorial do conjunto de potencialidades de interesse para o desenvolvimento de atividades turísticas. Dessa forma, são classificadas as aptidões da área em estudo quanto às condições de realização dessas atividades.

Na avaliação de áreas com potencial para atividades turísticas, declividades muito acentuadas e altitudes mais elevadas (mais de 1.500m, por exemplo) não são considerados empecilho, pois, apesar de se constituírem em elemento de perigo, são, ao mesmo tempo, fator atrativo.

As declividades mais suaves são sempre as mais indicadas para qualquer tipo de ocupação, porém as áreas mais íngremes também são atrativas para atividades turísticas, tais como escaladas e caminhadas.

As faixas de altitude foram utilizadas para definir as áreas "de Serra" e "de Mar" (**Quadro 1**), embora a extensão da faixa de 0-100m ultrapasse os limites do que convencionalmente é denominada de faixa litorânea. Com uma base de dados com curvas de nível de 20 em 20m ou mesmo de 50 em 50m, essa distorção seria minimizada.

A faixa Litorânea define a área de avaliação para as atividades turísticas ditas "de Mar" e as faixas com altitude superior a 500m, as "de Serra", conforme classificado pelo órgão turístico local e mostrado no Mapa Turístico do Parque Nacional da Restinga de Jurubatiba e Região (Mapa Turístico, 1999). A Faixa Intermediária é utilizada como elemento balizador das avaliações.

Quadro 1 — Divisão de Área em Faixas de Altitude

Faixas de Altitude	Classificação
De 0 a 100m	Faixa litorânea *
> 100 a 500m	Faixa intermediária
> 500 a 1000m	Faixa montanhosa
> 1000 a 1500m	Faixa montanhosa
Acima de 1500m	Faixa montanhosa

Fonte: Veiga, 2002.

A cada parâmetro da **Figura 8** foi atribuído um peso expresso em percentuais, de acordo com a importância relativa de cada um para determinar as Condições Naturais potencialmente atrativas a atividades turísticas "de Serra" e "de Mar".

As operações de atribuição de pesos aos parâmetros e de notas às classes desses parâmetros (**Figura 9**) se repetem nas demais etapas de avaliação de potencial. Os resultados das combinações são expressos em notas, como mostra a **Figura 10**, que podem ser agrupadas para tornar as legendas das classes dos mapas derivados mais representativas.

---

* O Arquipélago de Sant'Anna e a Costa Oceânica estão incluídos na faixa litorânea.

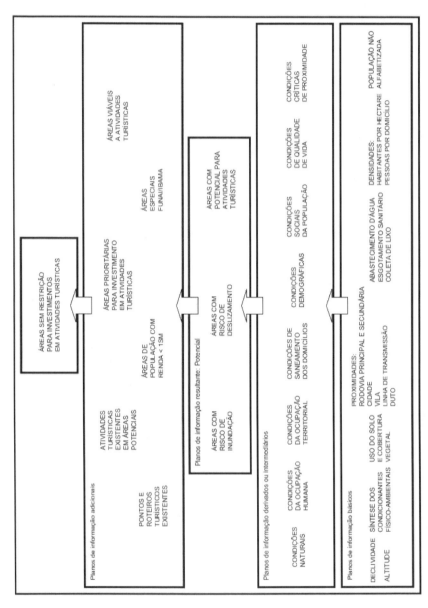

Figura 7 — Árvore de Decisão esquematizada.

O CASO DO MUNICÍPIO DE MACAÉ — RJ

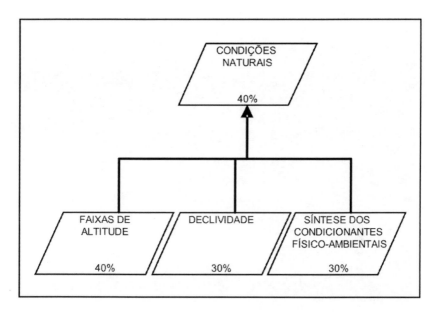

Figura 8 — Parâmetros considerados na avaliação das Condições Naturais potencialmente favoráveis a atividades turísticas.

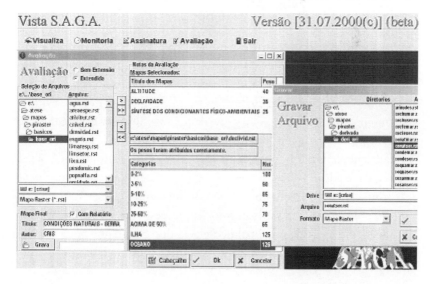

Figura 9 — Exemplo de atribuição de pesos e notas aos parâmetros considerados.

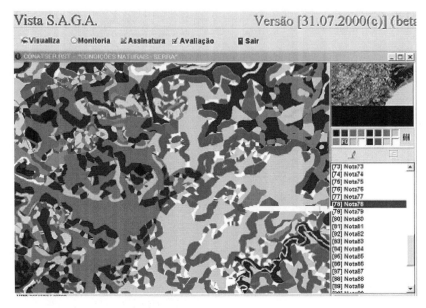

Figura 10 — Mapa resultante da avaliação.

2.1. CONDIÇÕES DA OCUPAÇÃO HUMANA

As Condições da Ocupação Humana favoráveis ao desenvolvimento de atividades turísticas devem atender a critérios que envolvem, entre outras coisas, acesso, ausência de adensamentos populacionais e uso propício. Nas áreas ideais para desenvolver essas atividades, deve-se evitar, o máximo possível, ocupação que cause danos ao ambiente. Essas condições são identificadas pela combinação do parâmetro Uso do Solo e Cobertura Vegetal, que define o tipo de ocupação, com as diferentes Condições de Proximidade a Rodovias, Cidades e Vilas, Dutos e Linhas de Transmissão que condicionam ou limitam essa ocupação (**Figura 11**).

A potencialidade das áreas favoráveis ao desenvolvimento de atividades turísticas é avaliada principalmente pelo tipo de uso que pode ser dado a ela; por isso, o maior peso dado ao parâmetro Uso do Solo e Cobertura Vegetal (40%), e pelo quanto esse uso está próximo de feições condicionadoras dessa ocupação, como, por exemplo, as faixas de domínio de oleo-

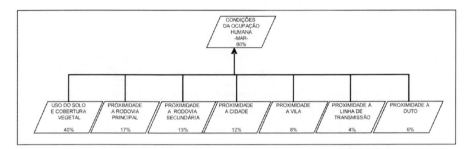

Figura 11 — Parâmetros considerados na avaliação das Condições da Ocupação Humana.

dutos e de linhas de transmissão de energia, ou de feições indutoras, como é o caso das rodovias e localidades que recebem peso proporcional à sua importância para composição dessas condições.

Em termos de importância, depois do tipo de uso, as Condições da Ocupação Humana têm no acesso, representado pelos parâmetros Proximidade à Rodovia Principal e Proximidade à Rodovia Secundária, totalizando o percentual de 30%, outro critério a ser levado em consideração na avaliação. O critério seguinte também se baseia no estudo de BEEDASY & WHYATT (1999, p. 168), o qual indica que as áreas potencialmente mais favoráveis devem estar distantes de áreas densamente povoadas, o que é representado no presente estudo pela proximidade — ou afastamento — a Cidade e a Vila, totalizando o percentual de 20%. Existem também fatores de ocupação negativos ou limitantes a serem avaliados, representados pela Proximidade à Linha de Transmissão e Duto (oleoduto e gasodutos) que recebem o peso de 10%.

2.2. CONDIÇÕES DE SANEAMENTO DOS DOMICÍLIOS

As Condições de Saneamento, as Demográficas e as Sociais, obtidas a partir da espacialização dos dados censitários em Planos de Informação Básicos, vão traçar o perfil das Condições de Qualidade de Vida da População, que pode ser utilizado para balizar as ações sobre o território municipal, seja na área de serra, seja junto ao litoral. A tabulação dos dados censitários é uma fonte riquíssima para a geração de informação derivada a ser inserida na avaliação. Para o presente estudo, foram selecionadas apenas algumas variáveis para exemplificar sua possível utilização nesse tipo de avaliação (**Figura 12**).

As condições de saneamento potencialmente favoráveis a atividades turísticas são obtidas através da avaliação dos mapas elaborados a partir de dados censitários, identificando os setores censitários servidos com água pela rede geral, esgotamento sanitário apropriado e coleta regular de lixo, conforme a descrição do **Quadro 2**.

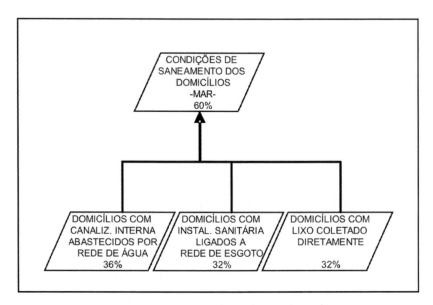

Figura 12 — Parâmetros considerados na avaliação das Condições de Saneamento.

Quadro 2 — Descrição dos Parâmetros das Condições de Saneamento

Legenda	Parâmetro	Descrição do IBGE (Censo Demográfico de 1991)
Água	Abastecimento de água	Domicílios com abastecimento de água com canalização interna ligada à rede geral.
Esgoto	Esgotamento sanitário	Domicílios com instalação sanitária só do domicílio (não comum a mais de um) ligada à rede geral.
Lixo	Coleta de lixo	Domicílios com lixo coletado diretamente.

Fonte: Veiga, 2002.

As premissas ou critérios básicos considerados na avaliação são:

— quanto maior o percentual de domicílios com canalização interna de água ligados à rede geral, melhores as condições de saneamento;
— quanto maior o percentual de domicílios com instalação sanitária individual ligados à rede geral de esgoto, melhores as condições de saneamento;
— quanto maior o percentual de domicílios com lixo coletado diretamente, melhores as condições de saneamento.

A associação com o parâmetro Faixas de Altitude foi feita para distinguir as áreas "de serra" e "de mar" com melhores ou piores condições de saneamento, permitindo constatações, tais como associar um peso percentual menor ao parâmetro Abastecimento d'Água na região de serra, à maior facilidade de obter água potável de poços ou de outras fontes.

As condições ideais de saneamento formuladas servem para atribuir aos parâmetros peso com valor proporcional ao percentual das classes desses parâmetros, que variam de 0% nos setores sem nenhum domicílio com saneamento a 100% na situação ideal de todos os domicílios preenchendo as condições postuladas.

Os parâmetros Abastecimento d'Água, Esgotamento Sanitário e Coleta de Lixo são igualmente importantes para avaliação das condições de saneamento potencialmente favoráveis a atividades turísticas, mas a possibilidade de se obter mais facilmente água potável de poço ou de outras fontes, nas áreas de serra, estabelece uma diferenciação na atribuição dos pesos percentuais. Esgotamento Sanitário e Coleta de Lixo têm importância equivalente em função da poluição ambiental e das possibilidades de contaminação que podem causar, principalmente nas áreas mais baixas e de menor declividade, onde água de poço não é indicada para abastecimento. A coleta de lixo, em particular, tem maior importância, na área de litoral, por ser crítica em caso de inundação e, na de serra, por contribuir com os deslizamentos.

As condições ideais de saneamento que representam atrativo ou potencial positivo para atividades turísticas, de acordo com os dados censitários utilizados (VEIGA, 2002 — Volume II, anexo I.3, tabelas de I.3A a I.3C), seriam:

— 100% dos domicílios abastecidos de água, com canalização interna, ligados à rede geral;

— de 80 a 90% dos domicílios com instalação sanitária individual (só do domicílio) ligados à rede geral;

— de 90 a 100% dos domicílios com lixo coletado diretamente.

A pior situação, considerada como condição péssima de saneamento, também de acordo com os dados do Censo de 1991 (VEIGA, 2002 — Volume II, anexo I.3, tabelas de I.3A a I.3C), é a em que 0% dos domicílios apresenta as condições consideradas.

Os parâmetros balizadores utilizados na avaliação são: Altitude (de Serra e de Mar) e Atividades Turísticas Existentes.

A nota 100 é dada apenas para as condições ideais, ou seja, 100% do setor atendendo à característica. Quando o setor não atinge a condição ideal, a nota atribuída a cada classe corresponde ao valor médio do intervalo estabelecido para agrupar os dados censitários.

2.3. Condições Demográficas

As Condições Demográficas potencialmente favoráveis a atividades turísticas, obtidas a partir da tabulação dos dados do Censo de 1991, espacializados na base nos setores censitários, representam as áreas com menor densidade, tanto em termos do número de pessoas por domicílio quanto em termos do número de habitantes por hectare. Domicílios com número maior de moradores são característicos de áreas mais densificadas, portanto não atrativas para atividades turísticas. A situação de densidade populacional com 1 a 10 habitantes/ha, com uma a duas pessoas por domicílio, caracteriza a condição demográfica potencialmente mais favorável para atividades turísticas tanto "de Serra" quanto "de Mar"; a de 30 a 50 habitantes/ha, com mais de cinco pessoas por domicílio, a pior.

As Condições Demográficas também não são as mesmas para as áreas de serra e mar. Nas áreas de serra, é esperada uma densidade menor do que nas áreas litorâneas; portanto, a importância relativa dos parâmetros de densidade também varia, acarretando pesos diferenciados para ambas localizações.

As Condições Demográficas da área de estudo foram obtidas pela combinação do parâmetro Densidade 1 (número de habitantes pela unidade de área, no caso ha) com o parâmetro Densidade 2 (número de pessoas ou de moradores por domicílio) ao qual é dado um peso maior, pois caracteriza uma maior concentração de população, o que é considerado não-atrativo na avaliação das Condições Demográficas potencialmente favoráveis a atividades turísticas (**Figura 13**).

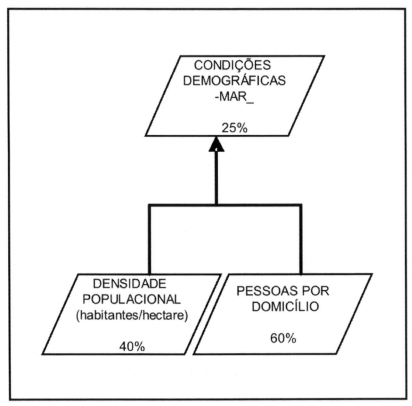

Figura 13 — Parâmetros considerados na avaliação das Condições Demográficas da População.

2.4. CONDIÇÕES SOCIAIS

As condições sociais da população, levadas em consideração no presente estudo, estão representadas pelo percentual da população que não é alfabetizada, por ser este parâmetro o que mais interfere na prestação de serviços a atividades turísticas, pois, quanto mais preparada a população, melhor a possibilidade de atender à demanda desse setor econômico. Podem-se acrescentar outras variáveis para representar melhor uma condição social desfavorável, além do analfabetismo, como o percentual de domicílios improvisados, sexo, idade, dependendo do objetivo da avaliação a ser feita.

As condições sociais potencialmente favoráveis a atividades turísticas são as encontradas nos setores censitários, que apresentam percentual mínimo de analfabetismo (pelo menos inferior a 20%), conforme a **Figura 14**. As condições sociais poderiam ser as mesmas para as áreas de serra e de mar, mas para atividades turísticas ligadas à área de serra pode-se admitir um percentual maior (até a faixa de 30%).

Os dados utilizados foram obtidos do percentual de população alfabetizada em cada setor, calculado sobre o total de população do setor (ver tabela em VEIGA, 2002, Volume II — anexo I-3D). Esses dados foram subtraídos dos totais de cada setor para representar mais diretamente o percentual de população não alfabetizada, que é o foco dessa avaliação. Não existe nenhum setor onde 100% da população seja não alfabetizada.

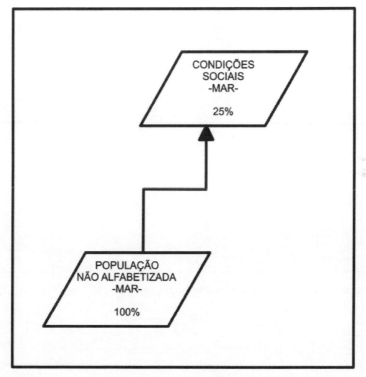

Figura 14 — Parâmetros considerados na avaliação das Condições Sociais.

2.5. CONDIÇÕES DA OCUPAÇÃO TERRITORIAL

Desse nível em diante, são feitas combinações entre os Planos Derivados de Informação para ir refinando a análise, com a possibilidade de inclusão de uma avaliação de Riscos para a definição de áreas não críticas para o desenvolvimento de atividades turísticas, ou seja, áreas com maior potencial e menor risco.

As Condições da Ocupação Territorial estão representadas na **Figura 15** pela combinação das Condições Naturais com as Condições da Ocupação Humana. As Condições da Ocupação Humana, tanto nas áreas "de Serra" quanto nas "de Mar", recebem peso percentual maior (60%) por representarem as áreas onde a ação antrópica tem maior presença. As notas atribuídas às classes nessa avaliação repetem os valores obtidos nas avaliações anteriores. Quanto mais favoráveis as Condições Naturais e quanto menos comprometedoras as Condições da Ocupação Humana, mais viáveis serão as Condições da Ocupação Territorial para desenvolvimento de atividades turísticas.

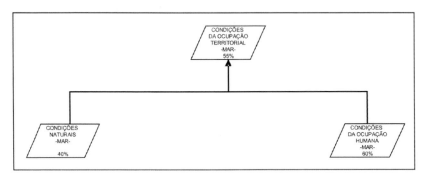

Figura 15 — Parâmetros considerados na avaliação das Condições da Ocupação Territorial.

2.6. Condições da Qualidade de Vida

As Condições da Qualidade de Vida potencialmente favoráveis a atividades turísticas são as encontradas nas áreas que apresentam o maior percentual resultante da melhor combinação dos parâmetros Condições de Saneamento, Condições Demográficas e Condições Sociais e são calculadas tanto para as áreas "de Serra" quanto para as "de Mar" (**Figura 16**). Nas atividades turísticas ligadas à área "de Mar", admite-se percentual maior para as Condições de Saneamento, por serem áreas mais baixas e planas e de ocupação humana mais densa. Os dados utilizados foram obtidos do resultado de avaliações anteriores, não existindo situação ideal, mas, sim, a combinação ideal das situações mais favoráveis. Quanto mais favoráveis as Condições Sociais, Demográficas e de Saneamento, mais favoráveis serão as Condições da Qualidade de Vida para o desenvolvimento de atividades turísticas.

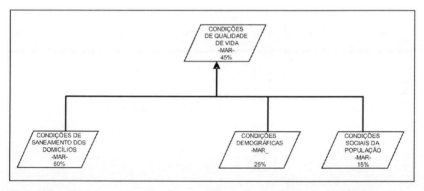

Figura 16 — Parâmetros considerados na avaliação das Condições de Qualidade de Vida.

2.7. ÁREAS COM POTENCIAL PARA DESENVOLVIMENTO DE ATIVIDADES TURÍSTICAS

As áreas de maior potencial para desenvolvimento de atividades turísticas "de Serra" e "de Mar" resultam da combinação dos parâmetros Condições da Ocupação Territorial e Condições de Qualidade de Vida (**Figuras 17 e 18**).

Para verificar possíveis incongruências de uso, pode-se fazer o cotejo da avaliação das áreas potencialmente viáveis, com as atividades turísticas existentes, representadas, por exemplo, em um mapa contendo pontos e roteiros turísticos (Mapa Turístico, 1999).

As áreas com risco de inundação e com risco de deslizamento/desmoronamento podem ser obtidas a partir da avaliação dos parâmetros: declividade, altitude, síntese dos condicionantes físico-ambientais, uso do solo e cobertura vegetal e condições críticas de proximidade.

A criticidade das feições ou elementos de análise quanto a riscos é dada em função da proximidade a áreas densamente ocupadas (Cidades e Vilas) de acessos (Rodovias) e de Linhas de Transmissão e Dutos. As áreas de risco (inundação e deslizamento/desmoronamento) e as mais próximas a áreas densamente ocupadas têm efeito negativo sobre as atividades turísticas, embora cidades e vilas sejam necessárias como apoio.

Com a introdução de outros planos de informação, como, por exemplo, renda média familiar, é possível definir áreas preferenciais para os

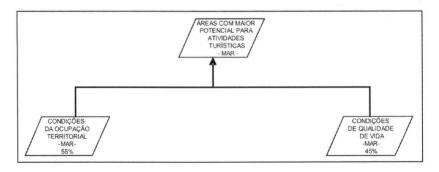

Figura 17 — Parâmetros considerados na avaliação das Áreas com Potencial para Atividades Turísticas.

O CASO DO MUNICÍPIO DE MACAÉ — RJ

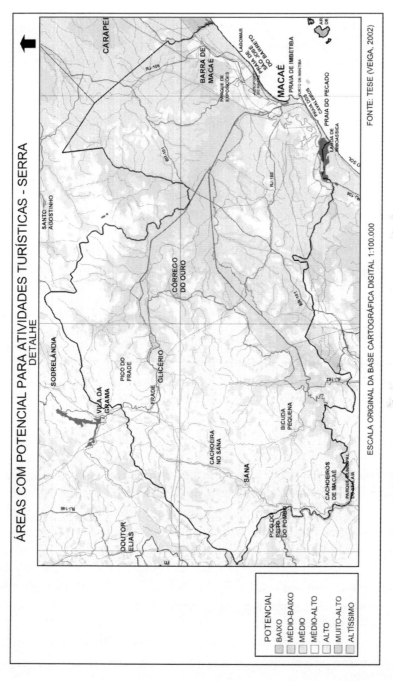

Figura 18 — Detalhe do Mapa de áreas com potencial para atividades turísticas.

investimentos turísticos e geração de renda, bem como prevenir que essa ocupação atinja áreas de preservação. As áreas de reserva e de preservação podem servir como contraponto para as atividades turísticas analisadas, uma vez que podem se constituir em atrativos, mas ao mesmo tempo restringir a expansão de algumas atividades.

Uma avaliação mais detalhada traz como resultado as áreas potenciais disponíveis, prioritárias e sem riscos para investimentos em atividades turísticas, buscando o desenvolvimento do território municipal, harmonizado com seu entorno

3. CONCLUSÕES

Os resultados obtidos, analisados segundo a aplicabilidade do geoprocessamento como instrumento de suporte à gestão do território municipal, à luz do modelo adotado, indicam as áreas com condições mais apropriadas para investimentos em atividades turísticas, de acordo com os objetivos a serem alcançados.

Os mapas temáticos resultantes dos cruzamentos e avaliações em cada etapa do processo de geoplanejamento, definida no modelo de análise adotado, podem servir como base para efetivar as recomendações que complementam o processo de gestão de um território.

Os problemas encontrados ao se confrontar a aplicação de SGI com um contexto em que os dados digitais básicos ainda estão em desenvolvimento são: inexistência de todos os dados necessários em meio digital, indisponibilidade dos dados existentes em formatos compatíveis e desatualização das bases dos dados. O modelo de análise, entretanto, permite que novos dados, à medida que se tornam disponíveis, possam ser acrescentados à investigação para refinamento dos resultados, como, por exemplo, dados sobre geomorfologia.

Os resultados obtidos na aplicação do geoprocessamento à gestão do território custam a aparecer e dependem de fases iniciais custosas, principalmente as relacionadas com a geração de uma base de dados digital consistente. Uma vez aplicados os recursos iniciais, é necessário mostrar, de imediato, alguns resultados preliminares que possam comprovar sua aplicabilidade e gerar novos recursos, o que se pode obter através da aplicação e disseminação da informação contida nos mapas derivados ou intermediários.

Um dos principais resultados obtidos na aplicação prática do geoprocessamento à problemática real do geoplanejamento e gestão do território municipal é a possibilidade de realizar avaliações que resultem em mapeamentos derivados, os quais podem refletir tanto potenciais quanto limitações, riscos ou conflitos que ocorrem nesse território. Essa aplicação depende, no entanto, de uma abordagem integradora que envolve tanto a grande quantidade e diversidade de informação quanto os diferentes fatores que contribuem para ocupação do território e para melhoria da qualidade de vida da população.

A grande maioria das áreas com potencial foi encontrada próximo a zonas turísticas existentes. Na Serra, estão localizadas, geralmente, em regiões que têm vistas cênicas e terrenos plausíveis para caminhadas; no litoral, ao longo da costa, como era esperado.

Os resultados obtidos nas avaliações, com a aplicação das tecnologias de geoprocessamento e de um modelo de análise voltado para a tomada de decisão quanto à gestão do território, poderão ser utilizados para, por exemplo:

— elaboração de normas que incentivem a expansão do turismo convencional e ecológico nas áreas mais propícias;
— minimização dos efeitos da expansão urbana desordenada sobre áreas de risco;
— ordenação territorial de outras atividades, como as agropecuárias;
— seleção das áreas potencialmente viáveis para localização de distritos industriais;
— proteção efetiva de áreas ambientalmente estratégicas.

A implementação das decisões a serem tomadas, com base nos resultados obtidos das avaliações, será feita pela administração do município, seguindo as prioridades estabelecidas politicamente, mas se valendo do geoprocessamento, como um instrumento para dar visibilidade à informação, e do geoplanejamento, como direcionador da gestão territorial, no acompanhamento ou monitoramento de situações ambientais de interesse da administração municipal.

Os mapas temáticos, resultantes dos cruzamentos e avaliações, servirão não só para subsidiar as discussões necessárias para tomada das decisões sobre o desenvolvimento de atividades turísticas, como também para elaborar um diagnóstico ambiental mais detalhado e dar suporte às recomendações constituintes do geoplanejamento e gestão municipal.

Assim, o uso do modelo de análise adotado para geoplanejamento, com base na estrutura de avaliação encontrada no programa SAGA/UFRJ, pode auxiliar na localização de áreas potencialmente favoráveis a atividades turísticas, tanto do ponto de vista do executor de políticas públicas ou tomador de decisão, quanto dos planejadores, empreendedores em turismo, ambientalistas, assessores técnicos, construtores e incorporadores, turistas e população local, que também são impactados pelo desenvolvimento dessas atividades.

4. REFERÊNCIAS BIBLIOGRÁFICAS

BEEDASY, J., WHYATT, D. (1999) *Diverting the tourists: a spatial decision-suport system for tourism planning on a developing island. In*: ITC Journal (International Journal of Applied Earth Observation and Geoinformation), issue 3 / 4, Volume 1. Enschede, The Netherlands: ITC,. (http:www.itc.nl, journal@itc.nl) pp. 163-174.

BONHAM-CARTER, G. F. (1996) *Geographic Information Systems for Geoscientists: Modelling with GIS.* Ottawa: Pergamon, 398 p.

Mapa Turístico. Parque Nacional da Restinga de Jurubatiba e Região. Niterói: Associação Fluminense de Engenheiros e Arquitetos, 1999. Disponível na INTERNET via http://www.jurubatiba.com.br. Consultado em 2000.

McHARG, I. L. (1992) *Design with Nature.* Segunda edição. New York: John Wiley & Sons, Inc., 198p. (Republicado como edição comemorativa da de 1967.)

RODRIGUES, M. (1993) Geoprocessamento: Um Retrato Atual. *In*: Revista Fator GIS, Ano 1, n.º 2, pp. 20-23. Curitiba: Sagres.

VEIGA, T.C. (2002) Um Estudo de Geoplanejamento para o Município de Macaé-RJ e seu entorno: contribuição do geoprocessamento na identificação de potencial turístico. Rio de Janeiro-RJ: Universidade Federal do Rio de Janeiro — UFRJ, 2002. Tese de Doutorado.

XAVIER-DA-SILVA, J., CARVALHO FILHO, L.M. (1993) Sistemas de Informação Geográfica: Uma proposta metodológica. *In*: IV Conferência Latino-Americana sobre Sistemas de Informação Geográfica e II Simpósio Brasileiro de Geoprocessamento, 1993, São Paulo. Anais... São Paulo: USP, pp. 609-628.

XAVIER-DA-SILVA, J. (1994) Comunicação oral para a disciplina Estudos Especiais em Geoprocessamento. Rio de Janeiro: UFRJ/CCMN/IGEO/-PPGG. Notas de aula.

_____. (1997) Metodologia de Geoprocessamento. *In*: Revista de Pós-Graduação em Geografia, vol.1. Rio de Janeiro: UFRJ/PPGG, pp. 25-34.

_____. (1998) Comunicação Oral. Rio de Janeiro: UFRJ/CCMN/IGEO/-PPGG. Anotações particulares.

XAVIER-DA-SILVA, J. *et al.* (1999) Editores. GEGEOP (Curso de Especialização em Geoprocessamento) Unidades Didáticas — Vol. 4. Rio de Janeiro: LAGEOP/UFRJ. Disponível em CD-Rom.

_____. (2001) Geoprocessamento para Análise Ambiental. Rio de Janeiro.

MacaéTur. Macaé: Empresa Municipal de Turismo. Acesso pela Internet http://www.macaetur.com.br

CAPÍTULO 6

Geoprocessamento Aplicado à Caracterização e Planejamento Urbano de Ouro Preto — MG

Ana Clara Mourão Moura
Jorge Xavier da Silva

1. Introdução

O trabalho que originou o presente artigo objetivou a montagem de um sistema apoiado por geoprocessamento para a análise espacial destinada ao planejamento urbano e a promoção de ferramentas de gestão e apoio à decisão na proteção do patrimônio histórico de Ouro Preto — MG, cidade Patrimônio da Humanidade. O trabalho em sua totalidade, como foi apresentado na Tese de Doutoramento (MOURA, 2002), caracterizou amplamente a cidade na *escala urbana* segundo diferentes variáveis ambientais, enfocando também a *escala de intervenção local*, com estudos preventivos de implantação de novas obras no patrimônio paisagístico. Apresentaremos aqui somente a primeira abordagem, de escala urbana, para a qual foi montado um SIG (Sistema Geográfico de Informação) baseado no mapeamento temático de variáveis em planos de informação e no uso do SAGA-UFRJ para a construção dos procedimentos de análise.

Para a realização da análise espacial urbana com o uso do SAGA-UFRJ foi estruturada expressiva base de dados sobre a cidade, contendo o mapeamento de diferentes variáveis espaciais, que compõem, inicialmente, 95 planos de informação (mapas temáticos). A partir desses dados iniciais, foram promovidos diferentes modelos de análise e síntese de informações, o que resultou em complexa caracterização da realidade urbana de Ouro Preto, com objetivo de promoção de subsídios para a proposição de políticas de planejamento urbano e manutenção do patrimônio histórico.

O processo foi realizado pela montagem de uma rede de análises, caracterizada como *"Árvore de Decisões"*, que resulta na compreensão das situações de potencial de expansão urbana; potencial de exploração turística; distribuição do valor da terra; caracterização dos riscos ambientais; distribuição dos problemas de saúde relacionados a variáveis ambientais; caracterização dos valores paisagísticos; estudos de eixos visuais; distribuição de comércio, serviços e serviços de uso coletivo; distribuição de infraestrutura; distribuição e caracterização da população. As análises foram distribuídas em 10 objetivos parciais e uma síntese final, que apresentou a caracterização e distribuição da qualidade de vida urbana em Ouro Preto. A seguir apresentamos as etapas de análise e seus objetivos específicos:

1) *Caracterização da distribuição da população em Ouro Preto, sobretudo em termos de faixas etárias, níveis de escolaridade e densidade de ocupação:* Apresenta zoneamento urbano segundo distribuição de faixas etárias, segundo distribuição de escolares e analfabetos, e segundo densidade populacional. Promove análise de áreas de influência de escolas de 1º e 2º graus, para verificação da adequabilidade de suas posições em relação à distribuição da densidade populacional. Define prioridades de intervenção para atividades destinadas a escolares e analfabetos.

2) *Caracterização da distribuição das áreas de risco ambiental à ocupação urbana:* Promove reconstrução da síntese de riscos geotécnicos a partir da reorganização de dados disponíveis. Verifica a adequabilidade das propostas contidas no Plano Diretor em vigência em relação à distribuição das situações de risco em Ouro Preto.

3) *Identificação e localização das áreas mais bem servidas (e as mal servidas) de comércio, prestação de serviços e serviços de uso coletivo:* Aplica modelos de zoneamento para construção das áreas de influência das atividades de serviços de uso coletivo. Classifica as vias urbanas de Ouro Preto para posterior verificação da adequabilidade da localização de atividades de serviços de uso coletivo. Uma vez construída a síntese de comércio, prestação

de serviços e serviços de uso coletivo, verifica a adequabilidade do Plano Diretor em vigência em relação à existência destas atividades.

4) *Caracterização da distribuição de infra-estrutura na cidade:* Verifica a distribuição da infra-estrutura em relação à distribuição populacional.

5) *Identificação e localização das áreas mais propícias à expansão urbana:* Verifica a relação entre distribuição populacional e adequabilidade à ocupação urbana. Verifica a relação entre as propostas do Plano Diretor vigente e a adequabilidade à ocupação urbana.

6) *Identificação e localização das áreas mais valorizadas do espaço urbano:* Promove subsídios para elaboração da Planta de Valores Urbanos e de análises relacionadas à aplicação de taxas, tais como o IPTU.

7) *Identificação e localização das áreas de maior valor cênico no conjunto urbano:* Promove construção de dados que serão utilizados em outras análises, tais como o potencial para o turismo e o estudo de eixos visuais.

8) *Identificação e localização das áreas mais visíveis na paisagem de Ouro Preto:* Constrói metodologia de caracterização do grau de visibilidade de uma região. Propõe o estudo das relações entre hipsometria e eixos visuais. Comprova os valores da morfologia urbana barroca implantada em Ouro Preto, com o estudo da relação entre os eixos visuais e a localização das igrejas e mirantes. Estuda as relações entre os valores cênicos e a distribuição do grau de visibilidade do conjunto.

9) *Identificação e localização das áreas de maior interesse para o turismo:* Aplica modelos de distribuição de áreas de influência de atividades de visitação histórica e de recreação. Identifica as regiões de maior concentração de edificações históricas e de atividades de recreação e visitação. Considera diferentes grupos e objetivos de turismo, que vão desde o visitante estrangeiro até a comunidade da própria região.

10) *Caracterização da distribuição de riscos à saúde, a partir da análise de doenças relacionadas a precárias condições de saneamento, em Ouro Preto:* Verifica a relação entre a distribuição da infra-estrutura de saneamento e a concentração de doenças.

11) Finalmente, caracterização da distribuição da qualidade de vida em Ouro Preto.

A base conceitual que norteou a construção das análises e conjugação de variáveis foi a visão holística baseada na Gestalt, proposta para os estudos de percepção da forma, surgida na Alemanha no final da Segunda Guerra Mundial. A Gestalt defende que *o todo é mais do que a soma das partes*, o que significa que, se vemos um conjunto de elementos "a" e um conjunto de elementos "b" separadamente, não é o mesmo que ver "a+b", pois a interação entre os elementos conforma uma terceira situação, que podemos chamar de "c", que só existe pela correlação entre os anteriores. Uma vez somados, não é mais possível distinguir "a" e "b", mas o que se percebe é uma nova realidade (FRACCAROLI, 1982).

Esse conceito de inter-relação está na proposta de "Sistemas" introduzida por CHORLEY, em 1962. Sobre a questão, HAIGH (1985, *apud* CHRISTOFOLETTI, 1999, p. 46) explica que *"um sistema é uma totalidade que é criada pela integração de um conjunto estruturado de partes componentes, cujas inter-relações estruturais e funcionais criam uma inteireza que não se encontra implicada por aquelas partes componentes quando desagregadas"*.

Não só a construção das análises e sínteses, como também a interpretação dos resultados, deve seguir os princípios da Gestalt, pois na compreensão dos mapas resultantes de avaliações não faz sentido a leitura do dado por *pixel*, mas sim de sua relação no conjunto do arranjo espacial e nas conformações espaciais observadas (**Figura 1**).

Tendo em vista a grande complexidade do conjunto de dados e avaliações elaboradas, optamos, no presente estudo, pela apresentação de somente duas análises parciais e da análise final, quais sejam: Síntese de Comércio, Prestação de Serviços e Serviços de Uso Coletivo, e Síntese Final de Índice de Qualidade de Vida Urbana.

Figura 1 — "O todo é mais do que a soma das partes"— *Gestalt*.

2. Metodologia

A metodologia adotada é descrita nas seguintes etapas de trabalho:
— Organização da base de dados alfanumérica e cartográfica:

a) organização da base cartográfica;
b) realização de trabalhos de campo;
c) organização de dados alfanuméricos;
d) conversão de escalas de medição;
e) conversão de dados vetoriais em matriciais (*raster*);
f) definição dos modos de representação espacial dos dados;
g) estudos de Eixos Visuais:
   — Construção das análises urbanas por meio da Árvore de Decisões.
   — Verificações frente à realidade — Calibração do Sistema — Retorno às etapas de Análise.
   — Zoneamento segundo diferentes Variáveis Ambientais — Identificação de situações especiais que caracterizam a cidade, conflitos, potenciais, riscos e prioridades de intervenção.
   — Elaboração de propostas de intervenção, manejo e restrições.

2.1. Base de Dados Alfanumérica e Cartográfica

A primeira etapa foi a construção da base cartográfica, com organização e digitalização de dados coletados em campo e em instituições. A base cartográfica digital, contendo sistema viário, ferrovia, rodovia, cursos d'água, toponímia e malha de coordenadas, foi cedida pelo IGA-MG (Instituto de Geociências Aplicadas), em formato *dwg (Autocad)*. A fonte dos dados era em escala 1:10.000, o que resulta em resolução de 2 metros (0,2mm na escala 1:10.000 corresponde a 2 metros da realidade), e foi necessário complementá-la com a vetorização de dados relativos à topografia obtidos a partir de restituição de fotografias aéreas. Foram utilizados o *software Microstation* e seus aplicativos *Geoterrain* (para modelagem digital de elevação) e *Descartes* (conversão *raster*/vetorial e vetorial/*raster*).

A partir das informações sobre a topografia e com o uso do aplicativo *Geoterrain*, foi gerado o Modelo Digital de Terreno, que permitiu melhor compreensão da morfologia da cidade e elaboração de estudos, tais como insolação, aspecto, hipsometria e declividades.

O trabalho de campo para a coleta de informações na cidade de Ouro Preto foi por nós iniciado em três estudos, encomendados pelo IGA-MG, em 1993 e em 1995, e pelo IBPC (Instituto Brasileiro do Patrimônio Cultural — hoje IPHAN) em 1994. Os estudos citados foram abordagens iniciais importantes para a compreensão da realidade urbana de Ouro Preto, mas faltavam métodos e recursos mais adequados para a elaboração de análises destinadas ao planejamento urbano e à gestão do patrimônio. Assim, aproveitamos os dados existentes e realizamos novos trabalhos de campo para atualização das informações de uso do solo.

A maioria dos dados coletados foram imediatamente espacializados em planos de informação. Alguns geraram tabelas, mas que foram também transformadas em planos de informação. Os planos de informação foram convertidos para o SAGA-UFRJ.

Os dados organizados, e que depois foram submetidos a processos de análise, abordavam tanto aspectos qualitativos como quantitativos. Assim, decidimos pela organização de um conjunto inicial de planos de informação sem agrupamentos ou generalizações precoces.

A base inicial foi composta por dados em diferentes escalas. A escala de *razão* (ou racional) foi empregada em mapas como o número de domicílios por setor censitário; a escala *ordinal* foi usada no caso de índices comparativos de morbidade para as doenças com causas ambientais ou nas classes de declividade; e a escala *nominal*, também conhecida como *seletiva*, foi muito utilizada, pois foram elencados componentes de legenda que não são ordenáveis ou classificáveis, a não ser segundo algum critério estabelecido.

Embora os planos de informação iniciais fossem organizados segundo as escalas de medição inerentes aos dados, em processos de análise e síntese de informações as escalas foram transformadas para uma escala mista de intervalo e ordenação, com a atribuição de valores numéricos relativos à importância da variável e seus componentes no objetivo de estudo. Assim, os tipos de pavimentação, por exemplo, podem passar a ser representados por valores numéricos que signifiquem o grau de adequabilidade, em escala de 0 a 10 ou 0 a 100, a um fator ambiental específico. O zero significa o mínimo ou ausência do valor, e o 10 ou o 100 o máximo da adequabilidade. Entretanto, as razões entre duas posições não têm sentido lógico — o valor 2 *não* é o dobro do valor 1. Esta escala é adequada para análises numéricas em pesquisas ambientais e é a utilizada nos modelos de análise do SAGA-UFRJ.

Devido à opção por aplicativos SAGA-UFRJ foi necessário converter dados vetoriais existentes em dados matriciais. Desenvolvemos rotina para a conversão automática vetorial/matricial com o uso do aplicativo *Descartes* do programa *Microstation*, e publicamos em MOURA & ROCHA (2001, pp. 201-213). O processo prevê especificação da resolução (tamanho do *pixel*) e da relação entre a espessura da linha na representação vetorial e número correspondente de *pixels* para sua representação matricial.

Constituiu aspecto fundamental na montagem da base de dados o estudo das aplicações de análise das variáveis segundo as exigências do modelo *raster*. Isso significa pensar como as variáveis ambientais seriam representadas geometricamente, diante da necessidade de cruzamento de *pixels* nas sobreposições dos diferentes planos de informação.

Para melhor compreensão das questões que podem surgir, suponhamos a execução de uma simples *Assinatura* (que é a verificação de quais são os fatores que ocorrem em uma extensão geográfica) em um ponto onde está instalada, por exemplo, uma escola. A escola foi representada com modo de implantação pontual, ocupando um quadrado de 5 por 5 *pixels*, ou 100 metros quadrados, em uma certa posição da quadra urbana. Por sua vez, o mapa de rede de esgoto foi representado com modo de implantação linear, ao longo do sistema viário. Como verificar se há rede de esgoto que atenda à escola? Note bem que os *pixels* de representação da escola não coincidem espacialmente com os *pixels* de representação da rede de esgoto.

Assim, é preciso conhecer os modos de implantação das variáveis espaciais e escolher suas representações. Segundo BERTIN (1967, p. 34-39), os modos de implantação de um componente podem ser pontual, linear e zonal. Os componentes lineares referem-se a um limite ou percurso, os pontuais referem-se a uma localização precisa e os zonais referem-se a uma superfície. MOURA (1994, p. 65) explica que se pode mudar o modo de implantação de um componente, de acordo com a escala do mapa construído, ou diante da necessidade de sobreposição de informações. Ruas, por exemplo, podem ser apresentadas com modo de implantação linear ou com zonal.

O estudo de sobreposição de dados determinou a inadequabilidade de se trabalhar com o modo de implantação linear nos temas relativos a sistemas viários. Isto porque a representação vetorial de uma rede de esgoto e de uma rede de água, por exemplo, poderia não apresentar coincidência geométrica das linhas, e os cruzamentos de dados no sistema matricial ficariam impossibilitados. Uma solução é a representação por trecho de via, resultante da transformação do modo linear em zonal. As superfícies de representação dos dados das vias são divididas de acordo com os entroncamentos, e sempre que há mudança do tipo de uso ao longo de um trecho ele é subdividido (**Figura 2**).

Este tipo de geometria de representação de dados relativos às vias atende bem aos casos de cruzamentos de planos de informação que contenham sempre conteúdos relativos a sistemas viários. Assim é possível, por exemplo, gerar um mapa-síntese de caracterização da infra-estrutura em Ouro Preto a partir do cruzamento de dados sobre rede de água, rede de

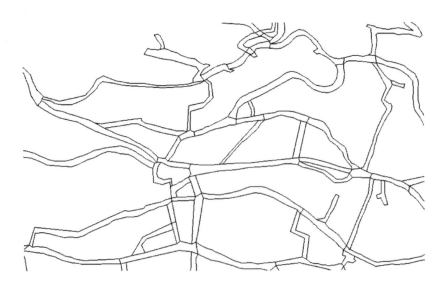

Figura 2 — Os trechos de rua foram transformados em polígonos fechados, de modo a permitir o modo de implantação zonal dos elementos lineares.

esgoto, rede de drenagem de água pluvial, tipo de pavimentação e rede de energia elétrica. Contudo, como seria realizado o cruzamento desses dados com informações contidas em manchas de setores censitários? Por meio da definição das zonas de setores censitários até o eixo das vias, de modo a promover trechos de sobreposição de *pixels* (**Figura 3**).

Mas a questão ainda não estava totalmente resolvida. Como seria realizado o cruzamento do mapa de síntese de infra-estrutura (por trecho de via) com o ponto de localização da escola? A solução é a adoção do conceito de *buffers* (áreas de influência) através dos quais definimos que um elemento como a rede de água passa pelo sistema viário, mas tem também uma área de influência na quadra. Esta representação foi obtida com o aplicativo *Descartes*, pela definição do número de *pixels* correspondentes aos elementos vetoriais no processo de conversão vetor/*raster*.

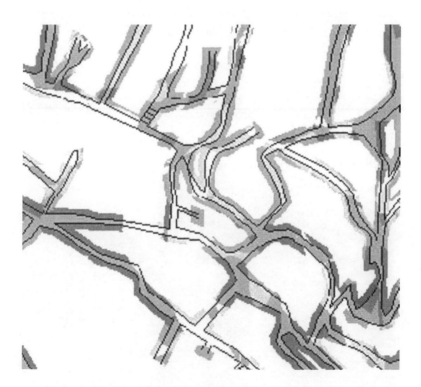

Figura 3 — Cruzamento de elementos lineares através de suas áreas de influência com outros modos de implantação, como o zonal.

Contudo, existia ainda um problema a ser considerado: algumas informações de modo de implantação zonal não ocorrem homogeneamente distribuídas ao longo de todo o lote, mas na face de quadra em que se realiza a interseção com a área de influência da via há um tipo de ocupação, e em regiões internas à quadra há outro tipo. Neste caso, na sobreposição haveria perda de informações, pois o correto seria compreender que ocorre tanto o tipo "a" na quadra sobreposto ao tipo "q" na via, como o tipo "b" na quadra sobreposto ao tipo "q" da via, e havia o risco de somente uma das conjugações ser representada.

Para resolver esta situação, é necessário que o modo de implantação linear das vias seja transformado em zonal. Este procedimento é feito a partir da divisão das quadras urbanas em "n" partes, de acordo com o número de faces do polígono, de modo que a superfície total resulte proporcionalmente distribuída entre as faces de via que a configuram. Este procedimento é realizado em *software* de padrão *cad* vetorial, que apresente recursos de análise topológica. No presente estudo, utilizamos o programa *Microstation* (**Figura 4**).

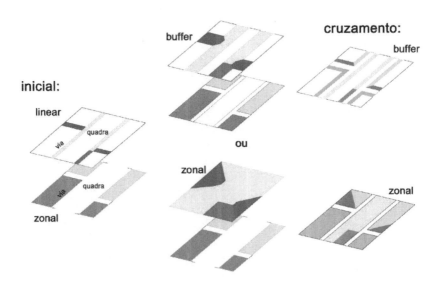

Figura 4 — Transformação de modo de implantação linear em área de influência e em zonal e cruzamento de planos de informação.

Assim, para cada análise realizada foi necessário verificar se os modos de implantação dos componentes estavam de acordo com seus significados e conteúdos e, se necessário, realizar a transformação geométrica da informação. No esquema a seguir, estão demonstrados os processos de transformação do modo de implantação linear tanto em área de influência, como em zonas de quadras, e os resultados de cruzamento de dados.

2.2. CONSTRUÇÃO DAS ANÁLISES URBANAS POR MEIO DA ÁRVORE DE DECISÕES COM O USO DO SAGA-UFRJ

A partir dos mapas básicos, com o uso das ferramentas do SAGA-UFRJ, VORONOI-UFRJ e respectivos procedimentos de análise, foi possível realizar estudo bastante complexo da realidade urbana de Ouro Preto, segundo os mais diferentes aspectos, até chegar à síntese final de classificação da qualidade de vida urbana na cidade. A *Árvore de Decisões* foi organizada com um roteiro dos processos de análise. Segundo explica XAVIER-DA-SILVA (2001, p. 191), a *Árvore de Decisões* é um procedimento de avaliação por critérios múltiplos.

O SAGA-UFRJ disponibiliza ferramentas para procedimentos diagnósticos e procedimentos prognósticos. Os procedimentos diagnósticos caracterizam-se pela análise da situação espacial vigente, enquanto os prognósticos, somando-se aos conhecimentos dos diagnósticos, permitem antever situações e construir propostas de intervenção ambiental.

Entre os procedimentos diagnósticos, na primeira etapa, denominada Levantamentos Ambientais, realizamos sobretudo *Assinaturas*. O papel mais importante da *Assinatura* é o potencial de análise heurística. Conforme explica XAVIER-DA-SILVA (2001, p. 172): *Neste espaço heurístico é possível se informar empiricamente sobre possíveis associações causais entre variáveis ambientais*. Na definição do valor da terra, por exemplo, identificamos ao longo da mancha urbana locais notadamente valorizados e *assinamos* essas ocorrências nos diferentes temas de análise (infraestrutura, padrão das edificações, existência de comércio e serviços, entre muitos outros) para compreensão de quais eram os fatores que mais influenciavam em suas classificações. Uma vez identificadas as caraterísticas e estudados seus pesos nas composições, foi produzido um mapa de

Valor da Terra com a correta geração de pesos distribuídos para cada variável envolvida.

A etapa seguinte, de Prospecções Ambientais, é composta por procedimentos de *Avaliações* Ambientais Diretas e *Avaliações* Ambientais Complexas. Aplicamos todos esses procedimentos no estudo de Ouro Preto.

Na etapa de Procedimentos Prognósticos utilizamos os recursos de estudo de *Cenários Ambientais* na construção de mapas de potenciais de diferentes naturezas, entre os quais se destacam Potencial de Uso Turístico e Potencial de Expansão Urbana. O modelo de *Voronoi* foi aplicado no estudo de área de influência das escolas, cujo resultado foi comparado com a distribuição da população por faixa etária, para verificação da adequabilidade da distribuição geográfica e do número de vagas ofertadas nas escolas.

A síntese das variáveis envolvidas seguiu o critério de definição de pesos para suas participações segundo a lógica *Fuzzy*. Isso significa, por exemplo, que não se pode definir simplesmente como *sim* ou *não* a importância da participação de uma variável no conjunto, mas deve-se caracterizá-la segundo o *grau de pertinência* para o objetivo de análise, o que é operacionalizado por atribuição de pesos. A lógica nebulosa busca aproximar as decisões científicas da realidade, pois segundo LEVINE *et al.* (1988, p. 97) *as pessoas não conseguem se expressar o tempo todo por respostas exatas.* Assim, a natureza binária é pouco adaptável a situações reais, e a natureza contínua capta melhor a subjetividade das situações.

Os graus de pertinência eram indicados por especialistas, dentro do conceito de *Expert System*, pois os especialistas, conhecedores da realidade analisada, conseguem atribuir valores muito próximos da verdade. Segundo MOURA (1994, p. 49): *Diante da importância das diferentes opiniões e das determinações dos graus de membro, que devem refletir a realidade, justifica-se a estreita relação entre a lógica Fuzzy e os conceitos pós-modernos de mundo (complexo e fragmentado, composto por diferentes variáveis e que, segundo diferentes condições, formam correlações). É fundamental para um urbanista ter em mente a necessidade da visão holística do mundo urbano, do desenvolvimento de trabalhos em equipes multidisciplinares, assim como do planejamento participativo.*

No estudo do caso de Ouro Preto, organizamos uma *Árvore de Decisões* que produzisse 10 análises parciais, para caracterização da cidade em diferentes aspectos, e uma síntese final. Para a atribuição de pesos e notas utilizamos nosso conhecimento especialista em arquitetura e urbanismo e contamos com a valiosa opinião de especialistas de outras áreas.

2.3. VERIFICAÇÕES FRENTE À REALIDADE — CALIBRAÇÃO DO SISTEMA E RETORNO ÀS ETAPAS DE ANÁLISE

Ao longo dos processos de análise, sempre que era produzida avaliação, o mapa obtido era verificado segundo algum dos procedimentos:

— Identificação de áreas cujas características são bastante conhecidas e verificação da classificação por elas obtidas no mapa.
— Uso de outras classificações ou mapeamentos de situações específicas, elaboradas por outros pesquisadores, como modo de comparação com os resultados obtidos.
— Realização de trabalho de campo para verificação de certas classificações e ocorrências surgidas nas análises.
— Consultas a conhecedores da realidade urbana de Ouro Preto.

Algumas das análises foram refeitas com nova escolha de variáveis, mudanças em seus pesos e atribuição de novas notas aos componentes de legenda.

2.4. ZONEAMENTO SEGUNDO VARIÁVEIS AMBIENTAIS

Os produtos nas diferentes etapas de análise permitem a complexa caracterização do espaço urbano de Ouro Preto, assim como a identificação de potencialidades, riscos, prioridades de intervenção e até mesmo a constatação de algumas tendências.

Vários tipos de *zoneamento* foram construídos, segundo diferentes abordagens de análise. Não foi proposto novo Zoneamento Urbano nos moldes de Lei de Uso e Ocupação para Ouro Preto, mas em diferentes oportunidades verificamos a adequabilidade da proposta em vigência frente aos diversos fatores analisados.

2.5. Propostas de Intervenção, Manejo e Restrições

Em cada análise realizada, ainda que nas avaliações mais simples, sempre construímos comentários sobre a distribuição do fenômeno ao longo da cidade e suas conseqüências. Sempre que pertinente, indicamos algumas sugestões de intervenção, manejo e restrições. No entanto, este é um papel, sobretudo, do Poder Público, que, diante das informações aqui disponibilizadas, pode propor planos de ação e definição de prioridades para o planejamento urbano de Ouro Preto.

3. Exemplos de Análises Realizadas

A análise espacial urbana com o objetivo de caracterização e planejamento foi constituída por complexa conjugação das mais diferentes variáveis ambientais, que partiu de 65 mapas básicos e compôs 10 sínteses parciais e uma síntese final. Como não seria possível apresentar todo o processo no presente artigo, selecionamos dois exemplos: a caracterização da distribuição de comércio, prestação de serviços e serviços de uso coletivo; e a síntese final de classificação e distribuição da qualidade de vida urbana.

3.1. Síntese de Distribuição de Comércio, Prestação de Serviços e Serviços de Uso Coletivo

A análise tem como objetivo principal a caracterização da distribuição das atividades na mancha urbana de Ouro Preto. Como objetivo secundário, permite a verificação da adequabilidade das propostas do macrozoneamento em vigência, proposto no Plano Diretor (PREFEITURA MUNICIPAL DE OURO PRETO, 1996), e é somada a outras análises, tais como *Valor da Terra* e *Potencial de Expansão Urbana*. Na análise final, compõe também os estudos de *Qualidade de Vida Urbana*.

Antes da elaboração da síntese, dispúnhamos de mapas temáticos relativos ao Comércio, à Prestação de Serviços e aos Serviços de Uso Coletivo, organizados pelo IGA (1995). Somente os dois primeiros estavam organizados em modo de implantação zonal, segundo padrões de ocorrência das variáveis (**Figura. 5**). O mapa de Serviços de Uso Coletivo era ainda composto pela distribuição espacial das atividades de modo pontual, com o registro de cada ocorrência do grupo, como os bancos, agências de correios, órgãos públicos, escolas, entre outros. Este mapa, muito útil para a localização de atividades específicas, não estava devidamente organizado para o estudo do grau de atendimento das atividades de serviços de uso coletivo como um todo, na forma de um zoneamento com a classificação da atividade ao longo da mancha urbana. Assim, foram necessários estudos de transformação do modo de implantação do tema de pontual para zonal.

O roteiro metodológico da análise é sintetizado no esquema:

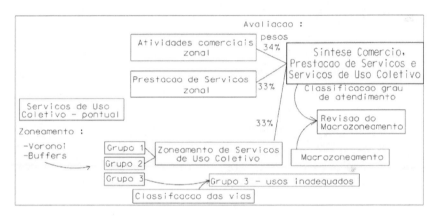

Figura 5 — Roteiro metodológico da Síntese de Comércio, Serviços e Uso Coletivo.

3.1.1. *Construção de Mapa de Zoneamento de Atividades de Serviços de Uso Coletivo*

Inicialmente, testamos a possibilidade de aplicação do modelo de Polígonos de Voronoi, com as ferramentas do SAGA-UFRJ. O modelo se baseia na distribuição espacial das áreas de influência de acordo com o conjunto e a posição de cada foco (a ocorrência) e a massa, que poderia o número de funcionários, entre outros. Aplicamos o Voronoi tendo como massa a classificação do serviço em local, de bairro ou municipal.

O resultado obtido com o Voronoi foi a identificação das regiões nas quais as áreas de influência de cada atividade são pequenas devido à presença de concorrentes, mas para que o mapa alcançasse nosso objetivo deveriam ser selecionadas atividades semelhantes, como, por exemplo, somente os bancos, somente os órgãos públicos, e depois fossem conjugados todos os grupos em um só mapa. O nosso objetivo na *Síntese de Atividades de Serviços de Uso Coletivo* era a verificação do grau de atendimento ao longo da mancha urbana. Isso significa dizer qual é a qualidade de vida, segundo aspectos dos serviços de uso coletivo, em cada ponto da cidade. Assim, decidimos construir áreas de influência a partir de cada ponto de atividade, segundo um critério de distância, e considerar a sobreposições de diferentes manchas como fator indicativo de maior atendimento às necessidades relacionadas aos Serviços de Uso Coletivo.

As Leis de Uso e Ocupação do Solo, quando determinam as adequações entre usos e atividades urbanas, consideram, por exemplo, que áreas definidas como de uso residencial não devem ser impactadas por atividades comerciais ou de serviços de maior porte. São considerados fatores como atração de alto número de veículos leves, veículos pesados, de alto número de pessoas, geração de risco à segurança, geração de efluentes poluidores, geração de ruídos e vibrações. Em geral, toda Lei de Uso e Ocupação do Solo apresenta quadro que classifica as diferentes atividades de comércio, prestação de serviços e serviços de uso coletivo em uso local, de bairro ou regional. No caso de Ouro Preto, devido às dimensões da cidade (cerca de 8 por 5 quilômetros), a caracterização regional deve ser entendida como municipal, ou seja, de toda a mancha urbana.

Adotamos como referência a tabela apresentada na LUOS de Belo Horizonte (PREFEITURA MUNICIPAL DE BELO HORIZONTE, 1996c), que classifica as atividades em "grupo 1", "grupo 2" e "grupo 3". A referida Lei divide o "grupo 3" em dois subgrupos, segundo a necessidade ou não de licenciamento ambiental para a implantação da atividade. A caracterização dos grupos é a seguinte:

— Grupo 1 — Pode estar em via local, coletora, arterial ou de ligação regional.
— Grupo 2 — Não pode estar em via local, coletora, arterial ou de ligação regional com caixa inferior a 10m. Só pode estar em via local, coletora, arterial ou de ligação regional com caixa maior que 10 metros.

— Grupo 3 — Não pode estar em via local. Não pode estar em via regional com caixa menor que 10 metros. Só pode estar em via coletora, arterial ou de ligação regional com caixa maior que 10m.

Todas as atividades foram classificadas e os mapas de área de influência foram separados por grupos. O critério para definição do raio de influência (*buffer*) de cada atividade foi definido segundo uma dimensão média do que seria considerado local, bairro e municipal. Para a definição do raio de influência de atividade local, medimos as faces de quadra de Ouro Preto em diferentes bairros, e chegamos à média de cerca de 60 metros. Os serviços de uso local são caracterizados por atividades das quais o consumidor necessita com maior freqüência, e deve facilmente alcançá-las a pé. Assim, arbitramos que um usuário se desloca tranqüilamente até uma distância de quatro quadras em Ouro Preto, pois embora a distância numérica seja pequena (média de 240 metros) a topografia é fator de atrito, o que limita maiores extensões. Arredondamos o valor para 250 metros, e adotamos esta distância para o raio de influência da atividade (diâmetro de 500 metros).

Foram gerados os raios de todos os pontos do *Grupo 1* e verificadas as sobreposições das manchas de influência, de modo que o mapa resultasse na classificação segundo maior ou menor atendimento pelas atividades. O resultado foi o mapa *Oferta de Serviços de Uso Coletivo — Grupo 1*, que demonstra que grande parte da cidade apresenta baixo atendimento por serviços de uso coletivo de caráter local, sendo a região do centro histórico concentrada entre a Praça Tiradentes e a Casa dos Contos a única bem servida. Isso significa alta concentração de atividades que deveriam estar distribuídas em toda a mancha urbana. O impacto sobre o centro com o grande afluxo de pessoas é significativo, dificultando a gestão do território.

Também para os *Grupos 2* e *3* foi realizado o procedimento de construção de raios de influência e síntese com classificação da sobreposição dos serviços. Para a determinação do raio de influência para o *Grupo 2*, foram medidos vários bairros, em planimetria, e adotado o critério de dimensão média de bairro, identificada como um quilômetro de diâmetro ou 500 metros de raio. O resultado foi o mapa *Oferta de Serviços de Uso Coletivo — Grupo 2*, cuja análise demonstra que a distribuição dos serviços de uso coletivo do *Grupo 2*, caráter de bairro, é melhor que a distribuição das atividades de caráter local (*Grupo 1*), mas ainda reflete a concentração na área central, principalmente no trecho entre a Praça Tiradentes e as igrejas Pilar e São João. O resultado é a maior concentração de circulação de pessoas no sentido bairro centro e os riscos de impacto ao patrimônio colonial da área central.

Para o *Grupo 3*, o desenho das áreas de interesse não seguiu o critério de raio de influência das atividades, pois, sendo estas de caráter municipal, o raio de ação é toda a cidade. Além disso, as atividades do *Grupo 3* não são de uso freqüente, de modo que habitar perto delas não significa necessariamente melhor qualidade de vida ou melhor acesso a serviços de uso coletivo, mas sim maior afluxo de pessoas e veículos. A opção foi pelo desenho das áreas de *impacto* das atividades e não de *influência*, especificadas como 120 metros de diâmetro ou 60 metros de raio, o correspondente a uma dimensão média de face de quadra em Ouro Preto, e pelo estudo da adequação da localização da atividade em relação ao padrão da via. Deve-se lembrar que o *Grupo 3* não pode estar localizado em via local de qualquer tamanho, ou em via regional, coletora ou arterial com caixa menor que 10 metros. Para a elaboração desta análise foi necessário construir o *Mapa de Classificação do Sistema Viário de Ouro Preto,* realizado a partir de duas referências bibliográficas: as Normas Nacionais para o Projeto Geométrico de Vias Urbanas (MINISTÉRIO DOS TRANSPORTES, 1980, p. 9) e a tabela empregada em Belo Horizonte, segundo as normas nacionais, para as características geométricas das vias contidas na Lei Municipal 7.166/96 (PREFEITURA MUNICIPAL DE BELO HORIZONTE, 1996b).

Os critérios observados destinam-se ao projeto de novas vias, pois as dimensões mínimas exigidas estão além do que é praticado na maioria das vias existentes, sobretudo se aplicadas ao caso de Ouro Preto, cidade histórica cujo traçado viário ocorreu de forma espontânea e por volta de 1700, quando os usos das ruas eram bastante diferenciados. Para a classificação das vias e do sistema de distribuição da circulação em Ouro Preto, organizamos classes que atendessem, da melhor forma possível, à legislação vigente. Utilizamos como referência a observação de campo relativa ao fluxo de automóveis e aos eixos de deslocamento dos ônibus urbanos e veículos de carga. A questão da largura das vias foi relativizada, pois não havia como exigir o mínimo proposto nas normas, e o uso foi o critério preponderante na classificação. A separação em classes I e II segue o critério da declividade predominante na área: até 30% é classe I, e acima de 30% é classe II. O mapa resultante de *Classificação das Vias* identifica os tipos:

— Via local residencial — Classe I e Classe II
— Via local comercial — Classe I
— Via Coletora Secundária — Classe I e Classe II
— Via Coletora Primária — Classe I e Classe II
— Via Arterial Secundária — Classe I e Classe II
— Via Arterial Primária — Classe I e Classe II

O passo seguinte foi a verificação das localizações de cada atividade do *Grupo 3* para identificação das que se encontram em uso não-conforme (em vias locais ou de dimensões muito inferiores à mínima). Esses casos foram separados no mapa *Ocorrência de Serviços de Uso Coletivo Grupo 3 — Inadequados em Relação à Via*.

Depois de separadas as atividades do *Grupo 3* em uso não-conforme, foram mapeadas as atividades do grupo em uso conforme, ou seja, em implantações adequadas segundo o padrão da via. Foi adotado o diâmetro de 120 metros para representação dos círculos de maior impacto de cada atividade, e os mapas foram agrupados em processo de síntese através do módulo *Avaliação* do SAGA-UFRJ. O agrupamento resultou em três classes de ocorrência: baixa, média e alta; além das áreas fora das áreas de impacto imediato das atividades.

Realizadas as análises do *Grupo 3*, o passo seguinte foi a síntese entre áreas de influência do *Grupo 1* e áreas de influência do *Grupo 2*, tendo como resultado o mapa *Oferta de Serviços de Uso Coletivo — Grupos 1 e 2*. Acreditamos que a síntese dos dois primeiros grupos seja suficiente para caracterizar o grau de atendimento por serviços de uso coletivo, sem a incorporação dos dados do *Grupo 3*. O *Grupo 3* é caracterizado por serviços cuja área de influência é toda a cidade e não são considerados de uso freqüente, de modo que o fator de localização não é o mais importante.

A síntese das áreas de influência dos *Grupos 1* e *2* foi realizada a partir da *Matriz de Agrupamento* de dados. Uma vez determinados os pesos de 50% para cada mapa, foram atribuídas as notas para cada componente, e no módulo *Avaliação* do SAGA-UFRJ foram cruzados os dados, conforme o quadro da **Figura 6**.

Grupo 2 (peso 50%)	Grupo 1 (peso 50%)						
	Fundo Mapa	Baixa	Baixa a Média	Média	Média a Alta	Alta	
Notas dadas	0	2	4	6	8	10
Fundo Mapa	0	0	1	2	3	4	5
Baixa	12	6	7	8	9	10	11
Baixa a Média	24	12	13	14	15	16	17
Média	36	18	19	20	21	22	23
Média a Alta	48	24	25	26	27	28	29
Alta	60	30	31	32	33	34	35

Figura 6 — Matriz de Agrupamento de Dados — Grupo 1 e Grupo 2.
0, 1, 6, 7 — Baixo atendimento
2, 3, 8, 9, 12, 13, 18, 19 — Baixo a médio atendimento
4, 5, 10, 11, 14, 15, 20, 21, 24, 25, 30, 31 — Médio atendimento
16, 17, 22, 23, 26, 27, 32, 33 — Médio a alto atendimento
28, 29, 34, 35 — Alto atendimento

O mapa resultante encontra-se na **Figura 9**. A análise do mapa gerado pela síntese demonstra que ainda há extensa área em Ouro Preto de baixa oferta de serviços de uso coletivo. Merece destaque a situação do bairro Bauxita, principalmente nas proximidades da UFOP, onde há expansão da ocupação. O complexo Bauxita e Saramenha, que podemos denominá-lo de Nova Ouro Preto, ainda é muito pouco atendido por atividades de serviços de uso coletivo, o que deve ser observado.

As atividades de serviços de uso coletivo se concentram no núcleo histórico, principalmente entre a Praça Tiradentes e as igrejas Rosário e Pilar. Seria fundamental deslocar algumas atividades ou promover novas ocupações em regiões nas franjas do núcleo histórico. Esta é uma área que sofre pressões de substituição de residências por comércio, prestação de serviços e serviços de uso coletivo, embora o sistema viário seja caracterizado por ruas estreitas e íngremes. Essas mudanças no uso do solo devem ser acompanhadas de projetos muito controlados pelo Instituto do Patrimônio Histórico, na observação do uso das fachadas, letreiros, sistemas de acesso e alterações nos fluxos viários, e de projetos de uso consciente do acervo arquitetônico (precauções contra incêndios, entre outros).

Outro problema bastante comum em núcleos urbanos que têm seus usos alterados é o surgimento de cidades-fantasma, que só têm vida no horário comercial, mas que perdem a expressão após certos horários. Uma característica fundamental nas cidades coloniais é a complexidade e a dinâmica resultantes dos usos simultâneos do espaço urbano pela comunidade local e pelos visitantes, pelas residências e pelo comércio; de modo que é fundamental evitar que Ouro Preto se torne apenas um "cenário".

JANE JACOBS (1961) em seu livro *Death and life of great American cities* defende a manutenção da complexidade urbana como forma de garantir a vitalidade espacial. Para a autora, a cidade deve comportar uma mistura de funções, evitando o caráter "museológico".

3.1.2. MAPA-SÍNTESE DE COMÉRCIO, PRESTAÇÃO DE SERVIÇOS E SERVIÇOS DE USO COLETIVO

A etapa seguinte foi a síntese da distribuição de Serviços de Uso Coletivo, Comércio e Prestação de Serviços. O procedimento foi realizado no SAGA-UFRJ, no módulo *Avaliação*, com a atribuição dos pesos 34% para Comércio, 33% para Prestação de Serviços e 33% para Serviços de Uso Coletivo. O mapa final, *Síntese de Comércio, Prestação de Serviços e Serviços de Uso Coletivo*, classifica a cidade em cinco padrões:

— Baixa ocorrência de atividades — muito mal servido;
— Baixa a média ocorrência de atividades — mal servido;
— Média ocorrência de atividades — razoavelmente servido;
— Média a alta ocorrência de atividades — bem servido;
— Alta ocorrência de atividades — muito bem servido.

O mapa resultante confirma a excessiva concentração de atividades no núcleo histórico colonial, o que exige cuidados especiais de fiscalização do acervo arquitetônico. Contudo, mais do que confirmar distribuição esperada, o mapa indica novas centralidades em Ouro Preto. O estudo das centralidades é fundamental para a percepção da formação de núcleos que tenderão a adquirir certa independência e que, no processo de planejamento, podem ser trabalhados como "cidades dentro de cidades".

Assim, alguns instrumentos de planejamento e gestão urbanas devem ser considerados, visando ao estudo da distribuição de atividades. São temas correlacionados na ordenação do espaço urbano: a organização de "cidades dentro de cidades", o estudo de "centralidades" e "lugares centrais", o conceito de "unidade de vizinhança", as relações intra-urbanas na forma de redes e padrões de distribuição.

O conceito de ordenação de atividades urbanas em "cidades dentro de cidades" é, na verdade, a adaptação da teoria dos *Lugares Centrais* de CHRISTALLER (1966) ao espaço das cidades, de 1933. O autor propôs um modelo físico de localização de cidades segundo suas áreas de influência. As classificações eram baseadas nas características e nas delimitações das áreas de influência, sendo as posições mais relativas que absolutas, dentro de um organismo geral. Há dois conceitos fundamentais: o raio de ação e o limiar mínimo de um bem (como um número mínimo de clientes, por exemplo). Quando uma cidade se tornava centro de ordem superior, existiam no conjunto todos os tamanhos possíveis de cidade. Da mesma forma é possível falar da distribuição das atividades no solo urbano, no qual atividades como as comerciais podem ter influência local, de bairro, de região ou municipal (**Figura 7**).

Figura 7 — Teoria dos Lugares Centrais proposta por CHRISTALLER em 1966 (adaptado de BRADFORD, 1987).

A *Central Place Theory* foi aplicada às questões intra-urbanas por August Lösch e Von Thünen, em 1939, no estudo de competições de mercado segundo fatores locacionais. Mais tarde, em 1965, ao escrever *The city is not a tree*, Christopher Alexander defende que a organização urbana não deve acontecer na forma de centros nos quais diferentes funções coincidem, mas as pessoas tendem a usar diferentes centros para diferentes propósitos, o que resultaria em cidade multinucleada e marcada pela maior complexidade de intercâmbios.

Os núcleos foram trabalhados como "unidades de vizinhança" e muito abordados em diferentes etapas dos estudos urbanos, sempre na busca de dimensões ideais para a cidade e de padrões de organização espacial. Segundo LYNCH (1987, p. 239), o primeiro a discutir a necessidade de controlar as dimensões urbanas foi Aristóteles, na obra *Politics*:

> *"Ten people would not make a city, and with a hundred thousand it is a city no longer. It should be big enough to be self-sufficient for living the good life after the manner of a political community, but not so big that citizens lose personal touch with each other, for to decide questions of justice, and to distribute the offices according to merit, it is necessary for the citizens to know each other's personal characters."*

Aristóteles aborda a questão do ponto de vista da organização política da cidade, mas ao longo dos anos o tema é sempre discutido no sentido também da organização espacial e da distribuição de serviços. Estudos recentes comprovam que a existência da unidade de vizinhança não é essencial para as relações sociais, que ocorrem muito mais pelas atividades profissionais que por localizações das residências, mas elas são fundamentais nas bagagens mentais dos usuários, na construção de conceitos de pertinência a um lugar. Estas unidades, segundo LYNCH (*op. cit.*, p. 248), *"exist in the minds of city dwellers, and there is often fair agreement about their stereotyped characteristics".*

Persiste, nos estudos urbanos, o objetivo de ordenação da cidade por meio de distribuições hierárquicas, de "cidades dentro de cidades". Se o conceito de unidades de vizinhança é visto como utópico, permanece o valor de se trabalhar com núcleos, ou células, unidades mínimas que se reproduziriam na formação do conjunto urbano. O conceito de *pattern of centers* parece natural porque se aproxima da forma como nossa mente trabalha. Segundo LYNCH (*op. cit.*, p. 389):

> "*The hierarchical model requires that there should be one dominant center, including all the 'highest', or more intense, or most specialized activities. At a distance from this center there should be a number of essentially equivalent subcenters, of lesser size, serving only a portion of the community, and containing less important, less intense, or less specialized activities, many of which will 'feed into' the uses of the main center. Each subcenter may then be sorrounded by a standard array of sub-subcenters, and so on down to the degree desired.*"

Este conceito é também defendido por HARVEY (1993, p. 70), que acredita no espaço urbano como um palimpsesto de formas passadas, camadas que se sobrepõem constituindo um todo complexo que dá identidade ao lugar. Para Harvey, gerenciar a cidade é trabalhar em pequenas escalas, esperando os efeitos de irradiação dos resultados.

Ainda no final da década de 80, teve grande impacto o artigo publicado por LEON KRIER (1987) defendendo o que ele chamava de "boa cidade", que não pode crescer por extensão em largura ou altura, mas somente por multiplicação. O autor acredita em comunidades urbanas completas e finitas, dentro do conceito de unidades de vizinhança, cada uma delas constituindo uma unidade independente dentro de uma unidade maior. Isso teria um sentido ecológico, pois as funções urbanas aconteceriam dentro de distâncias a pé compatíveis e agradáveis. Assim seria recuperada a riqueza simbólica de formas tradicionais baseadas na proximidade e no diálogo da maior variedade possível, na articulação significativa dos espaços públicos.

O conceito de *centralidade* refere-se ao potencial de uma área como pólo centralizador de atividades urbanas e de interesse da comunidade. Com o crescimento das cidades e saturação do centro tradicional, surgem novas referências ao longo da mancha urbana, nas quais se concentram comércios e prestação de serviços de bairros e podem ser criadas condições de intercâmbio comunitário na forma de praças e ambientes de convívio. Estas centralidades têm papel fundamental na criação de laços entre usuários e espaço urbano e se configuram como lugares centrais de novas cidades que nascem dentro das cidades maiores.

No caso de Ouro Preto, acreditamos no fortalecimento das centralidades não somente na forma de praças e lugares de encontro destinados ao lazer, mas sim como espaços de concentração de atividades de comércio, prestação de serviços e serviços de uso coletivo que, naturalmente, resultam em aglomerações da comunidade e podem ser trabalhados como centros de referência de setores da mancha urbana.

O mapa de *Síntese de Comércio, Prestação de Serviços e Serviços de Uso Coletivo* (**Figura 10**) identifica este potencial de centralidade nas zonas caracterizadas como "média ocorrência". Pela distribuição dessas zonas, é possível perceber que podem ser trabalhadas como centralidades regiões como o bairro Bauxita, Sant'Ana, a parte mais alta do bairro Cabeças; e um ponto incipiente entre os bairros Saramenha e Santa Izabel. Ainda há forte influência do núcleo central colonial, mas a cidade já se divide em setores que poderiam ter maior independência.

Uma vez caracterizada a distribuição de comércio, serviços e serviços de uso coletivo em Ouro Preto, é interessante verificar sua relação com o Macrozoneamento do Plano Diretor em vigência. A distribuição de atividades pode dar sustentação ou trazer conflitos para o zoneamento proposto, segundo as necessidades de proteção do patrimônio urbanístico e ambiental ou áreas de adensamento e expansão.

3.1.3. Cotejo em Síntese de Comércio, Prestação de Serviços e Serviços de Uso Coletivo e Macrozoneamento Vigente

A ferramenta usada para o cotejo de dados foi a *Matriz de Interesses Conflitantes* que, no módulo *Avaliação* do SAGA-UFRJ, resulta nas caracterizações das áreas de conflito, áreas de cuidados especiais e áreas nas quais as propostas estão adequadas.

No mapa gerado, *Cotejo em Síntese de Comércio, Prestação de Serviços e Serviços de Uso Coletivo e Macrozoneamento vigente* (**Figuras 8** a **11**), observa-se uma grande área de conflito, para a qual o Plano Diretor prevê expansão e adensamento, mas não há infra-estrutura de comércio e serviços. Há ainda o conflito decorrente da existência de comércio e serviços em área prevista como de proteção e cuja ocupação deveria ser desincentivada. Esta é a questão principal e que deve ser mais bem estudada nas políticas de planejamento e gestão urbanas. Destaca-se também a pressão por expansão e os impactos que as atividades de comércio e serviços exercem sobre o centro histórico colonial. A cidade deve ser preservada do sério risco de grande substituição do uso residencial pelo comercial no centro histórico, o que alteraria a dinâmica e a ocupação urbanas que caracterizam Ouro Preto.

Comércio, Serviços, Uso Coletivo	Notas	Macrozoneamento					
		FM	Proteção Paisagística	Controle Paisagístico	Adensamento	Expansão	Proteção Especial
		0	2	4	6	8	10
FM	0	0	1	2	3	4	5
Ruim	12	6	7	8	9	10	11
Ruim a Médio	24	12	13	14	15	16	17
Médio	36	18	19	20	21	22	23
Médio a Alto	48	24	25	26	27	28	29
Alto	60	30	31	32	33	34	35

Figura 8 — Matriz de Interesses Conflitantes Comércio, Prestação de Serviços e Serviços de Uso Coletivo e Macrozoneamento.

Classificação obtida:

FM — Fundo de mapa — Fora de análise — 0 a 6 e 12, 18, 24 e 30.
Conflito: Expansão ou Adensamento e Ruim de CSUC — 9, 10, 15 e 16.
Conflito: Proteção ou Controle e Alto a Médio Alto — presença de CSUC — 19, 20, 25, 26, 31 e 32.
Adequado: Proteção ou Controle e Ruim a Médio Ruim — serviço de CSUC — 7, 8, 13 e 14.
Adequado: Expansão ou Adensamento e Médio de CSUC — 21 e 22
Muito Adequado: Expansão ou Adensamento e Médio Alto a Alto de CSUC — 27, 28, 33 e 34.
Baixos Cuidados: Proteção Especial e Ruim de CSUC — 11.
Médios Cuidados: Proteção Especial e Médio ou Médio a Ruim de CSUC — 17 e 23.
Altos Cuidados: Proteção Especial e Médio a Alto e Alto nos serviços de CSUC — 29 e 35.

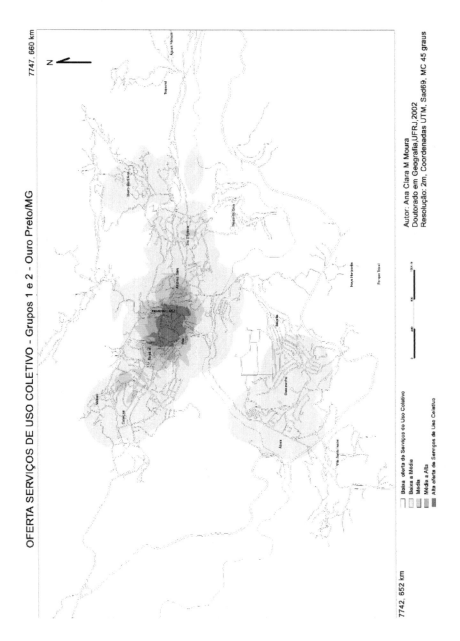

Figura 9 — Mapa de Oferta de Serviços de Uso Coletivo — Grupo 1 e Grupo 2 — Ouro Preto/MG.

GEOPROCESSAMENTO APLICADO À CARACTERIZAÇÃO E PLANEJAMENTO 245

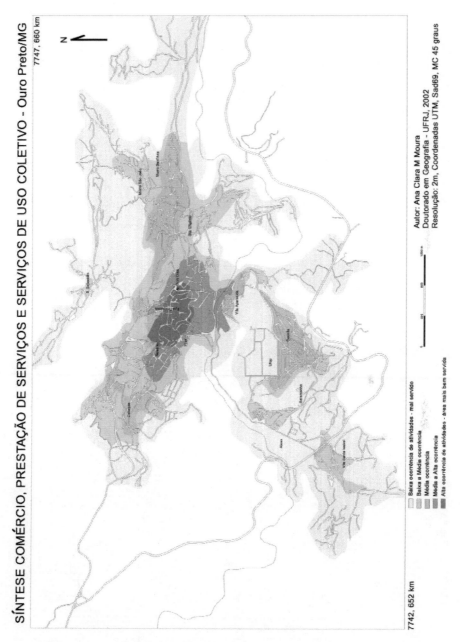

Figura 10 — Mapa de Síntese de Comércio, Prestação de Serviços e Serviços de Uso Coletivo — Ouro Preto/MG.

246 GEOPROCESSAMENTO & ANÁLISE AMBIENTAL: APLICAÇÕES

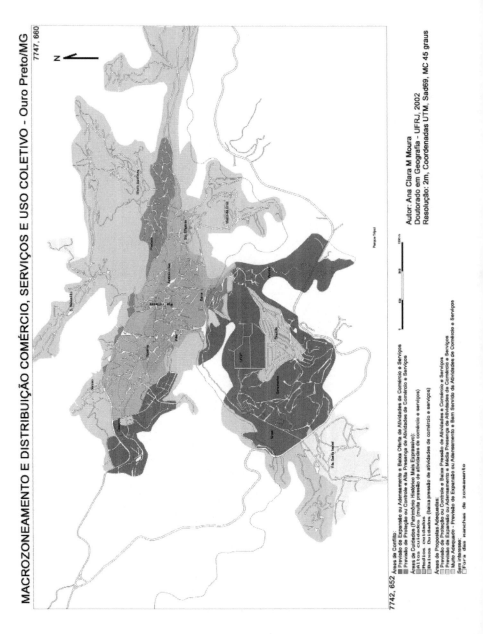

Figura 11 — Mapa de Cotejo entre Macrozoneamento Vigente e Distribuição de Comércio, Prestação de Serviços e Serviços de Uso Coletivo — Ouro Preto/MG.

3.2. Síntese Final — Índice de Qualidade de Vida Urbana em Ouro Preto — MG

A síntese final agrupa muitos estudos parciais compostos sobre temas específicos. O método utilizado é a *Avaliação Complexa*, porque foram necessárias muitas sínteses para finalmente alcançarmos um conjunto de dados que nos permitisse uma avaliação final.

O Índice de Qualidade de Vida Urbana (IQVU) é um instrumento que dá subsídios para a implantação de planos de desenvolvimento e de gestão da distribuição das atividades em uma cidade. Diante de um mapa que identifique as áreas menos e as mais favorecidas é possível definir prioridades de intervenção, assim como reconhecer as tendências de surgimento de novos setores importantes na cidade.

Entre os planos urbanos que já adotaram este critério, pode ser citado o Plano Diretor de Belo Horizonte (1996), para o qual foi desenvolvido um método para expressar em números a complexidade de fatores que interferem na qualidade de vida nos diversos espaços de Belo Horizonte. Segundo a Prefeitura Municipal de Belo Horizonte (1996a):

"Trata-se de um índice que mede a qualidade de vida do lugar urbano. Tradicionalmente, os índices elaborados têm medido a qualidade de vida do indivíduo, avaliando indicadores, tais como esperança de vida ao nascer, grau de alfabetização, renda individual ou familiar etc. O IQVU, ao contrário, busca medir a qualidade de vida do munícipe enquanto morador da cidade. Isto porque, além de medir a oferta localizada, mede o quanto esta oferta é compartilhada na cidade. Neste sentido, uma característica fundamental é o acesso à oferta de bens e serviços. Este aspecto do IQVU representa uma alteração profunda em relação aos índices tradicionais. Isto porque, além de medir a oferta localizada, mede o quanto esta oferta é compartilhada na cidade."

O procedimento metodológico utilizado no caso de Belo Horizonte foi baseado em modelo sistemático que partiu da escolha de onze variáveis de serviços (definidos como componentes e indicadores). Depois foram definidos os pesos das variáveis (para estudo de importância relativa), e realizada homogeneização das escalas de medidas dos indicadores. A partir deste ponto foi promovida agregação sistemática e gradativa dos indicadores.

Na análise da comparação do realizado pela Prefeitura de Belo Horizonte com o estudo de caso de Ouro Preto observamos que ambos os estudos utilizaram procedimentos metodológicos que se baseiam nos princípios de homogeneização de escalas de medição (sobretudo de dados nominais para a escala racional ou numérica), ponderação de variáveis (segundo o grau de importância na síntese) e promoção de agregação sistemática e gradativa de dados que, no nosso caso, foram traduzidos na *Árvore de Decisões*.

Seria interessante se dispuséssemos de mais dados socioeconômicos sobre segurança e ocorrência de agravos e sobre qualidade do ar em Ouro Preto. Contudo, é necessário lembrar que o estudo de IQVU de Belo Horizonte envolveu grande equipe da Secretaria de Planejamento e consultores de Universidades, além do amplo acesso a dados já organizados em sistemas de geoprocessamento. Assim, tendo em vista os dados disponíveis e o reduzido pessoal envolvido (foi Tese de Doutorado), acreditamos na eficácia de nossa proposta de IQVU, sobretudo porque é um formato bem mais expedito e que produz resultados sustentáveis.

Merece também ser citado outro estudo com o objetivo de organizar um indicador para a qualidade de vida urbana: o projeto *Dinâmica Social, Qualidade Ambiental e Espaços Intra-urbanos em São Paulo — Uma Análise Socioespacial*, desenvolvido pela PUC-SP, INPE — Instituto Nacional de Pesquisas Espaciais) e Pólis (CÂMARA & MONTEIRO, 2001), com o apoio da Fapesp. O trabalho visou à aplicação de recursos de geoprocessamento em políticas públicas e constituiu-se na construção de base de dados geodemográficos para elaboração do *Mapa da Exclusão/Inclusão Social da Cidade de São Paulo*. A base de dados e a análise espacial foram realizadas no *software Spring*, do INPE.

A expectativa era gerar metodologia de referência para produção de indicadores regionalizados de dinâmica social do espaço intra-urbano, que incorporasse o lugar de ocorrência do evento como elemento da análise quantitativa. A metodologia foi também aplicada ao estudo de caso da construção do mapa de exclusão social da área urbana de São João dos Campos, São Paulo, por GENOVEZ *et al.* (2001).

Um dos conceitos abordados foi o de *topografia social*, também conhecida como *superfícies de tendência*, que significa a identificação de tipologias e arranjos espaciais a partir de dados que têm como localização centróides ou pontos de referência, e cujas áreas de influência são regionalizadas a partir das interações entre esses pontos, com o uso de técnicas de estatística espacial. A justificativa para o uso do conceito de *topografia social* é defendida por CÂMARA & MONTEIRO (2001, p. 6):

> *"A motivação do conceito de topografia social é o fato de que os fenômenos socioeconômicos apresentam continuidade no espaço e que os limites das regiões das cidades são muitas vezes meras divisões administrativas. A compreensão do território não pode estar limitada por zonas estanques e ganhamos muito em compreensão quando complementamos a apresentação tradicional do espaço geográfico em polígonos coloridos com o uso de imagens e superfícies."*

A principal diferença metodológica entre o estudo em São Paulo e o estudo de Ouro Preto é que o primeiro, baseado em elaborações de superfícies de tendências, tem os dados iniciais coletados por pontos específicos (malha de pontos ou centróides). No caso de Ouro Preto, os dados são organizados por matriz de *pixels* que cobre toda a cidade, composta por 2.500 linhas e 4.000 colunas, correspondente à superfície de 5 por 8 quilômetros, o que significa resolução de 2 metros. Assim, em Ouro Preto, as informações a cada 2 metros não são inferidas por modelos matemáticos, mas são reais representações da realidade. Cada 2 metros quadrados são caracterizados por complexo conjunto de variáveis espaciais.

Além das opções metodológicas de modelos de análise, outra diferença entre o produto por nós desenvolvido e o paulista refere-se à natureza dos dados selecionados para os processos de síntese. No estudo paulista, a ênfase foi em dados socioeconômicos, sem a abordagem de questões físicas e ambientais. A questão do espaço foi utilizada para a localização de atividades socioeconômicas, mas características desse espaço não foram detalhadas. No nosso estudo, realmente teria sido interessante a utilização de mais dados socioeconômicos, mas esses não estavam disponíveis, exceto os relativos à distribuição e à caracterização da população, fornecidos pelo IBGE. Contudo, o mapa-síntese por nós organizado, embora por procedimentos distintos, é um retrato da distribuição social em Ouro Preto, sendo rica ferramenta para estudos de políticas públicas.

A caracterização final de *Qualidade de Vida Urbana em Ouro Preto* é produto de *Avaliação Complexa* de grande gama de variáveis, aqui já representadas apenas por suas sínteses parciais. Para a real compressão do que foi todo o processo que envolveu as muitas etapas de sínteses parciais, seria necessário observar a *Árvore de Decisões* completa, desde os primeiros planos de informação até a promoção das 10 sínteses parciais e, concluindo os estudos, chegando à síntese final.

Apresentaremos aqui somente o roteiro que constituiu esta última síntese, que conjugou informações relativas à Síntese de Riscos à Ocupação; Síntese de Comércio, Prestação de Serviços e Serviços de Uso Coletivo; Síntese de Infra-Estrutura; Síntese de Potencial de Expansão Urbana; Síntese de Valor da Terra; Síntese de Riscos de Doenças.

Decidimos por atribuir pesos equivalentes a todas as variáveis envolvidas na análise, com pequena diferença de um ponto percentual para *Síntese de Riscos a Doenças* e *Síntese de Potencial de Expansão Urbana*.

Internamente, as notas atribuídas a cada componente de legenda seguiram os valores já praticados por estas em seus respectivos mapas. O mapa de *Síntese de Infra-Estrutura*, por exemplo, apresenta legenda composta por notas de 0 a 10, caracterizando situações de ruim a bom, e estes componentes de legenda receberam o mesmo valor, de 0 a 10, na síntese final de IQVU. Os únicos mapas que tiveram seus valores alterados foram *Síntese de Riscos à Ocupação* e *Síntese de Riscos a Doenças*, pois neles o valor 0 significa baixo risco, o que deve ser considerado positivo para a qualidade de vida. No caso desses dois mapas, os componentes de valores baixos receberam notas altas, e valores altos receberam notas baixas.

A síntese foi finalmente realizada com o módulo de *Avaliações* do SAGA-UFRJ e é apresentada no mapa *Síntese de Qualidade de Vida Urbana*.

A distribuição da qualidade de vida urbana em Ouro Preto reflete com muita clareza o perfil da cidade e suas duas realidades: a Ouro Preto colonial e a Ouro Preto mais recente, representada pela ocupação Bauxita/Saramenha, como se fossem duas cidades, conurbadas por faixa estreita. A cidade mais recente ainda é dependente da primeira, mas sua conformação já caminha para a auto-suficiência (**Figura 12**).

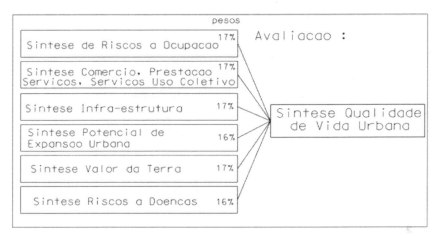

Figura 12 — Roteiro metodológico da Síntese de Qualidade de Vida Urbana.

A Ouro Preto tradicional, como é natural nos processos de crescimento urbano, é plurinucleada — há maior difusão de centros de referência, em volta dos quais se repetem os padrões de hierarquia de qualidade de ocupação urbana (**Figura 13**). Em visão simplificada e objetivando dar uma referência visual para esta explicação, sugerimos o croqui:

Figura 13 — Cidade plurinucleada.

A Ouro Preto de ocupação mais recente, nos bairros Bauxita e Saramenha, ainda tem um único núcleo central como referência, pois não adquiriu maturidade urbana suficiente para a formação de novas centralidades. Neste mesmo raciocínio, é possível prever o surgimento de novos pólos de referência na ocupação urbana, com conseqüente adensamento populacional e transformação do uso e valor da terra. Essas áreas se localizam ao sul da Rodovia MG-356, nas franjas da área do parque do Tripuí. Será uma área de conflito, justamente pela necessidade de proteção do parque. Acreditamos que o maior vetor de crescimento da cidade será neste sentido, o que se confirmará nos próximos anos.

Observa-se também que o Morro de Sant'Ana e a região de Santa Efigênia estão adquirindo independência e, embora ainda não tenham chegado ao nível de Bauxita e Saramenha, os dados indicam nesse sentido de evolução urbana. O Morro de Sant'Ana e o Morro da Cruz são áreas indicadas como de pior qualidade de vida urbana e são as regiões de maior densidade de ocupação da cidade. A maior parcela da população de Ouro Preto se situa nas piores áreas em termos de qualidade de vida urbana. A área do Morro da Cruz é de grande impacto cênico na cidade, pois é visto

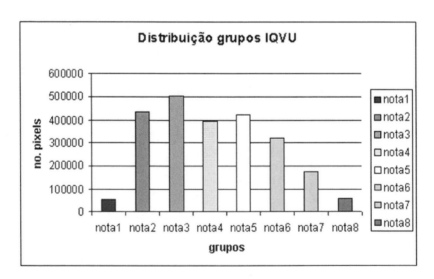

Figura 14 — Gráfico de distribuição das classes de qualidade de vida e áreas (em *pixels*) por elas ocupadas.

GEOPROCESSAMENTO APLICADO À CARACTERIZAÇÃO E PLANEJAMENTO   253

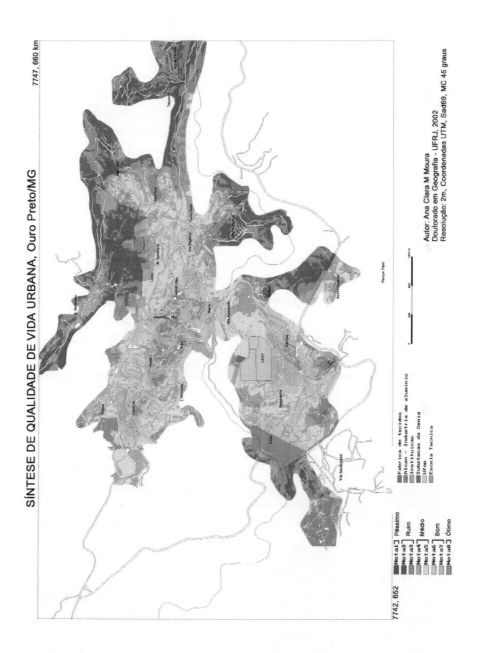

Figura 15 — Mapa-Síntese de Qualidade de Vida Urbana em Ouro Preto/MG.

amplamente a partir do núcleo histórico. O Morro de Sant'Ana não é visto de todo o núcleo histórico, mas somente do setor leste, nas redondezas das igrejas Santa Efigênia e Padre Faria.

O núcleo urbano colonial ainda é a área de melhor qualidade de vida. Isso se traduz na pressão por adensamento da região, que merece cuidados especiais, posto que o conjunto arquitetônico e urbanístico é patrimônio da humanidade. É fundamental que outras áreas, fora do núcleo histórico, recebam investimentos objetivando a melhoria da qualidade de vida para que a pressão sobre o centro histórico seja reduzida. O incentivo ao surgimento de novas centralidades na região de Bauxita e Saramenha ou mesmo investimentos significativos na melhoria ambiental da região do Pocinho e de Águas Férreas seriam soluções cabíveis, embora as últimas de maiores investimentos financeiros.

A análise da distribuição das classes de qualidade de vida urbana por área, considerando o número de *pixels* ocupada por cada valor, demonstra uma curva com pouca representatividade nos extremos (valores menores e maiores) e com concentração perto da média. Observamos equilíbrio em relação à ocorrência das situações extremas, o ótimo e o péssimo. Há um ligeiro predomínio da situação ruim, seguido da situação média. É um histograma bastante regular, que poderia ser traduzido na forma de uma curva normal, o que indica que a análise construída é representativa da realidade.

4. CONCLUSÕES

O trabalho teve como objetivo a construção de propostas de aplicação dos recursos de geoprocessamento em duas etapas da análise urbana: no planejamento e na gestão. Outros objetivos específicos foram abordados em análises e produtos parciais organizados. Na etapa de planejamento foi montado um SIG (Sistema Informativo Geográfico) que permite complexa análise espacial segundo diferentes aspectos da realidade urbana, que resulta na avaliação das adequabilidades dos usos atuais e da legislação vigente, assim como caracteriza a qualidade de vida urbana em Ouro Preto. Outras etapas aqui não apresentadas abordaram a gestão do patrimônio arquitetônico e urbanístico através de aplicativo de *Gerenciamento Eletrônico de Documentação*, cujo objetivo era facilitar o estudo de adequabilidade das intervenções pontuais na cidade, atuando como ferramenta auxiliar nos processos de aprovação de projetos.

Entende-se o planejamento como o conjunto de ações de análise e de construção de propostas que ocorrem em maior escala temporal e espacial, enquanto gestão deve incorporar a dimensão tempo e acompanhar as mudanças no cotidiano urbano, em menor escala temporal e espacial. Os dois processos devem trabalhar em sintonia na ordenação de um espaço urbano, pois é necessário planejar a cidade e estudar as conseqüências das propostas para o conjunto urbano, enquanto as modificações em menor escala devem ser contextualizadas ao planejado para a área como um todo.

A escolha da cidade de Ouro Preto está relacionada à sua importância para a história urbana de Minas Gerais e, sobretudo, à sua complexidade espacial. Uma vez realizados os testes e comprovada a eficácia da metodologia proposta, o procedimento pode ser adotado em outras áreas urbanas que, certamente, apresentarão complexidade menor que Ouro Preto, cidade Patrimônio da Humanidade e palimpsesto de tantas etapas da formação urbana brasileira.

O conjunto de dados organizado é bastante rico, mas temos consciência de que um pesquisador não consegue, sem equipe de apoio ou sem estar associado a uma instituição do município, organizar banco de dados de diferentes naturezas que seja atualizado e completo. Assim, indicamos que outras equipes complementem e atualizem o que for possível para garantir a análise em tempo real da dinâmica espacial urbana. Acreditamos também que dados que tiveram suas apresentações em alguma generalização por falta de informações mais pontuais e detalhadas devam ser complementados por equipes de pesquisa interessadas no aproveitamento dos estudos já realizados.

A conclusão dos estudos coincidiu com um momento extremamente delicado para a cidade de Ouro Preto, pois o título de Patrimônio da Humanidade está sendo questionado, tendo em vista a falta de cuidados básicos com o acervo existente, a falta de planejamento urbano em amplo senso e, sobretudo, à crescente descaracterização do conjunto paisagístico. Ouro Preto hoje é, na verdade, patrimônio em alto risco. O presente trabalho promove ampla análise urbana com o objetivo de caracterização da realidade existente, questiona a distribuição de serviços e infra-estrutura, avalia a adequabilidade do Plano Diretor em vigência e dá muitos indicativos de potencialidades e restrições existentes. A partir da análise urbana organizada, é totalmente possível promover novas políticas de controle urbano, segundo diferentes objetivos.

O trabalho enfrentou os desafios de adotar sistema matricial de representação e análise de dados, o que ainda não é o padrão mais adotado nos estudos assistidos por Sistema Informativo Geográfico, e comprovou que, mesmo na complexidade e na escala de detalhe da análise urbana, o sistema atende bem a seus propósitos. Para que o estudo fosse realizado a contento, foi necessário criar metodologia de conversão de representação de dados (do vetorial para o matricial, e das transformações dos modos de implantação pontual, linear e zonal).

Finalmente, é necessário destacar que a cidade de Ouro Preto irá dispor de complexo acervo de dados e de análises conforme diferentes objetivos. A partir dessa abordagem, que consideramos inicial, novas relações podem ser identificadas e incorporadas à caracterização do espaço urbano.

5. REFERÊNCIAS BIBLIOGRÁFICAS

ALEXANDER, C. The city is not a tree. *Architectural Forum*, New York, Vol. 122, ns. 1 e 2, abr-mai 1965.

BERTIN, J. *Sémiologie graphique: les diagrammes, les réseaux, les cartes.* Paris: Mouton et Gauthier-Villars, 1967, pp. 34-39.

BHTRANS, Prefeitura Municipal de Belo Horizonte. Lei Municipal 7.166/96, anexo III, *Características Geométricas das Vias*. 1996. Disponível na Internet via http://www.pbh.gov.br/ativurb. Arquivo consultado em 2002.

BRADFORD, M.G., KENT, W.A. *Geografia humana: teorias e suas aplicações.* Lisboa: Gradiva, 1987, pp. 17-45.

CÂMARA, G., A. e MONTEIRO, F. R. *Dinâmica Social, Qualidade Ambiental e Espaços Intra-Urbanos em São Paulo: Uma Análise Socioespacial.* São Paulo: FAPESP (Fundação de Amparo à Pesquisa do Estado de São Paulo) — Programa de Pesquisas em Políticas Públicas. 2001, 21p. (Relatório técnico.)

CHORLEY, J. e HAGGET, P. Models, Paradigms and the New Geography. *In*: *Integrated Models in Geography*. London: Methuen, 1967, pp. 9-41.

CHRISTALLER, W. *Central Places in Southers Germany.* Trad. C.W. Baskin. New Jersey: Prentice-Hall, 1966 (orig. 1933).

CHRISTOFOLETTI, A. *Modelagem de Sistemas Ambientais.* São Paulo: Edgard Blucher, 1999, pp. 1-75.

FRACCAROLI, C. *O fenômeno da forma e sua relação com o fenômeno artístico; o problema visto através da Gestalt (psicologia da forma).* São Paulo: FAU-USP, 1982, 32p.

GENOVEZ, P., CÂMARA, G. e MONTEIRO, A. Diagnóstico das Áreas de Exclusão/Inclusão Social através de Sistema de Informação Geográfica na Área Urbana de São José dos Campos — SP. *X Simpósio Brasileiro de Sensoriamento Remoto,* Foz do Iguaçu. 2001. Disponível na Internet via www.dpi.inpe.br/geopro/trabalhos/patricia_sbsr2001.pdf. Consultado em 2002.

HARVEY, D. *Condição pós-moderna.* São Paulo: Loyola, 1993, pp. 69-96.

IBPC — Instituto Brasileiro do Patrimônio Cultural. *Elaboração de normas de preservação: Consultoria técnica na área de Percepção Ambiental.* Belo Horizonte: IBPC, 1994. (Relatório técnico.)

IGA — Instituto de Geociências Aplicadas. *Desenvolvimento Ambiental da Cidade de Ouro Preto — Microbacia do Ribeirão do Funil.* Belo Horizonte: IGA, 1993. 58p. (Relatório técnico).

_____. *Percepção da Qualidade Ambiental Urbana em Ouro Preto.* Orientadora: Ana Clara Mourão Moura. Belo Horizonte: IGA, 1995, 45p. Monografia. (Especialização em Cartografia e Análise Espacial.)

JACOBS, J. *The death and life of great American cities.* Nova York: Random House, 1961, pp. 35-37.

KRIER, L. Tradition — modernity — modernism: some necessary explainations. *Architectural Design Profile,* Londres, n. 65, 1987.

LEVINE, R. I., DRANG, D. E. e EDELSON, B. *Inteligência artificial e sistemas especialistas.* São Paulo: McGraw-Hill, 1988, pp. 97-128.

LÖSCH, A. *The economics of location.* New Haven: Yale University Press, 1954 (orig. 1939).

LYNCH, K. *Good city form.* Massachusetts: MIT Press, 1987, 514 p.

_____. *The image of the city.* Massachusetts: MIT Press, 1961, 202 p.

MINISTÉRIO DOS TRANSPORTES. Departamento Nacional de Estradas e Rodagem, Diretoria de Planejamento. *Normas para o Projeto Geométrico de Vias Urbanas.* 1980, pp.1-10, 86-94.

MOURA, A. C. M. O papel da Cartografia nas análises urbanas: tendências no Urbanismo Pós-Moderno. *Cadernos de Arquitetura e Urbanismo,* Belo Horizonte: PUC-MG, n. 2, pp. 41-73, 1994.

MOURA A. C. e ROCHA, C. H. B. *Desmistificando os aplicativos Microstation: guia prático para usuários de geoprocessamento.* Petrópolis: Os Autores, 2001, pp. 231-271.

_____. *Geoprocessamento aplicado ao Planejamento Urbano e à Gestão do Patrimônio Histórico de Ouro Preto — MG.* Rio de Janeiro: UFRJ/IGEO, 2002, 482p. (Tese de Doutorado.)

PREFEITURA MUNICIPAL DE BELO HORIZONTE. *Índice de Qualidade de Vida Urbana — IQVU.* Belo Horizonte: SMPL, 1996a. Disponível na Internet via http://www.pbh.gov.br/smpl/iqvu. Consultado em 2002.

_____. *Legislação urbanística do Município de Belo Horizonte*, Belo Horizonte: SMPL, 1996b. 302 p.

_____. *Plano Diretor de Belo Horizonte, Lei 7.165 (27/08/96).* Belo Horizonte: SMPL, 1996c.

PREFEITURA MUNICIPAL DE OURO PRETO. *Plano Diretor do Município de Ouro Preto, Lei Complementar nº 01/96.* 1996, Cap. IV.

XAVIER-DA-SILVA, J. *Geoprocessamento para análise ambiental.* Rio de Janeiro: J. Xavier-da-Silva, 2001, 227p.

CAPÍTULO 7

GEOPROCESSAMENTO APLICADO À SELEÇÃO DE LOCAIS PARA A IMPLANTAÇÃO DE ATERROS SANITÁRIOS: O CASO DE MANGARATIBA — RJ

Cézar Henrique Barra Rocha
Luiz Fernandes de Brito Filho
Jorge Xavier da Silva

1. INTRODUÇÃO

O crescimento populacional e o aumento das atividades de extração e produção acarretam a geração de resíduos sólidos, os quais são depositados em locais inadequados. O objetivo deste trabalho é a proposição de uma metodologia para escolha de áreas propícias à instalação de aterro sanitário, com uso do *Geoprocessamento*, que poderá ser aplicada pelas prefeituras. O resultado esperado é a definição de sítios, segundo um critério múltiplo que considera a avaliação das condições ambientais registradas para cada área, os aspectos legislativos, a extensão das áreas e as condições de impedância das trajetórias entre a área geradora dos resíduos e os possíveis locais dos depósitos sanitários, estabelecendo-se uma hierarquia entre as áreas escolhidas para explorações de campo e decisão final.

O local escolhido para a aplicação dessa metodologia foi o Município de Mangaratiba, situado no Estado do Rio de Janeiro, o qual possui atualmente uma população de aproximadamente 25.000 habitantes, com projeções de crescimento acentuado devido ao seu potencial turístico e proximidade do Porto de Sepetiba (ROCHA *et al.*, 2000). Esse município necessita de uma nova área para seu sítio de disposição final de resíduos sólidos, pois o depósito atual é um *lixão*, localizado muito próximo aos núcleos populacionais da Praia do Saco e de São João Marcos, na estrada que liga Mangaratiba à Serra do Piloto.

2. A RELEVÂNCIA DA QUESTÃO DOS RESÍDUOS SÓLIDOS

Desde a realização da Conferência das Nações Unidas para o Meio Ambiente e o Desenvolvimento — ECO–92 —, uma das questões amplamente discutidas e considerada fundamental quanto à preservação do meio ambiente foi a crescente produção de resíduos sólidos em todo o mundo.

A Agenda 21 (NOSSA PRÓPRIA AGENDA, 1992) propõe como estratégia para a obtenção de um modelo de gerenciamento dos resíduos sólidos sustentável quatro programas:

— minimização de resíduos;
— maximização da reutilização e da reciclagem de resíduos;
— *promoção de sistemas de tratamento e disposição de resíduos;*
— ampliação da cobertura dos serviços de limpeza urbana.

Segundo FERREIRA (1999), a demanda por sistemas adequados de tratamento e disposição de resíduos é reveladora da pouca consciência que se tem dos efeitos negativos, no meio ambiente e na saúde humana que o lançamento indiscriminado dos resíduos pode provocar.

A pouca propensão das autoridades públicas em utilizar recursos para implementação de tais sistemas está relacionada ao significado que damos, na nossa sociedade, ao servido, ao utilizado, ao descartável, cujo valor não justifica *gastarmos dinheiro com lixo*.

Segundo o mesmo autor, 75% dos resíduos são coletados pelos sistemas de limpeza urbana das cidades brasileiras (no Rio de Janeiro, a COMLURB coleta mais de 90%) e transportados para um destino final. A predominância, quase que geral, é dos *lixões*, com todos os seus aspectos negativos, como: presença de fumaça, mau cheiro, poluição das águas superficiais e subterrâneas, urubus, presença de vetores de doenças e de animais e a presença constrangedora de seres humanos catando lixo.

Segundo o órgão de controle ambiental do Estado de São Paulo, 75% dos municípios daquele Estado dispõem seus resíduos em *lixões* (CETESB, 1998). Assumindo-se este número como real, a percentagem de municípios brasileiros com *lixões* deve estar pela ordem de 80%.

Dos 92 municípios do Estado do Rio de Janeiro, não mais do que 10 possuem sistemas adequados de disposição de resíduos sólidos urbanos.

A responsabilidade pelos impactos ambientais e na saúde pública provocados pelos *lixões* está diretamente relacionada à pouca resistência à existência dos mesmos e à participação de todos na sociedade de consumo, contribuindo para geração das enormes quantidades de resíduos. Enquanto o Município do Rio de Janeiro produz cerca de 7.200 toneladas/dia de resíduos, São Paulo produz o dobro, cerca de 14.000 toneladas/dia. Como parâmetro de comparação, a cidade de Nova York, referência no modelo de consumo mundial, produz, com uma população semelhante à do Rio de Janeiro, cerca de 25.000 toneladas/dia de resíduos (FERREIRA, 1999).

Ainda segundo SOARES (1999):

> *O lixo reproduz os valores de um grupamento social, sendo o reflexo de suas atividades cotidianas, demonstrando, em sua composição, o grau de desenvolvimento deste grupo.*

Tendo em vista o grau de evolução da sociedade e dos recursos disponíveis para aplicação, existem diversas formas de tratamento e disposição final do lixo.

3. TRATAMENTO E DISPOSIÇÃO FINAL DO LIXO

Corroborando a Agenda 21, visando ao desenvolvimento sustentado, o gerenciamento do lixo deve ser feito de modo integrado, através de um diagnóstico da administração municipal dos serviços de limpeza, do tratamento e da disposição final, com uma fase independente para os lixos de serviços de saúde e hospitalar (IPT, 1995).

A disposição final do lixo é a última fase de um sistema de limpeza urbana, sendo que essa etapa é efetuada logo após a coleta. Em alguns casos, visando a melhores resultados econômicos, sanitários e/ou ambientais, o lixo é principalmente processado para depois ser disposto ao local apropriado (CPU/IBAM, 1998).

Quando o processamento tem por objetivo fundamental a diminuição dos inconvenientes sanitários ao homem e ao meio ambiente, então se pode dizer que o lixo foi submetido a um tratamento. Há várias formas de processamento e disposição final aplicáveis ao lixo urbano. As mais conhecidas são:

3.1. COMPACTAÇÃO

Trata-se de um tipo de processamento que reduz o volume inicial de lixo de 1/3 a 1/5, favorecendo o seu posterior transporte e disposição final. Isto pode se dar nas estações de transferência.

3.2. TRITURAÇÃO

Consiste na redução da granulometria dos resíduos através de emprego de moinhos trituradores, objetivando diminuir o seu volume e favorecer o seu tratamento e/ou disposição final.

3.3. INCINERAÇÃO

Este processo visa à queima controlada do lixo em fornos projetados para transformar totalmente os resíduos em material inerte, propiciando também uma redução de volume e de peso. Em princípio parece excelente, porém há uma desvantagem, que é o custo elevado de instalação e operação, além dos riscos de poluição atmosférica, quando o equipamento não for adequadamente projetado e/ou operado.

3.4. COMPOSTAGEM

É um método utilizado para decomposição de material orgânico existente no lixo, sob condições adequadas, de forma a se obter um composto orgânico para utilização na agricultura. Apesar de ser considerado um método de tratamento, a compostagem também pode ser considerada como um processo de destinação do material orgânico presente no lixo. Possibilita enorme redução da quantidade de material a ser disposto no aterro sanitário, para onde vai somente o que for rejeitado no processamento.

3.5. RECICLAGEM

Este processo constitui importante forma de recuperação energética, especialmente quando associado a um sistema de compostagem. Apenas alguns componentes do lixo urbano não podem ser aproveitados. É o caso de louças, pedras e restos de aparelhos sanitários que, até o momento pelo menos, não têm nenhum aproveitamento econômico. Outros são considerados resíduos perigosos, como restos de tinta e pilhas, por exemplo, e devem ser separados para evitar a contaminação do composto.

Dependendo das características regionais, a reciclagem pode representar um fator importante de redução de custos dentro do sistema de limpeza urbana. A reciclagem dos materiais recuperáveis no lixo urbano tem cada vez maior aceitação no mundo. As vantagens econômicas, sociais, sanitárias e ambientais sobre os outros métodos são evidentes.

3.6. LIXÃO

Segundo o IPT (1995), *lixão* é uma *forma inadequada* de disposição final de resíduos sólidos, que se caracteriza pela simples descarga sobre o solo, sem medidas de proteção ao meio ambiente ou à saúde pública. Os resíduos assim lançados acarretam problemas à saúde pública, como proliferação de vetores de doenças (moscas, mosquitos, baratas, ratos etc.), geração de maus odores e, principalmente, a poluição do solo e das águas superficiais e subterrâneas através do *chorume* (líquido de cor preta, malcheiroso e de elevado potencial poluidor produzido pela decomposição da matéria orgânica contida no lixo), comprometendo os recursos hídricos.

Acrescenta-se a essa situação o total descontrole quanto aos tipos de resíduos recebidos nesses locais, verificando-se até mesmo a disposição de dejetos originados dos serviços de saúde e das indústrias.

Comumente ainda se associam aos lixões fatos altamente indesejáveis, como a criação de porcos e a existência de catadores, os quais, muitas vezes, residem no próprio local. A **Figura 1** mostra o exemplo geral de um lixão.

Figura 1 — Vazadouro ou Lixão. (Fonte: IPT, 1995.)

3.7. Aterro Controlado

Segundo o IPT (1995), o aterro controlado é uma técnica de disposição de resíduos sólidos urbanos no solo, sem causar danos ou riscos à saúde pública e à segurança, minimizando os impactos ambientais. Esse método utiliza princípios de engenharia para confinar os resíduos sólidos, cobrindo-os com uma camada de material inerte na conclusão de cada jornada de trabalho.

Essa forma de disposição produz, em geral, poluição localizada, pois, similarmente ao aterro sanitário, a extensão da área de disposição é minimizada. Porém, geralmente não dispõe de impermeabilização de base (comprometendo a qualidade das águas subterrâneas), nem de processos de tratamento de chorume ou de dispersão dos gases gerados.

Esse método é preferível ao lixão, mas, devido aos problemas ambientais que causa e aos seus custos de operação, é inferior ao aterro sanitário.

3.8. ATERRO SANITÁRIO

O aterro sanitário é a forma de dispor o lixo sobre o solo, compactando-o com trator, reduzindo-o ao menor volume permissível e recobrindo-o com camada de terra compactada, na frequência necessária (ao menos, diariamente), de modo a ocupar a menor área possível.

Segundo SOARES (1999), a técnica basicamente consiste na compactação dos resíduos no solo, dispondo-o em camadas que são periodicamente cobertas com terra ou outro material inerte, *formando células*, de modo a ter-se uma alternância entre os resíduos e o material de cobertura.

Segundo FONSECA (1999), o principal objetivo do aterro sanitário é dispor os resíduos sólidos no solo, de forma segura e controlada, *garantindo a preservação do meio ambiente, a higiene e a saúde pública*. Mas, sem dúvida, os aterros também servem para recuperar áreas deterioradas, tais como: pedreiras abandonadas, grotas, escavações oriundas de extração de argila e areia e regiões alagadiças. Quando se tratar de áreas para atender aos dois objetivos citados, devem ser feitos estudos apropriados para garantir as condições sanitárias do aterro e o não-comprometimento do lençol freático da área em questão.

Quando da construção de aterros sanitários, devem ser tomadas as seguintes medidas:

— *proteger as águas superficiais e subterrâneas de possível contaminação oriunda do aterro, através de camada impermeabilizante e drenagem adequada;*

— *dispor, acumular e compactar diariamente o lixo na forma de células, trabalhando com técnicas corretas para possibilitar o tráfego imediato de caminhões coletores, equipamentos e para reduzir recalques futuros do local;*

— *recobrir diariamente o lixo com uma fina camada de terra de 20cm (selo de cobertura) para impedir a procriação de roedores, insetos e outros vetores e a presença de catadores e animais à procura de materiais e alimentos;*

— *controlar gases e líquidos que são formados no aterro, através de drenos específicos;*

— *manter os acessos internos e externos em boas condições, mesmo em tempo de chuva;*

— *isolar e tornar indevassável o aterro e evitar incômodos à vizinhança.*

Na **Figura 2**, vê-se a ilustração de um aterro sanitário.

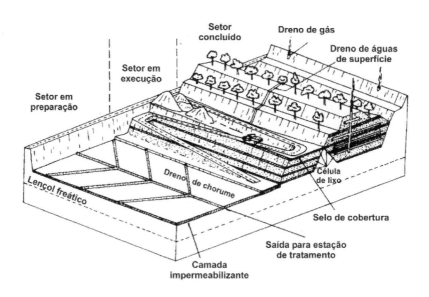

Figura 2 — Aterro Sanitário. (Fonte: IPT, 1995.)

4. Seleção de Áreas para Implantação de Aterros Sanitários

Os maiores problemas para a implantação de aterros são:

— a possibilidade de poluir o solo e cursos de água superficiais ou subterrâneos;
— a necessidade de supervisão constante de modo a garantir a manutenção das mínimas condições ambientais e de salubridade;
— a geração de gases a partir da decomposição do lixo aterrado;
— a necessidade de terrenos disponíveis para a instalação do aterro próximo aos locais de produção do lixo, já que o custo de transporte é muito elevado na limpeza urbana em virtude do baixo peso específico do lixo;
— a resistência dos moradores nas cercanias do aterro que, muitas vezes, por não serem ouvidos e devidamente esclarecidos quanto ao problema, acaba por criar impasses desgastantes para as administrações municipais.

Para atender aos objetivos deste trabalho, serão apresentadas duas bibliografias com as suas recomendações para a seleção de áreas para aterro sanitário. São elas:

— Critérios para seleção, segundo o Centro de Estudos e Pesquisas Urbanas — CPU/IBAM;
— Critérios para seleção, segundo o Instituto de Pesquisa Tecnológica — IPT/SP.

4.1. Critério para Seleção Segundo o CPU/IBAM

Para analisar cada um dos terrenos disponíveis é preciso considerar, segundo o Centro de Estudos e Pesquisas Urbanas do Instituto Brasileiro de Administração Municipal — CPU/IBAM (1998) —, os seguintes aspectos:

a) *Propriedade*

Se a área é do Governo, não há necessidade de desapropriá-la ou negociar sua aquisição, arrendamento etc. Em certas situações, a utilização de uma área particular pode representar uma opção interessante, como nos casos em que o órgão da limpeza urbana e o proprietário fazem contrato para aterramento da área mediante a cessão, ao término do contrato, de parte do terreno recuperado.

b) *Tamanho da Área*

O sítio selecionado para instalação do aterro deverá ser suficiente para utilização por um período de tempo que justifique os investimentos, sendo usual adotar-se uma vida útil de, no mínimo, 10 anos.

c) *Localização*

A melhor área é aquela que:

— está próxima da zona de coleta, no máximo 15km de distância;
— apresenta vias de acesso em boas condições de tráfego para os caminhões, inclusive em épocas de chuva, com o mínimo de aclives, pontes estreitas e outros inconvenientes;
— está afastada de aeroportos ou de corredores de aproximação de aeronaves, já que o lixo atrai urubus, causando acidentes aéreos;
— está afastada no mínimo 2km de zonas residenciais adensadas, para evitar incômodos ao bem-estar e à saúde dos moradores;
— é servida por redes de telefones, energia elétrica, água, transportes e outros serviços, que facilitará enormemente as operações de aterro;
— está afastada de cursos d'água, nascentes e poços artesianos, em virtude da possibilidade de contaminação das águas;
— apresenta jazidas acessíveis de material para cobertura do lixo, para revestimento de pistas de acesso e impermeabilização do solo;
— apresenta posicionamento adequado em relação a ventos dominantes.

d) *Características Topográficas*

Devem ser escolhidas áreas que facilitem o aterro e que, naturalmente, favoreçam a proteção à vida e ao meio ambiente. São geralmente recomendadas as seguintes áreas:

— terrenos localizados em depressões naturais secas;
— minas abandonadas;
— jazidas de argila ou saibro já exploradas.

e) *Tipo de Solo*

A composição do lixo urbano é bastante variada, podendo conter substâncias perigosas ao homem e ao meio ambiente. A tendência natural é que tais substâncias e os produtos da própria decomposição do lixo comecem a penetrar no solo, levadas pela água presente no lixo e pela água das chuvas. A este tipo de fenômeno se dá o nome de *lixiviação*. Dela resulta o *chorume*, um líquido de cor escura, odor desagradável e grande poder de poluição (altíssima Demanda Bioquímica de Oxigênio — DBO).

O solo de baixa permeabilidade é portanto ideal para o aterro, pois funciona como se fosse um filtro, retendo as substâncias à medida que o *chorume* se movimenta através dele, reduzindo seu poder contaminante.

f) *Águas Subterrâneas*

É necessário que se conheça o perfil hidrogeológico, ou seja, as características do lençol freático da área. Quanto mais profundo o nível da água subterrânea, menores serão as possibilidades de contaminação e também menores as medidas de proteção e controle exigidas. Considera-se, geralmente, que a cota inferior do aterro deve estar no mínimo a 3 metros do lençol freático.

4.2. Critério para Seleção, Segundo o IPT / SP

Segundo o Instituto de Pesquisa Tecnológica do Estado de São Paulo S.A. — IPT (1995) —, um conjunto de dados do meio físico e socioeconômico deve ser analisado para que sejam pré-selecionadas áreas potencialmente aproveitáveis para instalação do aterro.

Caso existam áreas previamente indicadas pela municipalidade, serão analisadas prioritariamente. Somente se elas se mostrarem "não recomendáveis", deverão ser buscados outros locais.

Normalmente pouca atividade de campo é desenvolvida nessa etapa dos trabalhos, lançando-se mão, o máximo possível, do acervo de informações já existentes, abrangendo-se:

a) *Dados geológico-geotécnicos*

São informações sobre as características dos materiais que compõem o substrato dos terrenos. Principais aspectos de interesse:

— distribuição e características das unidades geológico-geotécnicas que ocorrem na região;
— principais feições estruturais, como foliação, falhas, fraturas e outras.

b) *Dados pedológicos*

São as informações sobre as características e distribuição dos solos na região estudada. Devem ser observados os seguintes aspectos:

— tipos de solos que ocorrem na região;
— identificação dos tipos de solo mais apropriados como material de empréstimo.

c) *Dados geomorfológicos (relevo)*

Dizem respeito às informações sobre as formas e à dinâmica do relevo do terreno. Principais aspectos de interesse:

— compartimentação geomorfológica e características das unidades que compõem o relevo, como áreas de morros, planícies, encostas etc.;
— declividade dos terrenos.

d) *Dados sobre as águas subterrâneas e superficiais*

Estes dados abrangem o conjunto de informações sobre o comportamento natural da dinâmica e química das águas subterrâneas e superficiais de interesse para o abastecimento público. Aspectos relevantes:

— profundidades do lençol freático;
— localização das zonas de recarga das águas subterrâneas;
— principais mananciais, bacias e corpos d'água de interesse ao abastecimento público (âmbito local e regional);
— áreas de proteção de manancial.

e) *Dados sobre o clima*

Dizem respeito às informações sobre chuvas, temperatura e ventos. Principais aspectos:
— regime de chuvas e precipitação pluviométrica (série histórica);
— direção e intensidade dos ventos.

f) *Dados sobre a Legislação*

Referem-se às informações sobre as leis ambientais (federais, estaduais e municipais) e outras condicionantes do ponto de vista da legislação:

— localização das áreas de proteção ambiental, áreas de proteção de mananciais, parques, reservas, áreas tombadas pelo patrimônio histórico etc.
— zoneamento urbano de cidades envolvidas.

g) Dados Socioeconômicos

Elenco de informações de cunho social e econômico que se traduzem em condicionantes nas decisões técnico-políticas de escolha de áreas para instalação de aterros sanitários. Aspectos relevantes:

— valor da terra;
— uso e ocupação dos terrenos;
— distância da área com relação aos centros atendidos;
— integração à malha viária;
— aceitabilidade da população e de suas entidades organizadas.

A ponderação dos diversos dados considerados e sua análise integrada permitem a identificação das zonas mais favoráveis, nas quais, através de vistoria de campo, serão individualizadas as áreas candidatas à instalação do aterro. As informações sobre as áreas identificadas devem ser colocadas na **Tabela 1**, que apresenta a proposição de um modelo orientativo. Essas

Tabela 1 — Dados para avaliação de áreas para instalação de aterros sanitários (Fonte: IPT, 1995).

DADOS NECESSÁRIOS	ÁREAS DISPONÍVEIS		
	Área 1	Área 2	Área N
Vida útil			
Distância do centro atendido			
Zoneamento ambiental			
Zoneamento urbano			
Densidade populacional			
Uso e ocupação do terreno			
Valor da terra			
Aceitabilidade da população e de entidades não governamentais			
Declividade do terreno			
Distância dos cursos d'água temporários ou perenes			

informações devem ser comparadas com aquelas apresentadas na **Tabela 2**, o que resultará na classificação das áreas selecionadas em uma das seguintes categorias:

— *recomendada*: quando pode ser utilizada nas presentes condições, atendendo às normas vigentes com baixo investimento;
— *recomendada com restrições*: quando pode ser utilizada, necessitando de medidas complementares de médio investimento;
— *não recomendada*: quando não se recomenda sua utilização em função da necessidade de medidas complementares de alto investimento.

Tabela 2 — Critérios para avaliação de áreas para instalação de aterro sanitário (Fonte: IPT, 1995).

DADOS NECESSÁRIOS	CLASSIFICAÇÃO DAS ÁREAS		
	RECOMENDADA	RECOMENDADA COM RESTRIÇÕES	NÃO RECOMENDADA
Vida Útil	> 10 anos	10 anos, a critério do órgão ambiental	
Distância do Centro Atendido	> 10km	10-20km	> 20km
Zoneamento Ambiental *	Áreas sem restrições no zoneamento ambiental		Unidade de Conservação
Zoneamento Urbano	Vetor de crescimento mínimo	Vetor de crescimento intermediário	Vetor de crescimento máximo
Densidade Populacional	Baixa	Média	Alta
Uso e Ocupação das Terras	Áreas devolutas ou pouco utilizadas		Ocupação intensa
Valorização da Terra	Baixa	Média	Alta
Aceitação da População e de entidades ambientais não governamentais	Boa	Razoável	Inaceitável
Distância aos cursos d'água (córregos, nascentes etc.)	> 200m	< 200m, com aprovação do órgão ambiental responsável	

* Sobre as Metodologias para Zoneamento Ambiental com uso do Geoprocessamento consultar ROCHA (2000) ou ROCHA (2002).

A partir das áreas pré-selecionadas, pode-se passar à próxima etapa dos estudos, com a indicação do local mais apropriado.

Neste trabalho, escolheu-se o Município de Mangaratiba, porque utiliza atualmente um *lixão* para lançamento dos seus resíduos. É uma cidade que possui como principal fonte de renda o turismo, necessitando preservar a sua natureza, optando por uma solução mais adequada.

5. Metodologia Proposta: Estudo de Caso em Mangaratiba/RJ

A metodologia proposta neste trabalho baseia-se no uso do Geoprocessamento, segundo um critério múltiplo que considera a avaliação das condições ambientais registradas para cada área; aspectos legislativos; a extensão das áreas e as condições de impedância das trajetórias entre a área geradora dos resíduos e os possíveis locais dos depósitos sanitários. Esta metodologia será demonstrada nos itens seguintes, através do estudo de caso no Município de Mangaratiba, situado no Estado do Rio de Janeiro.

5.1. Dados Utilizados

Os dados utilizados neste trabalho são oriundos da dissertação de mestrado de BERGAMO (1999), que gerou uma base de dados do Município de Mangaratiba / RJ, utilizando o SAGA (Sistema de Análise Geo-Ambiental), desenvolvido pelo Laboratório de Geoprocessamento do Instituto de Geociências da Universidade Federal do Rio de Janeiro. Esta base contém os seguintes mapas em formato raster: base, altimetria, declividade, unidades litológicas, geomorfologia, proximidade de estradas e uso da terra.

O Município de Mangaratiba está localizado na porção oeste do Estado do Rio de Janeiro, tendo como municípios vizinhos: Itaguaí a leste, Rio Claro ao norte e Angra dos Reis a oeste. Fica compreendido entre as coordenadas planas UTM (7444, 582) e (7473, 616), conforme a **Figura 3**.

O CASO DE MANGARATIBA — RJ

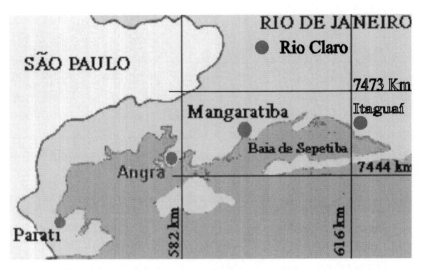

Figura 3 — Localização geral do Município de Mangaratiba.

Mangaratiba está dividida em seis distritos. Essa subdivisão respeitou o Plano Diretor Municipal, já implementado, o qual determinou que o município contaria com seis áreas urbanas disjuntas. A população e o número de habitantes de cada distrito estão detalhados na **Tabela 3**.

Tabela 3 — Distritos de Mangaratiba com população fixa (Fonte: CIDE, 1996).

DISTRITOS	POPULAÇÃO FIXA
1º — MANGARATIBA	9.300
2º — CONCEIÇÃO DE JACAREÍ	2.350
3º — ITACURUÇÁ	4.050
4º — MURIQUI	7.800
5º — SÃO JOÃO MARCOS	900
6º — PRAIA GRANDE	600
TOTAL	25.000

5.2. AVALIAÇÃO DAS CONDIÇÕES AMBIENTAIS

Consistiu no uso de programas que operam sob uma base georreferenciada em formato raster (XAVIER-DA-SILVA, 1982). Foram aplicados procedimentos avaliativos com base na média ponderada para identificação por varredura e integração locacional (VAIL) (XAVIER-DA-SILVA, 2001) das áreas propícias para depósitos de resíduos (Módulo Avaliação do Vista SAGA/UFRJ). Os pesos atribuídos a cada mapa, com a finalidade de indicação dessas áreas, estão na **Tabela 4**.

Tabela 4 — Pesos atribuídos a cada mapa para indicação de áreas potenciais para aterros sanitários.

MAPAS	PESOS (%)
Litologia	10
Geomorfologia	25
Altimetria	10
Declividades	15
Proximidades	15
Cobertura Vegetal e Uso da Terra	25

Esses pesos foram definidos tendo em vista a importância de cada mapa na indicação final das áreas para aterro sanitário. A equipe consultada constava dos autores com formações e conhecimentos nas áreas de geografia, engenharia sanitária e de transportes, além da assessoria de geólogos. Além dos pesos, foram aplicadas notas de 0 a 10 para as classes contidas em cada mapa citado anteriormente, tendo em vista aspectos ambientais determinantes para indicação dessas regiões. Essas notas encontram-se discriminadas nas tabelas seguintes.

Tabela 5 — Notas das classes do Mapa de Unidades Litológicas.

LITOLOGIA (peso 15%)	Notas
Pcvrnm	10
Pcvrngr	10
Pcvmgp	10
Pcmack	10
Grmg	10
Qm	0
Pcicmgrt	10
Pcicgnpm	10
Qa	0
Qa(m)	0
Pcbso	10
Pcicgnpb	10
Pcmdgr	10
Qp	0
Qd	0
Ql	0
Pcicme	10
Pcvrnmp	10

Tabela 6 — Notas das classes do Mapa de Geomorfologia.

GEOMORFOLOGIA (peso 20%)	Notas
encosta estrutural dissecada	10
encosta de tálus	9
interflúvio estrutural derivado	1
terraço colúvio-aluvionar	4
rampa de colúvio	5
alvéolo estrutural	9
terraço colúvio-aluvionar de vale estreito	4
terraço fluvial	2
vale estrutural	3
cordões arenosos	2
encosta adaptada a falhas	1
topo estrutural	1
várzea fluvial	1
terraço flúvio-marinho	0
terraço marinho	0
terraço colúvio-marinho	0
costões rochosos	0
plataforma de abrasão	0
crista estrutural	1
páleo-ilha	1
colina estrutural isolada	2
ilha estrutural	0
interflúvio estrutural	0
depressões assoreadas	0
residuais de feixes de cordões arenosos	2
praia de baia	0
feixes de cristas praiais	1
páleo cordão arenoso	2
depressões em assoreamento	1
cordão arenoso atual	0
Spit	0

Tabela 7 — Notas das classes do Mapa de Altimetria.

ALTIMETRIA (peso 15%)	Notas
0 a 40m	10
40 a 120m	8
120 a 200m	5
200 a 280m	3
280 a 360m	3
360 a 440m	3
440 a 520m	3
520 a 600m	3
600 a 680m	3
680 a 760m	3
760 a 840m	3
840 a 920m	3
920 a 1000m	3
1000 a 1080m	3
1080 a 1160m	3
1160 a 1240m	3
1240 a 1320m	3
1320 a 1400m	3
1400 a 1480m	3
1480 a 1560m	3

Tabela 8 — Notas das classes do Mapa de Declividade.

DECLIVIDADES (peso 10%)	Notas
0 a 2,5%	10
2,5 a 5%	10
5 a 10%	9
10 a 20%	6
20 a 40%	3
40 a 60%	1
> 60%	0

Tabela 9 — Notas das classes do Mapa de Proximidades de Estradas

PROXIMIDADES (peso 10%)	Notas
Estrada pavimentada	10
Estrada não pav. tráfego permanente	9
Estrada pav./estrada não pav. tráf. permanente	10
Estrada não pav. tráf. periódico	7
Estrada pav./ estrada não pav. tráf. periódico	10
Estrada não pav. tráf. perm./estrad não pav. Tráfico periódico	9
Estrada pav./estrad. não pav. traf. perm./ estrada não pav. tráf. periódico	9
Ferrovia	5
Estrada pavimentada/ferrovia	10
Estrada não pav. tráf. permanente/ferrovia	9
Estrada não pav. tráf. periódico/ferrovia	7
Estrada pav./estrada não pav. tráf. periódico/ ferrovia	10
Estrada não pav. tráf. perm./ estrada não pav. tráf. períod. / ferrovia	9
Estrada pav./estr. não pav. tráf. perman./estrada não pav. tráf. períod. / ferrovia	10
Caminho	5
Estrada pav./ caminho	10
Estrada não pav. tráf. permanente/caminho	9
Estrada pav./estrad. não pav. tráf. perm./caminho	10
Estrada não pav. tráf. períod./caminho	7
Estrada pav./estrad. não pav. tráf. períod./caminho	10
Ferrovia/caminho	5
Estrada pav./ferrovia/caminho	10
Estrada pav./estrad. não pavimentada Tráfico periódico/ferrovia/caminho	10
Trilha	3
Estrada pavimentada/trilha	10
Estrada não pavimentada tráf. perman./trilha	9
Estrada não pav. tráf. períod./ trilha	7
Caminho/trilha	5
Estrada não pav. tráf. períod./caminho/trilha	7

Tabela 10 — Notas das classes do Mapa de Cobertura Vegetal e Uso da Terra.

COBERTURA VEGETAL E USO DA TERRA (peso 30%)	Notas
floresta ombrófila — Mata Atlântica	0
vegetação secundária (capoeira)	10
campo/pastagem	10
área agrícola	5
área urbanizada com baixa ocupação	0
vegetação de restinga	0
solo exposto	10
afloramento rochoso	2
área inundável	0
vegetação de mangue	0
vegetação de mangue degradado	3
areia de praia	0
pontos notáveis	0
encosta degradada	1

O mapa resultante foi o *Mapa de Áreas Potenciais para Aterro Sanitário*, com as notas de 5 a 10 quanto às condições ambientais para esta finalidade (**Figura 4**). Este mapa foi submetido às condições restritivas em termos de legislação e área mínima.

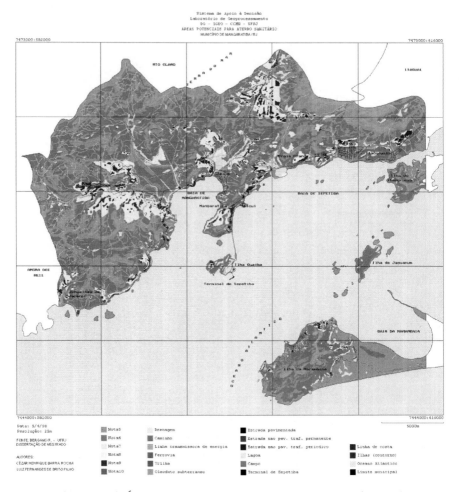

Figura 4 — Mapa de Áreas Potenciais para Aterro Sanitário em Mangaratiba / RJ. (Fonte: ROCHA & BRITO FILHO, 2000.)

5.3. Restrições Segundo a Legislação

Foram consideradas, ainda, as seguintes restrições (CPU/IBAM, 1998), (IPT, 1995) e SOARES (1999):

— distância > 200m de rios;
— distância > 200m da linha de costa;
— distância > 2km de centros urbanos.

Para isso, foi construído o *Mapa de Proximidade de Centros Urbanos, Rios e Linha de Costa* (**Figura 5**). Este mapa foi cruzado com o *Mapa de Áreas Potenciais para Aterro Sanitário*, bloqueando-se as áreas restritivas e chegando-se ao *Mapa de Áreas Indicadas para Aterro Sanitário* (**Figura 6**). Neste mapa, foram destacadas as seguintes classes segundo a **Tabela 11**.

Tabela 11 — Justificativa das classes do *Mapa de Áreas Indicadas para Aterro Sanitário*.

CLASSES	DESCRIÇÃO
Imprórias para aterro	Áreas com notas de 0 a 10, porém situadas a menos de 200m de rios e da linha de costa
Indicadas, com restrição	Áreas com notas 7, 8 ou 9, porém a menos de 2km dos centros urbanos, necessitando aprovação do Órgão Ambiental
Indicadas	Áreas com nota 9, sem restrições
Indicadas, com prioridade	Áreas com nota 10, sem restrições

284 GEOPROCESSAMENTO & ANÁLISE AMBIENTAL: APLICAÇÕES

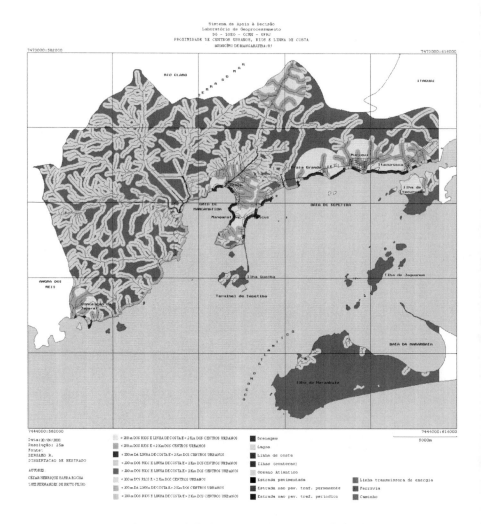

Figura 5 — Mapa de Proximidade de centros urbanos, rios e linha de costa em Mangaratiba/RJ. (Fonte: ROCHA & BRITO FILHO, 2000.)

O CASO DE MANGARATIBA — RJ

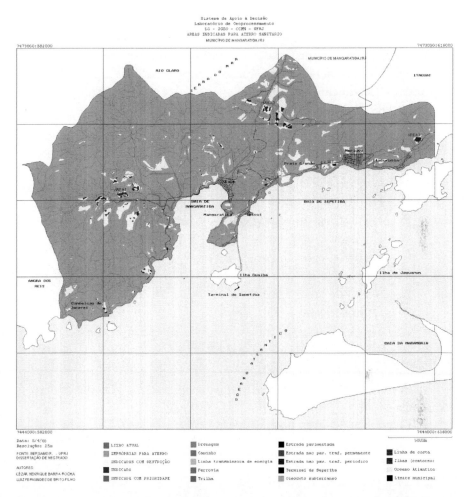

Figura 6 — Mapa de Áreas Indicadas para Aterro Sanitário em Mangaratiba/RJ.
(Fonte: ROCHA & BRITO FILHO, 2000.)

5.4. CÁLCULO DA ÁREA MÍNIMA PARA O ATERRO SANITÁRIO

Neste item, foi calculada a área mínima para o aterro sanitário de Mangaratiba, utilizando-se como dados a população atual (CIDE, 1996) e a taxa de crescimento de 2,11% ao ano (IBGE, 1997). Foi adotada uma vida útil de 10 anos para este depósito sanitário.

a) Cálculo da população em 2010

Utilizando a fórmula da Progressão Geométrica, tem-se:
$P_F = P_0 \cdot (1 + \alpha)^t$, onde:
P_F = População ao final da vida útil do aterro (ano 2010)
P_0 = População atual (ano 2000) = 25.000 habitantes
α = taxa de crescimento anual = 2,11%
t = tempo em anos
$P_{2010} = 25.000 \cdot (1 + 0,0211)^{10}$
$P_{2010} = 30.806$ hab.

b) Cálculo da produção de lixo (kg/dia)

Segundo MESQUITA (1999), produzem-se *0,8kg/hab.dia* de lixo domiciliar.
Q_{2010} = 30.806 hab. 0,8kg/hab.dia
$Q_{2010} = 24.645$kg / dia

c) Cálculo do volume de lixo (m^3/dia)

Segundo HADDAD (1994), o peso específico do lixo compactado é *Pe = 500 a 700kg/m^3*.

Assim, V = Q/Pe → V = Q/Pe → V = $\dfrac{24.645\text{kg/dia}}{700\text{kg/m}^3}$

V = 35,21m^3 / dia
V_{2010} = 35,21m^3 / dia . 365 dias . 10 anos
$V_{2010} = 128.516,50m^3$

d) Cálculo da área mínima para o Aterro Sanitário

Segundo HADDAD (1999), um aterro deve atingir, após a compactação das camadas em células, uma altura variável entre 3 e 6 metros. Portanto, adotando-se a altura máxima de 6 metros, tem-se:

$A_{mínima} = V/h_{máx} = 128.516,50 \text{ m}^3/6\text{m}$
$A_{mínima} = 21.419,42\text{m}^2 \rightarrow A_{mínima} = 2,14\text{ha}$

Nesses cálculos não foi considerada a população na alta temporada (veranistas) e nos finais de semana e feriados, visto que esses dados não se encontram disponíveis em órgãos oficiais. Contudo, foi considerada no cálculo do volume a população de 2010, que para cidades pequenas funciona como um coeficiente de segurança. No caso de cidades maiores, este cálculo deveria ser feito ano a ano (SOARES, 1999). Portanto, deve-se selecionar uma área maior do que 2,14 ha.

Utilizando-se o módulo Assinatura do Programa VistaSAGA, foram calculadas as áreas das classes *indicadas com prioridade e indicadas para aterro* do *Mapa de Áreas Indicadas para Aterro Sanitário*.

Das áreas *indicadas, com prioridade,* nenhuma atendeu a esta área mínima.

Das áreas *indicadas,* várias atenderam. Para testar a metodologia, escolheram-se as áreas 1, 2 e 3 (**Figura 6**), por possuírem áreas bem superiores ao mínimo (ver **Tabela 12**) e estarem próximas às estradas, exigindo a construção apenas de um trecho de ligação com o sítio. Outras áreas demandariam investimentos maiores com desapropriações e construção de vias de acesso.

Tabela 12 — Área dos Sítios Indicados para Aterro Sanitário em Mangaratiba/RJ.

SÍTIOS INDICADOS	ÁREA (Ha)
1	19,81
2	11,81
3	16,50

Seguindo a metodologia, foi aplicado o Programa Potencial de Interação do SAGA/UFRJ (XAVIER-DA-SILVA, 2001), entre as áreas 1, 2 e 3 e o centro gerador de lixo em Mangaratiba.

5.5. APLICAÇÃO DO PROGRAMA POTENCIAL DE INTERAÇÃO PARA ANÁLISE DAS TRAJETÓRIAS

Para as três áreas selecionadas foram definidas trajetórias ao longo das principais vias de transporte. Realizou-se uma avaliação dessas trajetórias, utilizando-se o Módulo Avaliação do VistaSAGA, escolhendo-se os mapas e pesos citados na **Tabela 13**. As notas atribuídas às classes de cada mapa encontram-se nas **Tabelas 14 e 15**.

Tabela 13 — Pesos atribuídos com a finalidade de análise das trajetórias.

MAPAS	PESOS (%)
Declividades	40
Base (Tipos de Estradas)	60

Tabela 14 — Notas atribuídas ao mapa de declividade para fins de análise das trajetórias, escala de 0 a 100.

DECLIVIDADES (peso 40%)	Notas
0 a 2,5%	1
2,5 a 5%	3
5 a 10%	8
10 a 20%	15
20 a 40%	50
40 a 60%	80
> 60%	100

Tabela 15 — Notas das classes de estradas do mapa-base, para fins de análise das trajetórias.

DADOS BÁSICOS (peso 60%)	Notas
Estrada pavimentada	1
Estrada não pav. tráfego permanente	30
Estrada não pav. tráfego periódico	50

Essa avaliação gerou o *Mapa de Avaliação da Resistência de cada trecho da Estrada em função da Declividade e Tipo de Pavimento* (**Figura 7**), com as notas em ordem crescente quanto à resistência ao deslocamento do veículo, devido às condições de rolamento e declividade (**Tabela 16**).

Cruzou-se esse Mapa com o *Mapa de Altimetria*, bloqueando-se as classes de altimetria e gerando-se o *Mapa de Avaliação da Resistência de cada trecho da Estrada em função da Altimetria* (**Figura 8**). O objetivo foi colocar as curvas de nível, lateralmente às estradas, para saber se cada trecho é aclive ou declive (análise visual). O ideal seria o levantamento desses trechos com GPS ou a obtenção do greide do Projeto Final de Engenharia dessas estradas. Infelizmente, as duas opções não foram possíveis.

Nesse mapa foram realçadas as três alternativas de trajetórias. Para não ficar com muitas legendas, esse mapa não apresentou notas, pois foram utilizadas as mesmas do mapa anterior. Contudo, na base digital contida no SAGA/UFRJ, encontra-se completo.

Finalmente, para cada uma das áreas selecionadas foi computado seu potencial de interação (XAVIER-DA-SILVA, 2001) em relação à área geradora dos resíduos. Para isso, foi utilizado o programa Potencial de Interação (PI), o qual trabalha com a seguinte formulação:

$$(PI)i = \left[\sum_{\substack{j=1 \\ i \neq j}}^{n} \frac{M_j}{D_{1,j}} \right] + \frac{M_j}{d/2} \quad \text{onde:}$$

(PI)i = Potencial de Interação do ponto i;
i = ponto gerador de resíduos;

j = pontos indicados para "aterro sanitário";
Mj = massa do ponto j, que é igual ao produto da área selecionada em hectares x avaliação respectiva;
Dij = distância ao longo da estrada entre o ponto gerador e cada local proposto. Cada *pixel* dessa trajetória foi ponderado pela sua condição de declividade, tipo de estrada e condição de aclive/declive (altimetria), sendo consideradas as condições de ida e retorno;
Mi = massa do ponto indicado para aterro;
d = menor Dij, para evitar a distância nula de um ponto com a relação a ele mesmo, que levaria esta parte da equação ao infinito (ABLER *et al.*, 1971).

Tabela 16 — Notas do *Mapa de Avaliação da Resistência de cada trecho da Estrada em função da Declividade e Tipo de Pavimento.*

ESTRADA	DECLIVIDADE	NOTA FINAL
Pavimentada	0 a 2,5%	1
Pavimentada	2,5 a 5%	2
Pavimentada	5 a 10%	4
Pavimentada	10 a 20%	7
Não Pav. Tráf. Permanente	0 a 2,5%	18
Não Pav. Tráf. Permanente	2,5 a 5%	19
Pavimentada	20 a 40%	21
Não Pav. Tráf. Permanente	5 a 10%	21
Não Pav. Tráf. Permanente	10 a 20%	24
Não Pav. Tráf. Periódico	0 a 2,5%	30
Não Pav. Tráf. Periódico	2,5 a 5%	31
Pavimentada	40 a 60%	33
Não Pav. Tráf. Periódico	5 a 10%	33
Não Pav. Tráf. Periódico	10 a 20%	36
Não Pav. Tráf. Permanente	20 a 40%	38
Pavimentada	> 60%	41
Não Pav. Tráf. Permanente	40 a 60%	50
Não Pav. Tráf. Periódico	20 a 40%	50
Não Pav. Tráf. Permanente	> 60%	58
Não Pav. Tráf. Periódico	40 a 60%	62
Não Pav. Tráf. Periódico	> 60%	70

O CASO DE MANGARATIBA — RJ

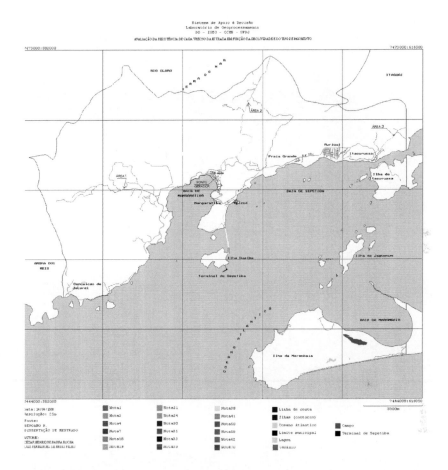

Figura 7 — Mapa de resistência de cada trecho de estrada em função da declividade e tipo de pavimento. (Fonte: ROCHA & BRITO FILHO, 2000.)

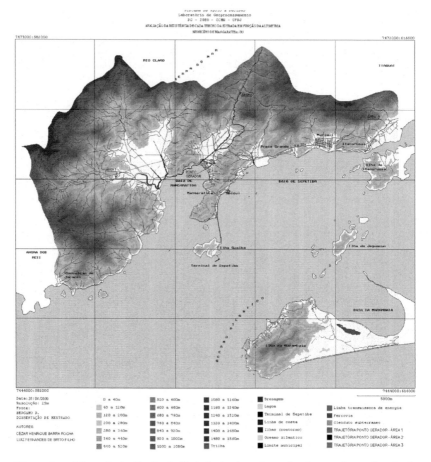

Figura 8 — Mapa de Avaliação da Resistência de cada trecho da estrada em função da Altimetria. (Fonte: ROCHA & BRITO FILHO, 2000.)

Para comparar os potenciais de interação de cada área em relação ao ponto gerador do lixo, o PI foi calculado separadamente para cada local proposto, considerando-se apenas este e o ponto gerador como participantes do somatório indicado na formulação do PI. *O ponto gerador participou dos cômputos com valor de massa igual a 1*, para não prejudicar a avaliação de cada local proposto. A **Tabela 17** demonstra o cálculo das massas dos pontos.

Tabela 17 — Massa dos pontos 1, 2 e 3.

PONTOS	ÁREA (Ha)	NOTAS	MASSA = ÁREA x NOTA
1	19,81	9	178,31
2	11,81	9	106,31
3	16,50	9	148,50

Quanto à questão da distância entre o centro gerador e os locais escolhidos, o programa PI trabalha com quatro tipos de distâncias: **distância simples, distância tempo, distância custo especial** e **distância fator especial**. No caso desta pesquisa, foram utilizadas as distâncias *simples, tempo* e *fator especial*. A distância *custo* demandaria dados mais específicos em termos de custos de combustível, pneus, freios e condições de rolamento das estradas.

a) Distância simples

A distância simples foi obtida diretamente no mapa de *Avaliação de Estradas segundo Declividade e Altimetria,* quando se editaram as três trajetórias no Programa PI, trecho a trecho.

b) Distância tempo

A distância tempo foi calculada em função da velocidade e da distância de 25 metros, que é a resolução dessa base digital (1 *pixel*). Foram utilizadas as velocidades em função das notas, considerando-se:

Nota máxima — maior resistência ao deslocamento do veículo = 70
Nota mínima — menor resistência ao deslocamento do veículo = 1
Velocidade máxima — velocidade máxima do caminhão = 80km/h
Velocidade mínima — velocidade mínima do caminhão = 10km/h

Executando-se a interpolação:
(Nota máxima — Nota mínima) — (Velocidade máxima — Velocidade mínima)
(Nota máxima — Nota "N") – (Velocidade "V" — Velocidade mínima)
(70 – 1)   –   (80 – 10)
(70 – N)   –   (V – 10)   Assim:

$$V = \frac{\overline{70\,(70-N)}}{69} + 10 \quad (Km/h)$$

Considerando-se, ainda, os pesos do caminhão cheio e vazio, foi calculado um fator de correção para o tempo de ida, conforme a formulação abaixo:

$$F_{ida} = \frac{P_{cheio} = [\,(\overline{V_{máx} \times Pe}\,) + P_{vazio}\,]}{P_{vazio} \qquad P_{vazio}} \quad \text{Onde:}$$

P_{cheio} = Peso do caminhão cheio;
P_{vazio} = Peso do caminhão vazio ou Peso Próprio = 16.000kg (RESOL, 2000)
$V_{máx}$ = Volume máximo transportado pelo caminhão = 15m³ (RESOL, 2000)
Pe = Peso Específico do lixo = 700kg/m³ (HADDAD, 1994)

$$F_{ida} = \frac{[\,(\overline{15m^3 \times 700kg/m^3}\,) + 16.000kg\,]}{16.000kg} \rightarrow F_{ida} = 1,66$$

Utilizando-se as fórmulas anteriores, obteve-se a **Tabela 18**.

Tabela 18 — Distância tempo para ida e volta, considerando-se notas, velocidades e resolução.

NOTAS	VELOCIDADES		DISTÂNCIA TEMPO (segundos) $T_{volta} = d/V = 25\ m/V\ (m/s)$	
	Km / h	$\dfrac{Km/h}{3,6} = m/s$	$T_{ida} = (T_{volta} \times 1,66)$	T_{volta} (s)
1	80,00	22,22	1,88	1,13
2	78,98	21,94	1,89	1,14
4	76,96	21,38	1,94	1,17
7	73,91	20,53	2,02	1,22
18	62,75	17,43	2,38	1,43
19	61,74	17,15	2,42	1,46
21	59,71	16,59	2,50	1,51
24	56,67	15,74	2,64	1,59
30	50,58	14,05	2,95	1,78
31	49,57	13,77	3,01	1,82
33	47,54	13,20	3,14	1,89
36	44,49	12,36	3,36	2,02
38	42,46	11,80	3,52	2,12
41	39,42	10,95	3,79	2,28
50	30,29	8,41	4,93	2,97
58	22,17	6,16	6,74	4,06
62	18,12	5,03	8,25	4,97
70	10	2,78	14,94	9,00

c) Distância segundo um fator especial

Na distância (denominada no programa "distância peso", mas que significa um fator especial, arbitrado pelo usuário), ponderaram-se os aclives e declives, com o auxílio do *Mapa de Avaliação da Resistência de cada trecho da Estrada em função da Altimetria*. Os fatores de rampa, com o caminhão carregado e vazio, foram considerados segundo a **Tabela 19**.

Tabela 19 — Distância especial, considerando a rampa nos percursos de ida e de volta.

RAMPAS	PERCURSOS	
	IDA	VOLTA
Aclive	1,2	1,0
Declive	1,0	0,8

Com o uso desses ponderadores para aclives e declives, restaram 80% para o tipo de estrada e declividade (ver **Tabela 13**). Assim, para a distância peso, os mapas passaram a ter os seguintes pesos:

Tabela 20 — Redistribuição dos pesos de cada mapa, considerando-se o fator peso do PI.

MAPAS	PESOS (%)
Altimetria (Aclive/Declive)	20
Base (Tipos de Estradas)	80 x 40 = 32
Declividade	80 x 60 = 48

Considerando-se os cálculos dos itens anteriores, executou-se o Programa PI segundo os seguintes passos:

1) entrada gráfica dos pontos geradores 1, 2, 3 e centro gerador do lixo, através da utilização do *pixel* mais próximo à estrada e gravação de um arquivo com suas respectivas coordenadas e massas;
2) edição gráfica de cada trajetória, com identificação, no relatório, de sua nota em cada trecho;
3) gravação de um arquivo para cada caminho;
4) preenchimento das tabelas do PI com as distâncias simples, tempo e fator especial para cada trajetória (trecho a trecho), rodando-se o programa (resultados na **Tabela 21**).

Tabela 21 — Potencial de Interação de cada ponto, considerando-se as distâncias simples, tempo e peso.

PONTOS	DISTÂNCIA SIMPLES	DISTÂNCIA TEMPO	DISTÂNCIA FATOR ESPECIAL
1	0,77	0,31	0,74
2	0,51	0,16	0,45
3	0,35	0,15	0,33

Portanto, para todas as distâncias, o ponto 1 apresentou PI maior que o Ponto 2, que respectivamente teve seu PI maior que o ponto 3.

6. Conclusões

A área 1 com maior Potencial de Interação representa a região que é considerada conjuntamente com suas características ambientais, aspectos legais, extensão e resistência da trajetória que a liga ao ponto de origem do lixo como a área mais propícia para localização do aterro sanitário. Essa seleção pode ser considerada como de *caráter preliminar*, e os trabalhos aprofundados de campo nos locais selecionados por esta metodologia (**Figura 6**) poderão definir a escolha final.

Diversas áreas também foram *indicadas, com restrições*, por não atenderem ao aspecto legislativo de estar a menos de 2km de centros urbanos. Porém, após uma avaliação específica do órgão ambiental responsável, poderão tornar-se aptas para a implantação de um depósito sanitário.

No caso específico de Mangaratiba, encontraram-se poucas áreas, devido ao fato de ser uma cidade que se desenvolve, principalmente, ao longo da costa e da Rodovia BR-101 (Rio–Santos), com a Serra do Mar muito próxima da costa litorânea, além de possuir diversos cursos d'água. As poucas áreas em baixadas (Ingaíba, Saco, Sahy e outras) encontram-se urbanizadas ou utilizadas pelas grandes redes de condomínios, como Mediterranée, Porto Real e Porto Belo.

Portanto, a economia de tempo e recursos nessa inspeção de áreas para localização de aterros sanitários com uso do Geoprocessamento é considerável. Os técnicos especialistas irão ao campo não para levantar problemas, mas para testar locais concretos indicados pela metodologia. A escolha feita fica inteiramente documentada e os critérios adotados nessa escolha são absolutamente reproduzíveis.

7. REFERÊNCIAS BIBLIOGRÁFICAS

ABLER, R., ADAMS, J. S. & GOULD, P. *Spatial Organization: The Geographers's View of the World. Prentice-Hall, Inc.*, Englewood Cliffs, New Jersey, 1971, 587p.

BERGAMO, R. B. A. *Diagnóstico ambiental no município de Mangaratiba — RJ: uma análise por Geoprocessamento.* Programa de Pós-Graduação em Geologia, IGEO, UFRJ, Rio de Janeiro, 1999, 237 p. (Dissertação de Mestrado).

CETESB — Companhia de Tecnologia de Saneamento Ambiental. *Inventário Estadual de Resíduos Domiciliares.* São Paulo, SP, 1998.

CIDE — Centro de Informação e Dados do Estado do Rio de Janeiro. *Anuário Estatístico do Rio de Janeiro 1995-1996.* Governo do Estado do Rio de Janeiro, Rio de Janeiro / RJ, 1996.

CPU/IBAM — Centro de Pesquisas Urbanas do Instituto Brasileiro de Administração Municipal, *O Que é Preciso Saber sobre Limpeza Urbana — Tratamento e Disposição Final do Lixo.* Secretaria Nacional de Saneamento — SNS — do Ministério da Ação Social — MAS, 1998, 18p.

FERREIRA, J. A. *Resíduos Sólidos nas Comunidades,* CREA-RJ, Rio de Janeiro, 1999, 11 p.

FONSECA, E. *Iniciação ao Estudo dos Resíduos Sólidos e da Limpeza Urbana,* João Pessoa, PB, 1999, 130 p.

HADDAD, J. F. *Disposição de Lixo no Solo, Aterro Sanitário e Aterro Controlado.* Curso Latino-Americano de Limpeza Urbana e Administração de Resíduos Sólidos. UERJ / Departamento de Engenharia Sanitária e Ambiental, Rio de Janeiro, 1994, 38p.

HADDAD, J. F. *Projetos de Aterros Sanitários de Resíduos Sólidos Urbanos e Especiais. Indicadores operacionais. Análise de Projeto para Gestão Integrada de Resíduos Sólidos Urbanos.* Associação Brasileira de Engenharia Sanitária e Ambiental (ABES). Rio de Janeiro, 1999, 10 p.

IBGE. Instituto Brasileiro de Geografia e Estatística. *Anuário Estatístico do Rio de Janeiro. Indicadores Demográficos.* Rio de Janeiro, RJ, 1997, 79 p.
IPT. *Lixo Municipal: Manual de Gerenciamento Integrado.* Instituto de Pesquisa Tecnológica do Estado de São Paulo S.A. Compromisso Empresarial para Reciclagem (CEMPRE), 1995, Publicação IPT 2163, 296p.
MESQUITA, M. *Mundo Que Te Quero Limpo. Como Lidar com o Nosso Lixo e Viver no Mundo mais Sadio.* CREA-RJ, Rio de Janeiro, 1999, 15p.
NOSSA PRÓPRIA AGENDA. *Comissão de Desenvolvimento e Meio Ambiente da América Latina e Caribe.* BID / PNUD, 1992, 241p.
PJF, PREFEITURA DE JUIZ DE FORA. *Plano Diretor de Limpeza Urbana,* VMAH, IPPLAN, DEMLURB, Juiz de Fora — MG, 1996, 134 p.
PROSAB-PROGRAMA DE PESQUISA DE SANEAMENTO BÁSICO. *Metodologias e Tecnicas de Minimização, Reciclagem e Reutilização de Resíduos Sólidos Urbanos — SIG para Gestão de Resíduos Sólidos* Urbanos, Associação Brasileira de Engenharia Sanitária e Ambiental, Rio de Janeiro, 1999, p. 54.
RESOL. Resíduos Sólidos. Especificações Técnicas. Coletor compactador de 2 eixos para roteiros médios. Disponível em www.resol.com.br . Arquivo consultado em janeiro de 2000.
ROCHA, C. H. B. Geoprocessamento: tecnologia transdisciplinar. Edição do Autor, Juiz de Fora, MG, 2000, 220 p.
ROCHA, C. H. B. & BRITO FILHO, L. F. Locais para Aterro Sanitário de Mangaratiba / RJ: Seleção por geoprocessamento. UFRJ, IGEO, Departamento de Geografia, CEGEOP, Rio de Janeiro, 2000 (Monografia).
ROCHA, C.H.B., MOURA, A.C.M., MELLO FILHO, J. A. e GONÇALVES, J. M.F. Zoneamento Ambiental, segundo o Potencial Turístico, do Município de Mangaratiba/RJ. IV Congresso de Engenharia Civil da Universidade Federal de Juiz de Fora, Juiz de Fora — MG, 2000, pp. 781-792.
ROCHA, C. H. B. Geoprocessamento: tecnologia transdisciplinar. 2ª Edição do Autor, Revista, Atualizada e Ampliada, Juiz de Fora, MG, 2002, 220p.
SOARES, J. H. P. Resíduos Sólidos. Módulo IV: Parâmetros para a Gestão Ambiental. Curso de Especialização em Gestão Ambiental em Municípios, Programa Interdisciplinar de Gestão Ambiental e Biodiversidade (PIGAB), Universidade Federal de Juiz de Fora, Juiz de Fora — MG, 1999, 123p.
XAVIER-DA-SILVA, J. A digital model of environment an effective approach to areal analysis. Anais da Conferência Latino-Americana da União Geográfica Internacional. Rio de Janeiro, UGI, 1982, pp. 17-22.
_____. Geoprocessamento para Análise Ambiental. Edição do Autor, Rio de Janeiro, 2001, 228p.

CAPÍTULO 8

GEOPROCESSAMENTO APLICADO À AVALIAÇÃO DE GEOPOTENCIALIDADE AGROTERRITORIAL

Remi N'Dri Kouakou
Jorge Xavier da Silva

1. INTRODUÇÃO

O presente trabalho foi desenvolvido, cogitando realizar um estudo voltado à aptidão agrícola de terras tendo como área de aplicação o território da República de Côte d'Ivoire[1] (Oeste Africano), mas frente à escassez de dados e documentações cartográficas necessárias relativas à fertilidade do solo, declividades, granulometria, textura e outras, decidiu-se optar por um estudo direcionado à *Geopotencialidade Agrícola de Terra*, uma vez que esta última pode aparecer como contribuição com visão apenas geográfica e não fortemente fundamentada na agrologia.

A deterioração do ambiente natural, assim como os riscos a ela referentes, são, hoje em dia, alguns dos maiores desafios a serem imperativamente superados almejando alcançar melhor qualidade de vida. A Côte d'Ivoire (**Figura 1**), desde a sua independência em 1960, optou por uma política econômica voltada para a agricultura, onde o Homem é ao mesmo tempo meio e finalidade. Este tipo de desenvolvimento não ficou atento à

---

[1] Côte d'Ivoire e não Costa do Marfim ou outra tradução pelo fato de ser considerado como sendo um nome próprio desde 1985, impedindo, assim, todo tipo de trasladação, qualquer seja a língua em uso. Deve então ser usado Côte d'Ivoire como nome oficial.

Figura 1 — Localização da Côte d'Ivoire no continente africano.

qualidade de vida, à preservação do meio ambiente e à equação desenvolvimento versus meio ambiente, que são problemas de difícil resolução. Os resultados do desempenho econômico aparecem necessariamente matizados pelos estragos causados ao ambiente natural. Anotam-se problemas do tipo: pressão excessiva sobre os recursos naturais capazes de trazer rendas complementares; uso de sistemas agrícolas extensivos, pouco eficientes, mas consumidores de florestas; desmatamento e perda das essências nobre; prejuízo da biodiversidade; degradação dos solos, entre outros. A questão ambiental é percebida como sendo secundária pelos governantes e operadores econômicos do mundo rural, que priorizam a elevação da produtividade, tendo em vista a maximização do lucro. A conjugação do crescimento rápido da população com as dificuldades sociais e econômicas e a pobreza quase generalizada, a pressão exercida sobre os recursos naturais (terra, água, vegetação, e fauna), traduzem-se por uma deterioração acelerada do meio ambiente, a qual pode comprometer as perspectivas de um desenvolvimento duradouro e as possibilidades das gerações futuras do país.

Na ausência de conhecimentos sistemáticos das realidades ambientais do país, os fatos enunciados anteriormente podem impedir um desenvolvimento adequado e eficiente. Por isto, uma análise da situação ambiental atual deve ser feita para que as autoridades competentes, em particular, e o povo em geral tenham uma base de documentação que retrate a realidade ambiental, passo inicial necessário (embora não suficiente) para salvaguardar este patrimônio natural.

A elaboração deste trabalho foi incentivada por diversos fatores, entre os quais se destacam a necessidade de ter uma visão global do espaço geográfico nacional, composto de áreas de maior influência agrícola; sua natureza composta de florestas no sul e de savanas ao norte, seus diversos tipos de recursos, fauna, flora, minerais e os problemas a eles ligados, como desmatamento, queimadas, exploração desordenada das terras.

O método de trabalho elaborado baseia-se no imperativo principal de obter resultados seguros, respondendo a uma abordagem técnica que se relaciona às investigações de gabinete (busca e revisão bibliográfica), e de campo; visa fornecer produtos de maneira simples e prática, para serem acessíveis não só à comunidade técnico-científica, mas também e, sobretudo, aos governantes e ao povo especificamente.

O presente trabalho não pretende cobrir todos os problemas atinentes ao ambiente natural da Côte d'Ivoire, nem o conjunto das iniciativas e ações a serem empreendidas para a sua proteção. Quer-se um ponto de partida para uma análise mais avançada da questão ambiental e uma incitação para integrar, com mais objetividade e facilidade, informação sobre o estado e a evolução da qualidade dos diversos ambientes naturais, do patrimônio natural e do quadro de vida dos diferentes atores da vida nacional (políticos, planejadores, administradores, técnicos, acadêmicos e população em geral), tendo em vista salvaguardar o capital ambiental no qual se fundamenta a potencialidade de um desenvolvimento sustentado do país. A vantagem deste trabalho reside, essencialmente, no fato de procurar trazer rigor, às análises e conclusões, por baseá-las em fatos e dados concretos das mais diversas origens.

O que se pode esperar deste estudo, onde se registram ampla coleta de dados e geração de informação ambiental composta por análises relevantes, reflexões, diagnósticos e prognósticos?

Pouca coisa, se for visto apenas como mais uma tese, que irá completar as já numerosas contribuições acadêmicas que enchem as prateleiras de bibliotecas; será mais um produto de simples curiosidade e satisfação intelectual, ao lado de outros documentos que suscitam entusiasmo sem futuro. Sendo otimista por natureza, o autor espera uma atitude mais acolhedora, não cética, e que gerará frutos na comunidade acadêmica, em particular e, se possível, entre as populações em geral. Da classe governante, espera-se um olhar nas recomendações e na estrutura deste trabalho, que é de apoio à tomada de decisões, que visem à alocação dos recursos humanos e financeiros necessários à reversão da situação presente.

Por último, em síntese, espera-se que as árvores cortadas para produzir as páginas deste documento não tenham sido destruídas em vão, em razão da utilidade desta obra.

2. Sustentação Teórica

A fundamentação teórica é composta pelas justificativas do assunto e escolha da área de estudo, assim como explicitação dos posicionamentos, dos objetivos e das hipóteses de trabalhos adotados.

2.1 Justificativas

O crescimento exponencial da população verificado nas últimas décadas, conjugado com um início de desenvolvimento industrial, para não dizer agroindustrial, trouxe inúmeros problemas ligados ao uso e manejo da terra, que se refletem num quadro de degradação ambiental, semelhante à encontrada em países de maior população e mais forte industrialização. O êxodo rural e as migrações da força de trabalho, das zonas secas (savanas do norte e do centro), em direção à zona florestal no sul ou sudeste (nova fronteira agrícola), ou ainda para os centros populacionais rurais ou urbanos, tornaram-se ultimamente uns dos principais fatores de queda da qualidade de vida e, simultaneamente, das condições ambientais. Na ausência de um programa bem definido e operacional de planejamento ambiental, para uso e manejo dos recursos disponíveis, a atuação da população resulta na deterioração do ambiente e de suas próprias condições de vida.

A escala de trabalho escolhida para a integração dos dados foi 1/500.000 definida conforme os objetivos específicos do estudo, as características da área e de acordo com as variáveis disponíveis para análise. A escala de trabalho, sem ser a ideal, apresenta-se como aquela, podendo ser utilizada para análise e integração dos planos de informação temáticos selecionados. O uso dessa escala permitiu levantar lacunas e incongruências na apuração de dados. A escala de 1/500.000, e até mesmo a de 1/1.000.000, já foi utilizada no Brasil e internacionalmente para obtenção de informação geográfica, elaboração de projetos de pesquisa e de desenvolvimento, ao nível nacional e mesmo internacional: carta do Brasil ao Milionésimo (IBGE), projeto RADAM, estudos sobre a Amazônia e outros.

Para alcançar os objetivos propostos é primordial a execução de algumas etapas, o que requer o uso de técnicas e métodos específicos, eficientes e rápidos, tendo como suporte o Geoprocessamento, a fim de integrar as variáveis de análise. O uso de um Sistema Geográfico de Informação (SGI) por tais tipos de estudo, que se quer integrador, sendo de primeira necessidade, exigiu um levantamento dos softwares disponíveis. Presentemente, existe uma infinidade de *softwares* de Geoprocessamento passíveis de serem utilizados para atender às finalidades de um estudo voltado para geração de dados georreferenciados, análises, diagnósticos e prognósticos ambientais. A avaliação dos preços praticados no mercado aliado às performances e possibilidades oferecidas levou a optar por um programa brasileiro, que é o SAGA/UFRJ, desenvolvido pelo LAGEOP (Laboratório de Geoprocessamento), do Departamento de Geografia da Universidade Federal do Rio de Janeiro, por Xavier da Silva e equipe.

Essa escolha foi motivada por mais de um critério. Aqui serão relatados os de maior relevância técnica e metodológica, deixando-o de fora ligado ao lado financeiro. Se o SAGA/UFRJ é um software cedido sem nenhum ônus ao usuário (institucional e/ou pessoal), isto não é motivo suficiente para ser escolhido e utilizado numa pesquisa. Entretanto, o SAGA/UFRJ é um pacote de programas desenvolvido numa instituição universitária federal de um país do terceiro mundo, a sua aplicação sobre a base territorial de um outro país do terceiro mundo (Côte d'Ivoire) permitirá a sua divulgação neste último e contribuirá ao intercâmbio sul-sul, necessário hoje mais que nunca, embora não suficiente para o desenvolvimento e disseminação de tecnologias oriundas de países em desenvolvimento.

O *software* é composto de vários pacotes de interesse para a pesquisa ambiental. A equipe desenvolvedora está à disposição para ajudar no treinamento do usuário e sobretudo pronta para resolver os diversos problemas que podem surgir no manejo do programa por um pesquisador (usuário) que não tem domínio total da ferramenta.

2.2. POSICIONAMENTOS

Os recursos naturais (renováveis ou não), hoje em dia, estão sofrendo uma utilização desenfreada. Conseqüentes alterações indesejadas do meio ambiente merecem ser estudadas e contidas com eficiência e rapidez. Para superar este surto inadequado de desenvolvimento, elaborar uma metodologia que diagnostica a situação atual em que se encontram os recursos naturais em dado espaço geográfico é um passo necessário a ser instrumentado, embora não necessariamente suficiente para preservar e/ou indicar modos conservacionistas de uso. Com base nesta ótica foi executado o presente estudo, que apresenta duas abordagens: a primeira refere-se a uma metodologia voltada a um diagnóstico geoambiental, socioeconômico e cultural do território nacional; a segunda refere-se à aplicação desta proposta metodológica. Ambos procedimentos foram executados simultaneamente.

A implantação de Complexos Agroindustriais na Côte d'Ivoire, no início da década de 1960, teve efeitos marcantes sobre o desenvolvimento do país de uma maneira geral. Especificamente, estabeleceu uma nova organização do espaço agrícola, pelo fato da introdução da mecanização e exploração de vastas superfícies, acoplando *plantations* e indústria.

Na elaboração deste trabalho é essencial que se tenha um material-base (mapas temáticos digitais), com os quais se possam diagnosticar alguns problemas ambientais, de forma a servir de ponto de partida para uma ordenação do espaço geográfico nacional. Num país jovem (com apenas quatro décadas de autonomia político-administrativa e econômica, e cuja maioria da população ativa é voltada para atividades agrícolas; mais de um milhão de famílias de pequenos agricultores, vivendo direta ou indiretamente na dependência da agricultura tradicional e de subsistência, ou semimoderna), há a necessidade de se alertar para o real perigo que é o uso desenfreado das terras e suas conseqüências. É primordial a busca de soluções, na tentativa de amenizar os problemas ambientais.

Geralmente, os países do Terceiro Mundo, como a Côte d'Ivoire, precisam ter melhor conhecimento das suas realidades ambientais, pelo fato de que, durante várias décadas, foram colônias de exportação para países europeus, através da exploração desordenada e "selvagem" de bens e recursos, o que provocou uma depauperação da natureza e dos povos. A conservação e a proteção do meio ambiente nunca foram preocupação do colonizador. Depois das independências das colônias, as autoridades administrativas e políticas nacionais também não se preocuparam com este assunto, sendo, via de regra, notórios consumidores imediatos de recursos financeiros. Atualmente, o estado crítico da situação ambiental chama a atenção de cada um. As decisões e tentativas de solução tomadas desde a conscientização quanto aos problemas ambientais são em geral paliativas (reflorestamento, luta contra o avanço do deserto, luta contra as queimadas, etc.) e não se tem uma ação globalizante e duradoura que permita recuperar a natureza deteriorada ou impedir um avanço destrutivo.

Estudos melhores que o presente poderão também servir para informar, educar e conscientizar as populações, que são as principais vítimas do mau uso dos recursos naturais. A classe política também poderá ser informada, recebendo elementos informativos de apoio à decisão sobre a conservação e preservação do meio ambiente e a qualidade de vida da população.

Justifica-se, então, esse estudo, pela necessidade de conhecer e apreciar as realidades ambientais do território nacional, sujeito a um forte crescimento populacional (taxa de aproximadamente 3,5% ao ano) e agroindustrial, e que vem sendo alvo de mutações constantes devido à ampliação de sua ocupação geoeconômica. Esta proposta tem por finalidade precípua contribuir, mesmo que pouco, para a adequação harmoniosa entre as atividades produtivas, principalmente agrícolas, do território nacional e a preservação da natureza, tendo em vista a adoção de políticas de desenvolvimento sustentável relacionadas ao setor agrícola e dos recursos naturais buscando melhoria das condições de vida da população.

2.3. OBJETIVOS

Propor uma abordagem metodológica que possa servir ao Zoneamento Agroterritorial, visando a integrar fatores físicos, bióticos e socioeconômicos incluindo as idiossincrasias locais, com a utilização de métodos e técnicas de Geoprocessamento.

Operacionalmente, tratar-se-á de um trabalho dirigido a estudos ambientais, que fornecerá subsídios básicos para planejamento em nível nacional, voltado para diagnósticos e prognósticos baseados na consolidação de dados inventariados sob forma digital, com a geração de avaliações e monitoramentos ambientais, com definição de áreas de potenciais agrícolas e zoneamento para fins de proteção ambiental, associados a estimativas de impactos da ocupação antrópica.

2.4. PROCEDIMENTO METODOLÓGICO PROPOSTO

A presente metodologia é uma tentativa de análise, de fatores físicos, bióticos, sociais, demográficos, culturais, objetivando o planejamento ambiental da Côte d'Ivoire. As análises ambientais foram desenvolvidas de modo a classificar e definir relações entre os componentes naturais, socioeconômicos e culturais do território nacional, o que é um ponto de partida para a proposta do zoneamento almejada.

2.4.1. BASES METODOLÓGICAS

Foi utilizado, como já mencionado, além dos métodos convencionais de pesquisa (trabalho de campo, processamento de dados, interpretação de documentos de censo, cartográficos e de sensoriamento remoto), o Sistema Geográfico de Informação (SAGA/UFRJ), através do qual foram aplicadas técnicas de Geoprocessamento, com a criação da base de dados e execução das análises territoriais pretendidas.

Em relação ao objetivo da pesquisa e na base dos documentos cartográficos disponíveis, decidiu-se adotar uma resolução de 200 metros. Esta resolução é aplicável aos dados nas escalas de 1/2.000.000, 1/1.000.000 e 1/500.000 atualmente disponíveis. Os dados básicos a gerar foram as áreas urbanizadas, vias de transportes e hidrografia. O mapeamento temático comporta a geologia, geomorfologia, cobertura e utilização da terra, hipsometria e pedologia, como fatores do meio ambiente. O meio antrópico foi registrado através dos mapas de uso e ocupação dos solos e proximidades de diversas áreas geográficas que foram consideradas. Constituiu-se, assim, a base para análises e avaliações ambientais.

Base de Dados. É um ponto importante a criação de um inventário ambiental sob forma digital, realçando os aspectos naturais e antrópicos do território. Em cartogramas digitais foram registrados e apresentados quadros sintéticos dos dados básicos, unidades geomorfológicas e hipsometria, solos, cobertura vegetal e uso da terra e de proximidades da rede viária. Esta base de dados, por seu caráter integrador dos diferentes tipos de dados e pela possibilidade de constante atualização, é de óbvio interesse acadêmico/administrativo.

Análise Ambiental. A consolidação do inventário ambiental foi à base de informação escolhida para a análise de situações ambientais. Consideraram-se os Geopotenciais Agrícolas, de Estimativas de Impactos Ambientais e da Expansão das Áreas Agrícolas. Finalmente foi feito um zoneamento para fins agroterritorial e ambiental aplicável a todo o território nacional.

Atingir os objetivos determinados acima passa por etapas e fases de procedimentos utilizando os enfoques escolhidos.

2.4.2. OPERACIONALIZAÇÃO

Operando no território nacional e objetivando identificar unidades naturais, socioeconômicas e culturais, de acordo com suas propriedades, as quais definem suas potencialidades e limitações, a análise territorial permite a avaliação das capacidades de utilização do território em função dos determinados tipos de atividades antrópicas, visando à melhoria das condições de vida da população e dos sistemas ambientais. O desenvolvimento do estudo a ser realizado tem como base um roteiro metodológico, que por sua vez é sustentado pela revisão metodológica e bibliográfica procedida. Este esquema de metas engloba uma série de etapas sucessivas a serem explicitadas a seguir.

Etapa 1: Levantamento de Dados Básicos
Esta primeira etapa consistiu na revisão da literatura relativa ao assunto e à área de estudo; na busca e seleção de material de apoio (cartográficos, digital, fotografias aéreas, etc.); no trabalho de campo e documentação fotográfica nas áreas de interesse. A análise e a interpretação desses dados basearam o planejamento e a execução das etapas posteriores do estudo.

Trabalho de Campo. O trabalho de campo consta em análises de algumas áreas onde ocorreram transformações ambientais importantes e notáveis, identificando as zonas de cultivos, e o estudo da evolução mais recente da ocupação da terra, a fim de ter mapas com informações o mais possível atuais.

De um modo geral, o trabalho de campo consiste em observação do meio ambiente, nas áreas visitadas, considerando-se as características, bem como aspectos fisiográficos, geológicos e pedológicos, recursos biofísicos, valores culturais, uso potencial e fatores institucionais da área em estudo.

Tratamentos dos Dados em Geral. O SAGA/UFRJ permitiu fazer a entrada de dados, a edição e o tratamento dos mapas, imprescindível à análise, interpretação da informação obtida, assim como ao processo de exibição dos resultados.

Os seguintes tipos de tratamentos foram utilizados:

Tratamento Quantitativo. O tratamento quantitativo tem por objetivo documentar a análise dos dados disponíveis. Do cruzamento de diferentes variáveis ressaltaram correlações entre os dados obtidos e conduziram à elaboração de tabelas de contingência entre variáveis e classificações das unidades territoriais que venham a serem consideradas.

Tratamentos Gráficos e Cartográficos. Cartas, quadros, tabelas, gráficos, planos e esquemas foram elaborados, a fim de explorar a informação contida nos dados. Os tratamentos gráficos e cartográficos permitiram revelar a distribuição territorial, a intensidade, a repetição e o dinamismo dos fenômenos observados.

Tratamento Qualitativo. É a interpretação que objetiva recusar ou confirmar as hipóteses iniciais.

Os dados e informações básicos trazem conhecimentos sobre os atributos e as propriedades dos componentes bióticos e abióticos nos contextos ambientais. São apresentadas e caracterizadas as distribuições geográficas dos elementos que compõem o espaço nacional, através dos aspectos geológicos, geomorfológicos, pedológicos, climatológicos, da vegetação e dos indicadores sociais, econômicos e culturais, características ambientais que se refletem na ocupação do território.

Etapa 2: Elaboração de Mapas Temáticos

Consiste no exame e operacionalização das informações bibliográficas, cartográficas e de campo, visando à consolidação e elaboração de mapas temáticos, fornecendo um quadro da situação ambiental atual e passada.

Estes dados foram obtidos com base nos levantamentos de mapas cartográficos realizados pelo Instituto de Geografia de Côte d'Ivoire (IGCI) e demais instituições cujos mapas são de relevância neste estudo. Os dados temáticos permitiram mostrar a interdependência entre os diversos componentes que formam os sistemas ambientais.

Etapa 3: Análise e Integração de Dados

O diagnóstico ambiental[2] consiste na transformação dos dados, após sua compatibilização e consolidação, em um processo paulatino de composição e reintegração, que leva em conta componentes naturais e socioeconômicos considerados, permitindo a elaboração de mapas avaliativos de síntese e a obtenção de informação sobre as situações ambientais de interesse.

---

[2] O substantivo *diagnóstico*, do grego *"diagnostikós"*, significa o conhecimento ou determinação de uma doença pelos seus sintomas ou ainda o conjunto de dados em que se baseia essa determinação.

Etapa 4: Proposta de Geopotencialidade Agrícola
Consiste na compatibilização final dos usos razoáveis e possíveis com as necessidades da preservação ambiental. Com base nas diretrizes de diagnóstico ambiental e nos mapas de sínteses (potenciais, incongruências, impactos, etc.), foi elaborada a proposta de zoneamento agrícola do território nacional, identificando os principais vetores de degradação ambiental e as áreas críticas para as quais devem ser previstas medidas especiais de proteção.

2.5. CONCEITO DE AVALIAÇÃO DE TERRAS

A avaliação da terra para fins agrícolas não é uma consideração recente, mas o uso de técnicas e métodos de computação eletrônica trouxe maior contribuição e eficiência. Desde a Antiguidade, os agricultores "primitivos" buscavam classificar suas terras em função da suas propriedades em boas ou más, apropriadas ou não para determinados fins. Presenciou-se, no decorrer de um trabalho de campo realizado na região de Dabou (Côte d'Ivoire), conceito elementar, mas o quanto eficiente para se avaliarem determinados solos para diversos tipos de cultivo. Um agricultor, mero analfabeto, tinha uma técnica ancestral, consistindo em lançar contra uma árvore a uma determinada distância (mais ou menos 3 metros) uma porção de terra que espremia nas mãos. Em função da quantidade que ficava grudada na árvore, da cor e umidade, julgava o determinado solo quanto aos cultivos de café, cacau, palmeiras e outros. Testes realizados em laboratório confirmaram as aptidões determinadas de maneira empírica. Sabe-se hoje, com base em novos conhecimentos, que este empirismo é fundamentado nas estimativas de comportamento do trinômio solo-planta-clima.

O aprofundamento de conhecimentos sobre esta trilogia e demais componentes do ecossistema e de seus comportamentos, aliado a diagnósticos de fatores ambientais e à estimativa de respostas aos impactos das atividades antrópicas, pode ser estabelecido de modo cada vez mais preciso.

Conforme YOUNG (1976), a terra é um conceito mais amplo do que solo. Terra compreende todas as condições do ambiente físico, do qual o solo é apenas uma. Entende-se então por avaliação de terra o processo de estimativa de seu comportamento quando usada para fins específicos (FAO, 1976, *Apud* ASSAD, 1993, p. 174).

A *Geopotencialidade de Terras Agrícolas* pode ser entendida como sendo a indicação que procura definir, para cada unidade zonal, aspectos o mais possível uniformes de uso compatível com as características naturais, a partir da análise de uma base de dados composta de fatores tanto geofísicos como ambientais. Esse conceito procede da compatibilização das interdependências e inter-relações das diversas variáveis que propiciam a melhor utilização possível dos recursos naturais, enfocando o menor índice de agressão, procurando minimizar os efeitos nefastos sobre o meio ambiente. As classes de recomendações devem priorizar os mais altos potenciais de cada unidade do meio físico a ser aproveitado, sem que isto acarrete danos irreversíveis ao ambiente.

2.6. MÉTODO DE AVALIAÇÃO DE TERRAS

As metodologias para avaliar a terra para fins agrícolas são numerosas. ASSAD (1993, p. 177) afirma que qualquer metodologia utilizada para a avaliação de terras permite uma avaliação da aptidão para a agricultura, bastando que se introduzam os fatores condicionantes do manejo agrícola.

É internacionalmente aceita uma classificação convencional no Sistema de Capacidade de Uso, envolvendo oito classes distribuídas da seguinte forma: as quatro primeiras referem-se a terras para cultivo, em seguida três classes de terras de pastagem e reflorestamento e, por fim, uma classe de terras impróprias para fins produtivos.

No Brasil, dois sistemas são mais usados, estruturados a partir de levantamentos de solos. Trata-se do Sistema de Classificação da Capacidade de Uso de Terra (MARQUES *et al.*, 1949; LEPSCH *et al.*, 1983) e do Sistema FAO/Brasileiro de Aptidão Agrícola das Terras, desenvolvido a partir do trabalho de BENNEMA *et al.* (1964).

Estas metodologias foram empregadas de diversas formas, mas predominam as duas seguintes:

— Levantamento de capacidade de uso da terra. Elaboradas para atender ao planejamento de práticas de conservação do solo em nível de propriedade agrícola. LEPSCH (1983) explica detalhadamente a metodologia.

— Levantamento da aptidão agrícola das terras. As terras são avaliadas para se estabelecer sua disponibilidade a diferentes tipos genéricos de utilização agrícola, considerando-se distintos níveis técnicos de manejo. Este tipo de levantamento é de âmbito regional, sendo sua metodologia descrita por RAMALHO *et al.* (1978).

A metodologia proposta por RAMALHO *et al.* (*ibid.*) permite a estimativa das qualidades do ecossistema a partir de cinco parâmetros (nutrientes, água, oxigênio, mecanização e erosão). As terras são classificadas em quatro classes de aptidão (boa, regular, restrita e inapta), segundo três níveis de manejo (baixo nível tecnológico, médio nível tecnológico e alto nível tecnológico) e quatro tipos de utilização (lavoura, pastagem, silvicultura e pastagem natural).

O presente trabalho, voltado para avaliação de Geopotencial de terras num sentido mais amplo, envolve características regionais (grandes tipos de usos) e refere-se a tipos genéricos de utilização de terras (níveis de mecanização). Enquadra-se no segundo modelo, mas com algumas adaptações.

O Geopotencial Agrícola de terras aqui definido é avaliado de acordo com tipos específicos de utilização que não agridam ao meio ambiente, visando, no possível, a melhorar as condições ambientais. Exemplificando, pode se dizer que, no caso das vegetações de savana, onde é difícil realizar empreendimentos agrícolas sem melhoramento da fertilidade, visto que por natureza são solos extremamente carentes em nutrientes, a análise do Geopotencial Agrícola poderia se tornar de grande necessidade, definindo as poucas áreas favoráveis à implantação de atividades agrárias.

3. Uso do Saga/UFRJ para Avaliação de Geopotencialidade Agrícola

É primordial, na utilização de SGI para avaliação de Geopotencialidade de Terras, dispor de uma base de dados geocodificado cartograficamente confiável, propiciando cruzamento simultâneo de grande número de informações. A importância do uso de novas ferramentas como SGI reside na possibilidade de acompanhamento da dinâmica espaço-temporal do uso de terra, bem como fazer simulações prospectivas, além da obtenção de novos mapas com rapidez e precisão.

As informações recolhidas nas fases de planimetria, assinaturas e monitoria e os trabalhos de campo realizados possibilitaram a elaboração de avaliações de Geopotencial de Terras.

3.1 Procedimentos Adotados: Análises e Resultados

O procedimento de Avaliação do SAGA/UFRJ, aparentemente simples do ponto de vista operacional, consiste em justapor informações das mais diversas origens, sendo todas do mesmo georreferenciamento, a fim de ressaltar características de interesse do usuário. No entanto, conhecimentos adequados da área de estudo e do sistema são mais que necessários, devido à concepção da estrutura de avaliação que exige uma definição bastante precisa e regras próprias.

Embora os fatores climáticos permitam uma diversidade de tipos de usos agrícolas, os diferentes tipos de solos encontrados no território nacional apresentam características que condicionam distintas limitações às atividades agrícolas. Estas limitações são diretamente atreladas às exigências vegetativas. Por isso, foram realizados dois grandes tipos, cada um contendo duas variantes de Geopotenciais Agrícolas de Terras: um voltado para cultivos de ciclo curto, tendo como subgrupo (cereais e horticulturas), e outro para cultivos de ciclo longo, dividido em silvicultura e cultivo perene. O cruzamento desses dois mapas representa o mapa de Geopotencialidade Agrícola de Terras (**Figura 2**).

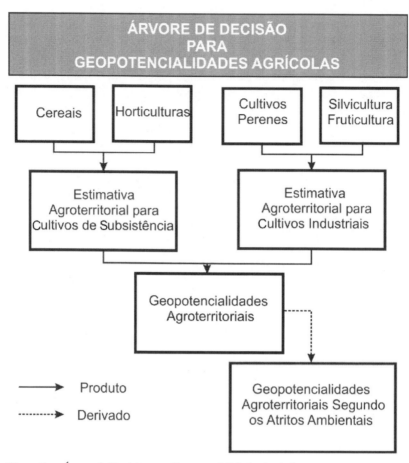

Figura 2 — Árvore de Decisão para Geopotencialidades Agrícolas.

3.2. CULTIVOS DE CICLO CURTO

Foram classificados como sendo cultivos de ciclo curto aqueles que são plantados, semeados e colhidos dentro de um intervalo de tempo geralmente inferior a um ano. Esses tipos de cultivo (milho, milho miúdo, mandioca, inhame, etc.) são plantados, semeados no início da época de chuvas e colhidos no final. Existem alguns casos particulares, como o do amendoim e do arroz, que por terem ciclo muito curto podem propiciar mais de uma colheita por ano, e como o das hortaliças, que pelo uso de irrigação pode ser cultivado o ano todo. Esse grupo de ciclo curto é constituído por plantas herbáceas, com sistema radicular pouco profundo, que necessitam de toda a água e nutrientes para completar o ciclo, em pouco espaço e curto tempo. Isto faz com que essas plantas sejam em geral mais exigentes em termos de propriedades do solo, principalmente na relação disponibilidade de nutriente e armazenamento de água na zona abrangida pelo sistema radicular, normalmente pouco profundo.

Parâmetros ambientais mapeados que têm influência ou contribuem direta ou indiretamente para o estabelecimento e/ou expansão de fronteiras agrícolas foram levados em conta nessa avaliação. Trata-se de: uso e cobertura vegetal, hipsometria, meses secos, pluviometria, geomorfologia, solos, déficit hídrico acumulado e geologia. Estes parâmetros foram classificados em função da importância relativa de cada um no estabelecimento de áreas agrícolas. Pesos e notas, conforme a prescrição metodológica da avaliação ambiental usada no SAGA/UFRJ, foram atribuídos para cada parâmetro e suas respectivas classes.

Em função de sua menor importância na capacitação do uso da terra, a cobertura vegetal levou um peso menor que o solo. Na verdade, frente à evolução técnico-científica na área agrícola, especificamente, ela pode se apresentar como fator limitante ao avanço das fronteiras agrícolas, mas não insuperável. Quanto ao território, sendo por sua maioria composto de planícies (altitudes em geral inferiores a 500 metros), a altitude também aparece como elemento moderador não restritivo e levou um peso menor. No conjunto, os maiores pesos foram para o solo, a geomorfologia e o uso e cobertura vegetal, em função da importância na valorização da terra. Os elementos do clima como pluviometria, meses secos e déficit hídrico foram credenciados como pesos médios, pelo fato de serem relativamente menores suas respectivas importâncias, em face do médio nível tecnológico, em geral, utilizado no território nacional.

As atribuições de pesos e notas foram executadas, utilizando assinaturas ambientais das situações relevantes, e o *Processo Delphi*, respondendo a perguntas como: Qual é a possibilidade de uma determinada classe estar associada territorialmente com a alta Geopotencialidade de Terras para fins agrícolas?

3.2.1. CULTIVO DE CEREAIS

Os seguintes pesos foram alocados para cada parâmetro: uso e cobertura vegetal 15%, hipsometria 10%, meses secos 10%, pluviometria 10%, déficit hídrico acumulado 10%, geomorfologia 15%, solos 20%, e geologia 10%.

Tabela 1 — Avaliação para Geopotencialidade Agrícola para Cultivos de Ciclo Curto: Cereais.

Parâmetros	Peso (em %)	Classe	Nota
Vegetação e uso da terra	15%	Floresta Ombrófila	0
		Floresta Mesófila	3
		Floresta aberta	8
		Savana	10
		Mangue	0
		Plantations industriais	0
		Outras culturas	10
Hipsometria	10%	0 — 50 m	2
		50 — 100 m	5
		100 — 200 m	6
		200 — 300 m	8
		300 — 400 m	10
		400 — 500 m	10
		400 — 500 m	10
		500 — 700 m	10
		700 — 900 m	10
		Superior a 900 m	8

Parâmetros	Peso (em %)	Classe	Nota
Pluviometria	10%	1.100 mm	10
		1.200 mm	10
		1.300 mm	10
		1.400 mm	8
		1.500 mm	8
		1.600 mm	7
		1.700 mm	7
		1.800 mm	5
		1.900 mm	5
		2.000 mm	4
		2.100 mm	4
		2.200 mm	2
		2.300 mm	2
		2.400 mm	1
		2.500 mm	1
Mês seco	10%	1 mês seco	8
		2 meses secos	7
		3 meses secos	7
		4 meses secos	6
		5 meses secos	6
		6 meses secos	6
		7 meses secos	6
		8 meses secos	5
Déficit hídrico	10%	Inferior a 200 mm	8
		De 200 a 300 mm	7
		De 300 a 400 mm	6
		De 400 a 500 mm	5
		De 500 a 600 mm	3
		De 600 a 700 mm	2
		De 700 a 800 mm	2
		Superior a 800 mm	1

Parâmetros	Peso (em %)	Classe	Nota
Geomorfologia	15%	Planície fluvial	4
		Planície	10
		Baixo planalto	10
		Alto planalto	8
		Área de montanha	6
Geologia	10%	Granito a hiperstênio	9
		Migmatitos	8
		Rochas metamórficas xistosas	10
		Rochas básicas	10
		Gres (Arenito)	2
		Granitos	10
		Aluviões recentes	7
		Areias quaternárias	1
		Areias terciárias	3
Solo	20%	SFFD	10
		SFMD	10
		SFE	10
		CSF/SFT	9
		SFT	8
		SBT	8
		SH	4
		PAC	0

Vale ressaltar que a atribuição de pesos e notas foi feita com base nos conhecimentos adquiridos no decorrer de trabalhos de campo, apoiada por leituras efetuadas e entrevistas de especialistas em agronomia e pedologia (*Processo Delphi*). Procedeu-se também a Assinaturas Ambientais de certas áreas conhecidas, nas quais ocorre boa, média ou ruim produtividade de determinados cultivos, a fim de obter melhores conhecimentos sobre fatores e parâmetros favoráveis. Esses fatos indicam que esse procedimento não é mera atribuição de valor ligada ao humor do usuário, mas sim um tratamento baseado em conhecimentos precípuos.

GEOPOTENCIALIDADE AGROTERRITORIAL 321

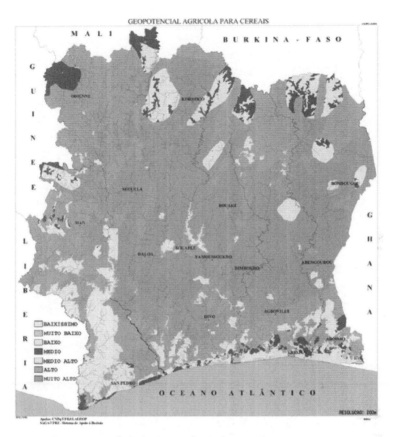

Mapa 1 — Geopotencialidade Agrícola para cereais.

As classes de Geopotencial Agrícola obtidas entre 0 e 10 podem ser apresentadas conforme denominações determinadas pelo usuário. Como exemplo, pode-se grupá-las da seguinte forma: de 0 a 3: Muito Baixo; de 4 a 5: Baixo; de 6 a 7: Médio; de 8 a 9: Alto; e a classe 10, correspondendo à Altíssima Geopotencialidade. Evitando simplificação antecipada que levaria à perda de informação em avaliações posteriores que usaram este mapa, não foi adotada esta classificação, mas conservadas as notas oriundas dos cruzamentos, atribuindo-se apenas denominações indo de Baixíssimo ao Altíssimo, as quais, ainda assim, são explícitas das ocorrências.

Tabela 2 — Geopotencialidades Agrícolas para Cultivos de Ciclo Curto: Cereais.

Categorias	Extensão	
	(em ha)	(em %)
Nota 3: Baixíssimo	8.844	0,03
Nota 4: Muito Baixo	102.092	0,33
Nota 5: Baixo	188.932	0,60
Nota 6: Médio	1.424.536	4,55
Nota 7: Médio Alto	4.500.764	14,38
Nota 8: Alto	10.041.384	32,09
Nota 9: Muito Alto	1.525.040	48,02

O mapa mostra que é possível cultivar os cereais em quase todo o território nacional.

a) As áreas favoráveis representam 80,11%, com Geopotencial de Terra Alto ou Muito Alto para cultivo de cereais, o que é uma verdade, levando em consideração as características geopedomorfológicas e climáticas.

b) Mas as partes centrais e setentrionais do território parecem mais adequadas a esses tipos de cultivo. O Sul, em relação a certos fatores limitantes, como a umidade, é menos propenso a cultivos de cereais, que necessitam de mais sol e uma pluviometria pouco abundante. Na parte norte do território, os cereais dominam em razão do aumento da época de seca. Todavia, o determinismo do meio natural não é tão imperioso quanto parece à primeira vista, pois trata-se de áreas com formações vegetais de tipo savana arborizada e pluviometria razoável.

Um outro tipo de cultivo classificado como sendo de ciclo curto são as horticulturas.

3.2.2. CULTIVOS DE HORTICULTURAS

Para horticulturas, entende-se cultivo de plantas leguminosas ou plantas herbáceas comestíveis, geralmente cultivadas em hortas. Os seguintes pesos foram alocados a cada parâmetro: uso e cobertura vegetal 15%, hipsometria 10%, meses secos 10%, pluviometria 10%, déficit hídrico acumulado 10%, geomorfologia 15%, solos 25% e geologia 5%.

Tabela 3 — Avaliação para Geopotencialidades Agrícolas para Cultivo de Ciclo Curto: Horticulturas.

Parâmetros	Peso (em 96)	Classe	Nota
Uso e Vegetação 95	20%	Floresta Ombrófila	1
		Floresta Mesófila	5
		Floresta Aberta	8
		Savanas	10
		Mangue	2
		Plantations Industriais	0
		Outros cultivos	9
Hipsometria	10%	0 — 50 m	8
		50 — 100 m	8
		100 — 200 m	10
		200 — 300 m	10
		300 — 400 m	10
		400 — 500 m	10
		500 — 700 m	10
		700 — 900 m	10
		Superior a 900 m	10

Parâmetros	Peso (em %)	Classe	Nota
Pluviometria	10%	1100 mm	10
		1200 mm	10
		1300 mm	10
		1400 mm	10
		1500 mm	9
		1600 mm	8
		1700 mm	8
		1800 mm	8
		1900 mm	7
		2000 mm	6
		2100 mm	6
		2200 mm	6
		2300 mm	6
		2400 mm	6
		2500 mm	6
Mês Seco	10%	1 Mês Seco	10
		2 Meses Secos	10
		3 Meses Secos	10
		4 Meses Secos	8
		5 Meses Secos	8
		6 Meses Secos	6
		7 Meses Secos	6
		8 Meses Secos	6
Déficit Hídrico	15%	Inferior a 200 mm	8
		200 — 300 mm	9
		300 — 400 mm	8
		400 — 500 mm	6
		500 — 600 mm	4
		600 — 700 mm	3
		700 — 800 mm	2
		Superior a 800 mm	1

GEOPOTENCIALIDADE AGROTERRITORIAL 325

Parâmetros	Peso (em %)	Classe	Nota
Geomorfologia	15%	Planície fluvial	8
		Planície	10
		Baixo planalto	10
		Alto planalto	10
		Área de montanha	8
Solos	25%	SFFD	10
		SFMD	10
		SFE	8
		CSF/SFT	7
		SFT	8
		SBT	8
		SH	7
		PAC	0
Geologia	5%	Granito a hiperstênio	10
		Migmatitos	8
		Rochas metamórficas xistosas	7
		Rochas básicas	10
		Gres	2
		Granitos	10
		Aluviões recentes	10
		Areia do quaternário	1
		Areia do terciário	3

Os pesos e notas atribuídos acima resultaram no Mapa 2 e podem também ser resumidos em quadro sintético como apresentado a seguir.

Tabela 4 — Geopotencialidades Agrícolas para Cultivos de Ciclo Curto: Horticulturas

Categorias	Extensão	
	(em ha)	(em %)
Nota 5: Baixo	9.328	0,03
Nota 6: Médio	1.004.580	3,21
Nota 7: Médio Alto	2.050.652	6,55
Nota 8: Alto	4.651.464	14,87
Nota 9: Muito Alto	22.723.692	72,62
Nota 10: Altíssimo	851.876	2,72

O Mapa 2, resultante dos cruzamentos efetuados e do quadro de contingência acima, aponta que as atividades agrícolas voltadas para horticulturas podem se desenvolver praticamente em qualquer parte do território, tendo em vista a abrangência de áreas favoráveis (90,21%). A maior parte desta área localiza-se na parte central do país. Na realidade, o cultivo de produtos hortícolas se desenvolve muito mais em áreas próximas à rede hidrográfica e nas vizinhanças de grandes centros urbanos, devido ao fraco nível de mecanização da agricultura. As superfícies alocadas a esse tipo de cultivo, em geral, são muito restritas, e o agricultor ou fazendeiro pode exercer mais de uma atividade complementar nas mesmas parcelas, obedecendo a uma rotação de cultivo que complica o mapeamento de tal tipo de áreas.

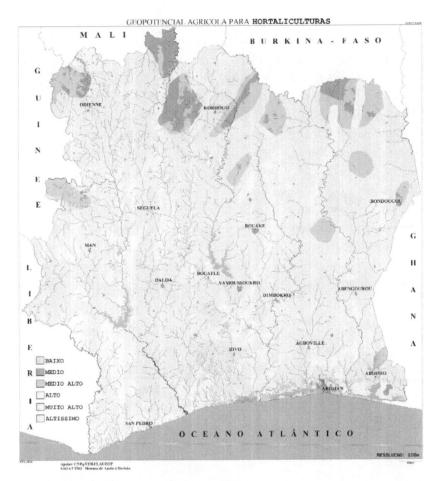

Mapa 2 — Geopotencial Agrícola para Hortaliculturas.

3.2.3. ESTIMATIVA AGROTERRITORIAL PARA CULTIVOS DE SUBSISTÊNCIA

A conjugação desses dois Geopotenciais determinados permite, a partir de um novo cruzamento, chegar a uma Estimativa Agroterritorial para cultivos de subsistência.

Cada potencial recebeu um peso proporcional à sua relativa importância, considerando também o seu valor contributivo na economia do país e nos usos e costumes dos povos (65% para cereais e 35% para produtos hortícolas). O roteiro metodológico acima apresentado é uma estrutura que permite realizar este plano de informação complexo, levando em consideração as Geopotencialidades já definidas.

A partir dessas premissas, foi elaborado, com base no módulo "Avaliação Ambiental" do SAGA/UFRJ, cruzando os mapas precedentemente obtidos para Ciclo Curto, o mapa de Estimativa Agroterritorial para Cultivos de Subsistências. Procedimento analógico será adotado, posteriormente, para o mapa de Estimativa Agroterritorial para Cultivos Industriais.

No que tange aos cultivos de subsistências, as áreas determinam um pouco mais de 80% do território como favoráveis à exploração deste tipo de cultivos. A **Tabela 5** e o Mapa 3 mostram com detalhes as proporções e as áreas mais indicadas às atividades agrícolas voltadas para cultivos de subsistência.

Tabela 5 — Estimativa Agroterritorial para Cultivos de Subsistência.

Categorias	Extensão	
	(em ha)	(em %)
Nota 4: Muito Baixo	9.040	0,03
Nota 5: Baixo	113.068	0,36
Nota 6: Médio	1.304.728	4,17
Nota 7: Médio Alto	4.083.164	13,04
Nota 8: Alto	10.731.568	34,30
Nota 9: Muito Alto	15.050.024	48,10

A grande proporção de terras com vocação agrícola voltada para cultivos de subsistência encontra-se na parte central e norte do território. Esta divisão responde muito mais a fatores climáticos do que Geopedomorfológicos. Os cultivos de subsistências, sendo pouco exigentes em água, têm uma maior resistência à estiagem. Com apoio no mapa de uso e cobertura vegetal, observa-se que as áreas propícias aos cultivos de subsistência são, na sua maioria, ocupadas por cultivos que não têm vocação para exportação, exceto o caso da soja, de introdução mais recente, e que

GEOPOTENCIALIDADE AGROTERRITORIAL

se pratica na região de Touba (noroeste), e dos canaviais do centro e norte do território, que têm vocações mais comerciais; portanto, industriais.

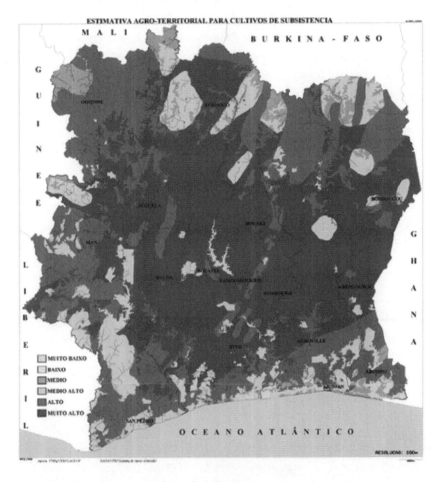

Mapa 3 — Estimativas para Cultivos de Subsistência.

3.3. CULTIVOS DE CICLO LONGO

Quando o ciclo vegetativo ultrapassa um ano, considera-se que o produto agrícola pertence ao grupo de ciclo longo. Alguns, como a cana-de-açúcar, são semiperenes. Outros, como o café, o cacau e as silviculturas em geral, são perenes. Com a duração do ciclo vegetativo, estas plantas sofrem o efeito do clima o ano todo. Em geral, apresentam sistema radicular mais profundo do que os cultivos anuais e podem ter um tamanho próximo a quatro metros, como é o caso da palmeira (*Elaeia guineasis*). Com esses tipos de características, elas são menos exigentes em termos de fertilidade do solo, sendo a profundidade efetiva mais importante. A sua permanência prolongada protege o solo dos processos erosivos, permitindo, assim, o seu cultivo em solos mais erodíveis e/ou mais inclinados. Um sistema radicular bem desenvolvido aumenta o acesso aos nutrientes e à água do solo, reduzindo deste modo os efeitos de períodos de secas prolongadas. Os diferentes cultivos têm comportamentos distintos. No caso do cafeeiro, a exigência é voltada para características pedológicas ricas em nutrientes, disponibilidade de água e solo cobertos pela mata, mas também clima com estação seca, relevo ondulado e altitude média (300 a 600 metros).

Os mesmos procedimentos de avaliação descritos anteriormente foram usados para determinar o Geopotencial Agrícola da terra para cultivos de ciclo longo.

3.3.1. CULTIVOS PERENES

Para cultivos perenes; os respectivos parâmetros e suas classes levaram os seguintes pesos e notas: uso e cobertura vegetal 15%, hipsometria 10%, meses secos 10%, pluviometria 10%, déficit hídrico acumulado 10%, geomorfologia 10%, solos 25%, e geologia 10%. Vale salientar que este procedimento exploratório é uma estimativa do que realmente pode acontecer. Embora a legislação local atual não permita, os desmatamentos de Florestas Ombrófilas e Mesófilas foram e continuam sendo as principais coberturas vegetais derrubadas para o exercício da agricultura industrial e comercial. Isso justifica o peso e as notas elevadas atribuídas ao uso e cobertura do solo, assim como as notas de suas classes de florestas.

Tabela 6 — Avaliação para Geopotencialidades Agrícolas para Cultivos de Ciclo Longo: Cultivos Perenes

Parâmetros	Peso	Classe	Nota
Uso e Vegetação 95	15%	Floresta Ombrófila	10
		Floresta Mesófila	8
		Floresta Aberta	8
		Savanas	3
		Mangue	0
		Plantations Industriais	10
		Outros cultivos	10
Hipsometria	10%	0 — 50 m	6
		50 — 100 m	7
		100 — 200 m	10
		200 — 300 m	10
		300 — 400 m	10
		400 — 500 m	10
		500 — 700 m	1
		700 — 900 m	8
		Superior a 900 m	6
Pluviometria	10%	1.100 mm	10
		1.200 mm	10
		1.300 mm	10
		1.400 mm	10
		1.500 mm	8
		1.600 mm	6
		1.700 mm	4
		1.800 mm	4
		1.900 mm	4
		2.000 mm	2
		2.100 mm	2
		2.200 mm	2
		2.300 mm	1
		2.400 mm	1
		2.500 mm	1

Parâmetros	Peso	Classe	Nota
Mês Seco	10%	1 Mês Seco	4
		2 Meses Secos	4
		3 Meses Secos	6
		4 Meses Secos	8
		5 Meses Secos	8
		6 Meses Secos	8
		7 Meses Secos	6
		8 Meses Secos	6
Déficit Hídrico	10%	Inferior a 200 mm	8
		200 — 300 mm	8
		300 — 400 mm	8
		400 — 500 mm	7
		500 — 600 mm	6
		600 — 700 mm	5
		700 — 800 mm	3
		Superior a 800 mm	2
Geomorfologia	10%	Planície fluvial	0
		Planície	6
		Baixo planalto	10
		Alto planalto	10
		Área de montanha	4
Solos	25%	SFFD	10
		SFMD	9
		SFE	8
		CSF/SFT	7
		SFT	6
		SBT	5
		SH	2
		PAC	0

Parâmetros	Peso	Classe	Nota
Geologia	10%	Granito a hiperstênio	10
		Migmatitos	10
		Rochas metamórficas xistosas	8
		Rochas básicas	8
		Gres	4
		Granitos	10
		Aluviões recentes	3
		Área do quaternário	1
		Área do terciário	2

As seguintes classes de Geopotencialidades foram determinadas em função dos pesos e notas atribuídos.

Tabela 7 — Geopotencialidades Agrícolas para Cultivos de Ciclo Longo: Perenes

Categorias	[Extensão]	
	(em ha)	(em %)
Nota 4: Muito Baixo	57.144	0,18
Nota 5: Baixo	1.804.528	5,76
Nota 6: Médio	1.439.496	4,60
Nota 7: Médio Alto	5.062.752	16,18
Nota 8: Alto	14.269.408	45,60
Nota 9: Muito Alto	8.657.624	27,67
Nota 10: Altíssimo	640	0,002

Ressalta do quadro precedente, assim como do Mapa 4, que os cultivos perenes, os quais são a base do desenvolvimento econômico do país, têm áreas geográficas bem definidas. Esta definição espacial é fortemente condicionada por fatores Geopedomorfológicos próprios a cada tipo de cultivo. De modo geral, as exigências climáticas e pedológicas são condicionantes de primeira necessidade. Múltiplos fatores, agronômicos, huma-

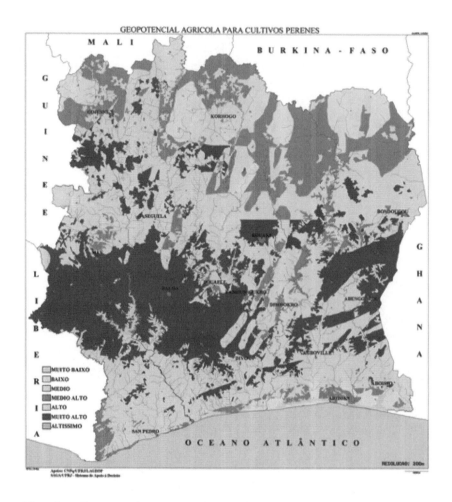

Mapa 4 — Geopotencial Agroterritorial para Cultivo Perene.

nos e econômicos, têm um papel importante na implantação das áreas de cultivos voltados para exportação.

Os cultivos perenes, dos quais algumas exigências foram apresentadas acima, têm uma área de expansão até o limite com a vegetação de tipo floresta aberta. Esta área cobre mais da metade do território nacional. São 73,27% de áreas favoráveis a estes tipos de cultivo.

A condicionante climática tem um papel essencial na repartição desta área de cultivo voltada para perenes, mas diversos elementos do clima podem intervir segundo cada região. O café exige para seu desenvolvimento e sua frutificação chuvas importantes. Entretanto, com mais de 1.300mm as condições ótimas não são verificadas. O ciclo vegetativo anual deve, também, ter uma época de seca atenuada, na qual ocorre a floração. As características das estações de seca determinam aproximadamente os limites da área de cultivo. Ao norte, estação de seca de mais de 6 meses, às vezes intensa e agravada pelos ventos de *harmattan*; ao sudoeste, estação reduzida que acarreta florações anormais; na franja costeira, ocorrem efeitos nefastos pela pequena estação de seca intermediana.

O cacau é ainda mais exigente do que o café e a sua área de expansão circunscreve-se ao interior da primeira citada. A planta sofre muito mais os rigores do clima. Em teoria, as condições mais favoráveis são realizadas quando a pluviometria anual ultrapassa 1.300-1.400mm, e a duração e intensidade da seca são moderadas. O déficit hídrico dos meses secos deve ser inferior a 350-400mm, para permitir a formação da fruta; entre 400 e 500mm, as condições tornam-se marginais.

A natureza dos solos atenua o efeito limitante do clima sobre as plantas; além da isoieta de 1.200mm abaixo, a área de cultivo corresponde aos solos oriundos de xistos que restituem à planta uma umidade suficiente, no decorrer dos meses secos. A ligação estabelecida pelo camponês entre floresta nativa e terra de cultivo não é *fortuita*: sobre toda a margem da área climática favorável, a presença da floresta revela solos susceptíveis de corrigir a insuficiência dos agentes atmosféricos. De um modo muito geral, pode-se afirmar que a área de cultivo privilegiada corresponde ao domínio vegetativo de floresta estabelecida sobre solos ferralíticos não saturados.

3.3.2. SILVICULTURA E FRUTICULTURA

No tocante à silvicultura e fruticultura, aos seus respectivos parâmetros e suas classes foram atribuídos pesos e notas em função das suas respectivas importâncias na exploração e/ou implantação de áreas agrícolas com esta vocação. Ao parâmetro solo foi atribuído o peso mais elevado (25%), sendo maior importância na exploração silvícola. O Uso e

Tabela 8 — Avaliação para Geopotencialidades Agrícolas para Cultivos de Ciclo Longo: Silvicultura e Fruticultura

Parâmetros	Peso	Classe	Nota
Uso e Vegetação 1995	15%	Floresta Ombrófila	0
		Floresta Mesófila	5
		Floresta Aberta	10
		Savanas	10
		Mangue	0
		Plantations Industriais	10
		Outros cultivos	3
Hipsometria	10%	0 — 50 m	1
		50 — 100 m	2
		100 — 200 m	5
		200 — 300 m	10
		300 — 400 m	10
		400 — 500 m	10
		500 — 700 m	10
		700 — 900 m	8
		Superior a 900 m	6
Pluviometria	10%	1.100 mm	10
		1.200 mm	10
		1.300 mm	10
		1.400 mm	10
		1.500 mm	8
		1.600 mm	7
		1.700 mm	6
		1.800 mm	5
		1.900 mm	4
		2.000 mm	4
		2.100 mm	4
		2.200 mm	4
		2.300 mm	4
		2.400 mm	4
		2.500 mm	4

Parâmetros	Peso	Classe	Nota
Mês Seco	10%	1 Mês Seco	3
		2 Meses Secos	4
		3 Meses Secos	6
		4 Meses Secos	8
		5 Meses Secos	8
		6 Meses Secos	6
		7 Meses Secos	6
		8 Meses Secos	5
Déficit Hídrico	10%	Inferior a 200 mm	10
		200 — 300 mm	10
		300 — 400 mm	8
		400 — 500 mm	8
		500 — 600 mm	7
		600 — 700 mm	6
		700 — 800 mm	4
		Superior a 800 mm	2
Geomorfologia	10%	Planície fluvial	2
		Planície	8
		Baixo planalto	10
		Planalto	10
		Alto planalto	10
		Área de montanha	10
Solos	25%	SFFD	10
		SFMD	10
		SFE	10
		CSF/SFT	9
		SFT	8
		SBT	6
		SH	3
		PAC	2

Parâmetros	Peso	Classe	Nota
Geologia	10%	Granito a hiperstênio	10
		Migmatitos	8
		Rochas metamórficas xistosas	8
		Rochas básicas	8
		Gres	2
		Granitos	10
		Aluviões recentes	10
		Areia do quaternário	1
		Areia do terciário	2

Vegetação 1995 também levou um peso elevado, seja 15%, pela sua parte preponderante na economia (exploração de madeiras) e exploração de frutíferas. Os demais parâmetros foram considerados como sendo de quase igual valor; em decorrência, levaram pesos de 10%.

Resulta dos entrecruzamentos desses pesos e notas alocados o mapa dessa situação ambiental, cujas classes de ocorrências podem ser apresentadas de forma tabular no quadro a seguir.

Tabela 9 — Geopotencialidades Agrícolas para Cultivos de Ciclo Longo: Silvicultura e Fruticultura

Categorias	Extensão	
	(em ha)	(em %)
Nota 3: Baixíssimo	13.372	0,04
Nota 4: Muito Baixo	263.812	0,84
Nota 5: Baixo	251.200	0,80
Nota 6: Médio	1.428.924	4,57
Nota 7: Médio Alto	7.211.872	23,05
Nota 8: Alto	11.185.516	35,75
Nota 9: Muito Alto	10.409.208	33,26
Nota 10: Altíssimo	527.688	1,69

O Mapa n° 5 apresenta o resultado do cruzamento dos diversos fatores, apontando uma superfície de mais de 71% como favorável. Se a maioria das áreas definidas tem um caráter indicativo, algumas possuem um significado mais preciso; é o caso do coqueiro e da fruticultura. Todos os vilarejos da extrema franja costeira, indo do Cap Palmas à Laguna Abi, dispõem de uma área de cultivo voltada para o coqueiro (*Cocos nucifera*).

A exploração moderna de fruticulturas ainda é embrionária e susceptível de desenvolver-se em cultivo irrigado nas regiões mais setentrionais. O abacateiro (*Persa americana*) encontra-se em todas as áreas úmidas, mas

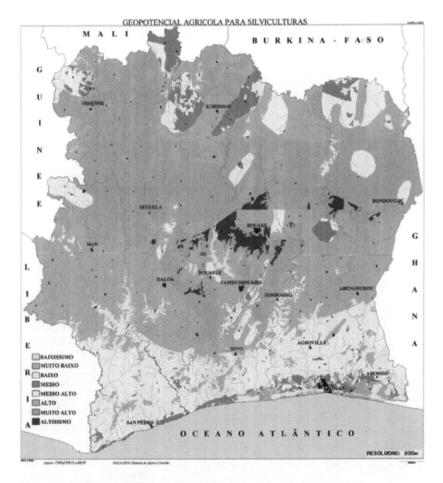

Mapa 5 — Geopotencial Agroterritorial para Silvicultura e Fruticultura.

em pequena escala. O cultivo intensivo de abacaxi é circunscrito na região sul em função de condições pedológicas e climáticas mais favoráveis.

As demais árvores frutíferas, gozando de uma certa difusão, requerem climas mais secos, em graus diversos. Os cítricos encontram as melhores condições de desenvolvimento na savana chuvosa, são mais raros na região oeste. A espécie mais cultivada é a laranja seguida da tangerina. A região de Sassandra (sudoeste), com um microclima específico, é favorável e produz este tipo de cultivo. As mangas (*Mangifera indica*) são cultivadas na área florestal do sul e do este, sendo rara e até mesmo desconhecida no oeste. Mais para o norte, o clima torna-se propício às mangas. É na região ao norte de Bouaké que elas são mais numerosas.

A abrangência do território favorável à fruticultura e silvicultura é imensa, mas a última citada ainda é pouca desenvolvida para produção de celulose e/ou madeira voltada a alimentar as madeireiras e a exportação. Apenas as empresas agroindustriais começaram a praticar a silvicultura objetivando melhorar ou recuperar certas áreas que sofreram desmatamentos acentuados.

3.3.3. Estimativa Agroterritorial para Cultivos Industriais

No que diz respeito aos cultivos industriais, foi atribuído um peso de 65% ao Geopotencial para Cultivos Perenes. Os 35% restantes foram atribuídos à silvicultura e fruticultura, considerando a vocação agrícola voltada para a exportação e a sua importância real nas atividades econômicas.

Tabela 10 — Otimização Agroterritorial para Cultivos Industriais

Categorias	Extensão	
	(em ha)	(em %)
Nota 4: Muito Baixo	69.160	0,22
Nota 5: Baixo	684.720	2,19
Nota 6: Médio	2.406.836	7,69
Nota 7: Médio Alto	2.469.704	7,90
Nota 8: Alto	17.067.696	54,54
Nota 9: Muito Alto	8.592.836	27,46

GEOPOTENCIALIDADE AGROTERRITORIAL 341

O Mapa n° 6 apresenta uma repartição relativamente homogênea no território, mesmo se a grande área de abrangência é na metade sul do espaço nacional, onde se encontram fatores condicionantes mais adequados. A área definida como sendo a mais apropriada está em conformidade com as antigas e novas áreas de extensão de produção de monoculturas, tais como café, cacau, seringueira, palmeira etc., e até mesmo conjuga-se com o domínio da soja e dos canaviais do norte. O Sudoeste, que é a nova fronteira (área de expansão) agrícola do país, é abrangido pelos altos Geopotenciais Agrícolas para cultivos industriais (54,54%), o que denota a sustentabilidade da aproximação feita a partir dos fatores de análise e comprova a relevância deles.

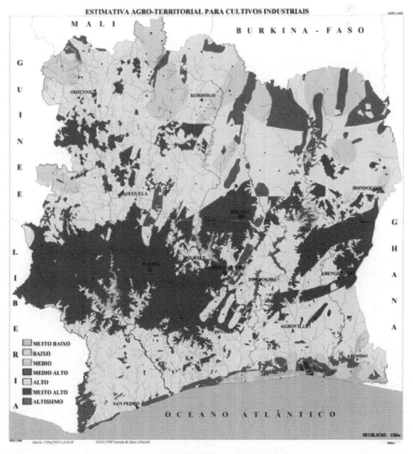

Mapa 6 — Estimativa Agroterritorial para Cultivos Industriais.

342 GEOPROCESSAMENTO & ANÁLISE AMBIENTAL: APLICAÇÕES

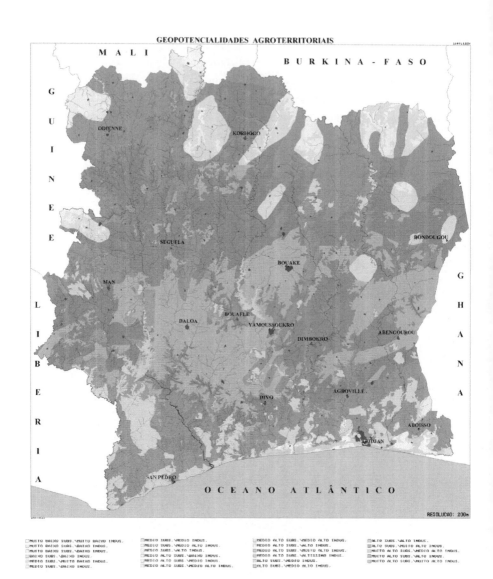

Mapa 7 — Geopotencialidades Agroterritoriais.

Uma vez estimadas as Geopotencialidades para os 4 tipos de cultivo e feitas as duas outras Estimativas Agroterritoriais para cultivos de subsistência e industrial, passou-se fase de junção dos mapas obtidos e criação da Estimativa das Geopotencialidades Agroterritoriais.

3.4. GEOPOTENCIALIDADES AGROTERRITORIAIS

O cruzamento das combinações múltiplas dos dois últimos Geopotenciais (Cultivos de Subsistências e Cultivos Industriais) deu uma ocorrência de 23 categorias, indo do Geopotencial Muito Baixo ao Altíssimo.

A inspeção dos diferentes planos de informação entrando nesta análise mostra a grande importância da relação clima, vegetação e solos na avaliação do potencial agrícola da terra. A abundância das precipitações, a duração da estação de seca e as alternâncias repetidas de períodos úmidos e secos têm uma ação preponderante sobre certas características dos solos, como a lixiviação das bases, o endurecimento e a natureza do material orgânico. Existe grande coincidência entre a área de pluviometria anual superior a 1.600mm e a área de solos ferralíticos fortemente não saturados. Quando a pluviometria é superior a 1.600mm, os solos apresentam-se de modo gradual, fraca, média ou fortemente não saturados. A vegetação (associada ao clima) tem uma influência sobre as características dos solos. O solo tem uma influência geral e precisa sobre os tipos de vegetação.

As grandes unidades ressaltadas desta análise têm Geopotencialidades agrícolas específicas para os cultivos de subsistência e arboricultura, cultivos industriais e silvicultura, como apresentado acima.

3.4.1. GEOPOTENCIALIDADES AGROTERRITORIAIS SEGUNDO OS ATRITOS AMBIENTAIS

As 23 classes de ocorrências foram agrupadas, em menos categorias priorizando-se uma área sobre a outra. Os maiores Geopotenciais foram atribuídos ao Cultivo Industrial, quando existiu um conflito entre os Geopotenciais industriais e de subsistência de mesmo grau. O Mapa n° 8 oriundo deste agrupamento, cujas classes constam no quadro a seguir, poderá ser usado numa etapa posterior para cruzamento com o Geopotencial Ecoantrópica (a ser elaborado também), obtendo assim um Zoneamento Territorial segundo as Geopotencialidades definidas.

Tabela 11 — Geopotencialidades Agroterritoriais Segundo os Atritos Ambientais

Categorias	Extensão	
	(em ha)	(em %)
Muito Baixo Industrial	14.656	0,01
Baixo Industrial	117.452	0,37
Média Subsistência	1.099.284	6,71
Médio Industrial	1.278.044	4,08
Alto Industrial	8.217.624	26,26
Muito Alto Industrial	8.593.476	27,46
Alta Subsistência	1.906.188	6,09
Muito Alta Subsistência	9.074.868	29,00

Em função das características, quatro grandes áreas ecológicas oriundas da trilogia clima-solo-vegetação podem ser definidas.

Tabela 12 — Principais Características do Clima-Solo-Vegetação

Variáveis	Unidade 1	Unidade 2	Unidade 3	Unidade 4
Vegetação	Floresta Ombrófila	Floresta Mesófila	Floresta aberta	Savanas
Clima	2 estações de chuvas Pluviometria > 1600 mm	2 estações de chuvas, Pluviometria 1200 a 1600 mm	2 estações de chuvas Pluviometria 1000 a 1600 mm	1 estação de chuvas Pluviometria 1000 a 1600 mm
Solo	Solo ferralítico fortemente não saturado	Solo ferralítico mediamente não saturado	Solo ferralítico mediamente e fracamente não saturado	Solo ferralítico mediamente não saturado e ferruginoso

GEOPOTENCIALIDADE AGROTERRITORIAL

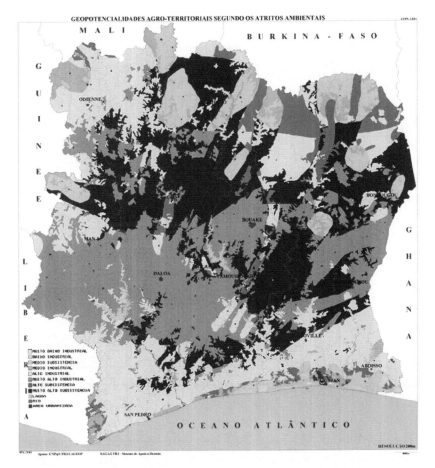

Mapa 8 — Geopotencialidades Agroterritoriais segundo Atritos Ambientais

A unidade 1 é referente à parte meridional (corresponde às baixas altitudes) do território, delimitada pela linha de déficit hídrico acumulado de 300 mm. A unidade 2, que corresponde à média (parte central) Côte d'Ivoire, é bordada pela linha imaginária conhecida localmente como o V Baoulé (que é uma linha fictícia delimitando a floresta mesófila da floresta aberta). Equivaleria a grosso modo à linha de déficit hídrico acumulado de 400mm. A terceira e quarta unidades são divididas pela linha de 600 mm, sendo ao sul a área 3, que diz respeito a Côte d'Ivoire pré-florestal, e a unidade 4, ao norte, referente às áreas de savanas.

O quadro a seguir aponta os diversos cultivos susceptíveis de serem realizados em função das características intrínsecas das unidades mencionadas.

Tabela 13 — Geopotencialidades para Cultivos

Classe	Unidade 1	Unidade 2	Unidade 3	Unidade 4
Subsistência	Mandioca, Arroz, Banana	Inhame, Mandioca, Arroz, Milho, Banana da terra	Inhame, Milho, Arroz	Milheto, Inhame, Arroz, Arroz irrigado
Fruticultura e Silvicultura	Cafeeiro, "Niangon", Mogno	Cafeeiro, "Teck", "Sipo"	Abacateiro, Cítricos, "Teck"	Mangueira, Cítricos, "Teck", "Gmelina"
Industrial	Palmeira, Banana Seringueira, Abacaxi	Algodão, Abacaxi, Cafeeiro, Cacaueiro	Algodão, Cana-de-açúcar	Algodão, Cana-de-açúcar, Arroz irrigado

Independentemente dessas áreas ecológicas, as propriedades do trinômio intervêm para definir áreas favoráveis a cultivos, cujo detalhamento mais fino ressalta propriedades físicas que podem classificá-las como boas ou ruins, ou áreas de difícil valorização para cultivos devido as suas propriedades físicas. O Zoneamento Segundo as Geopotencialidades permite destacar, mais particularmente, as áreas favoráveis ou não aos cultivos, assim como as áreas a serem preservadas ou a vocações específicas.

Em resumo, este estudo das Geopotencialidades Agrícolas mostra a favorabilidade das terras a uma agricultura diversificada, racionalizada e equilibrada no território nacional.

3.4.2. INCONGRUÊNCIAS DOS USOS DA TERRA

Adotou-se a mesma linha conceitual de Xavier da Silva e Carvalho Filho (1993, p. 617), que definem a Incongruência de Uso como sendo o confronto do mapeamento de uso da terra com cartogramas avaliativos de um potencial. O objetivo deste plano de informação é detectar as áreas que estão sendo utilizadas fora do padrão definido pelo mapa de Geopotencial Agrícola de Terras, seja porque o uso está sendo praticado de forma mais intensa do que o recomendado, seja porque o uso recomendado não é praticado. Ambos os casos podem gerar problemas de degradação ambiental acentuada, caso não sejam tomadas decisões paliativas para conter estes modos de uso inadequado.

Operacionalmente, o mapa de Incongruência de Uso obtém-se pela conjugação do Cartograma de Uso e Cobertura Vegetal de 1995 com o Geopotencial Agrícola de Terras precedentemente definido. O cruzamento dos atributos propiciou um diagnóstico do ambiente com a classificação das áreas em Uso Satisfatório (utilização conforme o recomendado), Uso Pouco Satisfatório (uso menos adequado ou intensivo do que o recomendado) e Uso Incompatível (utilização mais intensiva ou outra que não a recomendada e que já está sofrendo degradação).

Resultam dessa operação classes de classificação de uso resumidas no quadro abaixo. É necessário apontar que os resultados aqui obtidos são informações sintéticas, cujas conclusões são aproximativas e indicativas das diferentes categorias da qualidade ambiental.

Tabela 14 — Classes de Incongruências de Uso

Categorias	Área	
	(em ha)	(em %)
Uso incompatível	13.453.204	43,50
Uso pouco satisfatório	4.847.640	15,67
Uso satisfatório	12.627.832	40,83

Os resultados deste quadro, ressaltados no Mapa nº 9, permitem apreciar a utilização da terra. A classe de Uso Satisfatório da Terra Agrícola representa 40,83% da superfície do território nacional. Isso tem relevância e confirma a vocação agrícola do território. Essas terras boas para a agricultura estão espalhadas, com maior ocorrência, na parte meridional do território. No norte, apenas a região de Korhogo apresenta um espaço geoagrícola bastante desenvolvido. Vale ressaltar que a agricultura da etnia Senoufo sempre foi ativa, com um uso bem particular das terras deste

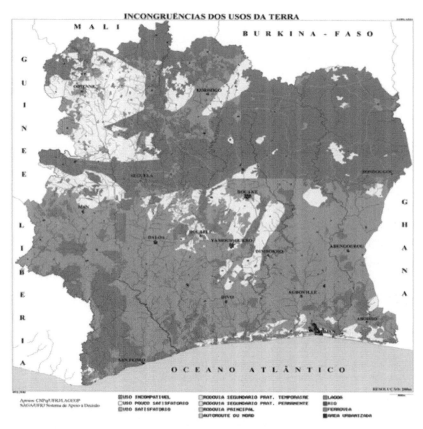

Mapa 9 — Incongruências de Uso.

povo, ao contrário das demais etnias da parte setentrional, que têm uma vocação voltada mais para o comércio do que para a agricultura. Será pelo fato de as terras não serem inteiramente compatíveis com as atividades agrícolas? A grande maioria das terras com usos poucos satisfatórios ou incompatíveis encontram-se nessa área. O uso satisfatório também aponta que as terras ocupadas pelas empresas agroindustriais são, de modo geral, as que têm os melhores potenciais para prática da agricultura perene. Esta adequação entre terras satisfatórias para atividades agrícolas e o sistema de desenvolvimento econômico escolhido pelo país traz à tona o problema da necessidade de preservação ambiental e do desenvolvimento econômico baseado na agricultura de exportação. Será que devem ser necessariamente aproveitadas todas as terras cujos potenciais são favoráveis para a agricultura? Ou deve-se preservar parte, pensando na qualidade ambiental, mesmo se para o Homem, hoje em dia, a qualidade de vida está em segundo plano, frente à necessidade crescente e febril de maiores rendimentos. A Côte d'Ivoire fez a opção de desenvolver a sua agricultura sem levar em conta a preservação do seu meio ambiente. O sacrifício feito por este pequeno país (322.500 km²), primeiro produtor mundial de cacau e terceiro de café, colocações essas conseguidas a preço de desmatamentos notáveis, o coloca, hoje, frente a pesados problemas ambientais.

4. Conclusões

Pode-se concluir que o espaço geográfico é mais bem entendido com o uso conjugado de técnicas definidoras de região homogênea e região polarizada para definir a segmentação ou regionalização. Em outras palavras, ao seu zoneamento, segundo certos critérios reproduzíveis. A organização do espaço geográfico deve ser realizada em função de regras que precisam aproximar-se o mais possível da realidade; realidade esta baseada em princípios básicos que definem a estruturação espacial. A realidade ambiental tem componentes físicos, geobiofísicos, socioeconômicos e culturais. Segmentar o espaço quer dizer zoneá-lo, isto é, dividi-lo para fins de organização. A segmentação territorial tem uma importância político-administrativa, e sua validade é imprescindível para a aplicação otimizada dos recursos disponíveis. É, portanto, necessário criar um zoneamento que se baseie em critérios reproduzíveis, considerando as forças geradas pelos recursos e dificuldades oferecidas pelo ambiente, juntamente com o efeito da força organizadora proveniente dos aglomerados populacionais.

Num contexto onde o crescimento econômico é fortemente utilizador dos recursos naturais, é obvio entender que um crescimento demográfico acelerado, não compensado pela produtividade, traduz-se por forte pressão do homem sobre o meio ambiente. Os dados indicam que a população cresceu a um ritmo superior ao PIB. Segundo o Banco Mundial (Rapport Banque Mondiale, 1991), enquanto a taxa de crescimento anual média da população passava de 4,1% no período de 1965-1980 a 3,8%, em 1980-1990, o do PIB sofria uma queda muita forte, passando de 6,8%

a 0,5%. Vale ressaltar que nos dois períodos a taxa de crescimento da agricultura passou de 3,3% a 10%. As terras, sendo na sua grande maioria de propriedade familiar, desempregados e desiludidos dos estudos voltaram aos vilarejos para ser exercida a exploração agrícola. O Governo também incentivou esta "volta a terra", oferecendo facilidades financeiras e programas específicos de apoio a estudantes, membros do governo e executivos nacionais para terem uma propriedade agrícola.

Existe uma espiral auto-sustentada de pobreza econômica e de degradação ambiental (LESTER R. Brown, 1990, Apud PNAE-CI Op. cit. p.72). Sob a impiedosa lógica dos imperativos de curto termo, os pobres superexploram o que sustenta os seus parcos rendimentos, sacrificando assim o futuro com os desmatamentos do presente. O declínio ecológico perpetua a pobreza pelo fato de a natureza degradada não ter mais capacidade para oferecer recursos suficientes, cobrindo as necessidades ou para melhorar o ambiente onde vivem.

Existe um conflito aparente entre necessidade de preservação ambiental e a produção agrícola. As estratégias de desenvolvimentos agrícolas atuais e a preservação da diversidade biológica são situações aparentemente antinômicas. As extensões agrícolas necessitadas pela pressão demográfica, as demandas crescentes de produtos de subsistência e os cultivos comerciais ocasionam e tendem a reduzir o espaço natural que se procura proteger e reabilitar.

Finalmente, população, recursos, meio ambiente e desenvolvimento sustentado são interligados num contexto de crise econômica, de forte crescimento demográfico, desigual distribuição espacial da população e dos recursos, tanto naturais quanto socioeconômicos, sem previsão de fatos importantes que venham a contribuir para reequilibrar a situação presente.

Estudos como este permitem asseverar que a utilização de técnicas de Geoprocessamento aliadas a uma metodologia eficiente desempenha um papel imprescindível no ganho de conhecimentos, análises e integrações relativas ao ambiente, passos necessários, embora não suficientes, para planejamento e gestão territorial.

O impacto das atividades agrícolas sobre o território é notável. A introdução da economia de *plantation* a partir da década de 60 provocou uma ruptura entre o sistema agrícola tradicional ancorado nos cultivos de subsistências e uma agricultura em modernização (com ainda um nível de mecanização médio), tendo exigências e objetivos voltados para a indústria e a exportação, com impactos nefastos maiores sobre o meio ambiente. As formas de atuação deste novo modo de exploração são diversificadas e antagônicas; atração e repulsão de população, desenvolvimento e pauperização, enriquecimento e pobreza. Ao final, é impossível afirmar sem embair que o sistema agroindustrial em particular e as atividades agrícolas em geral tiveram um balanço positivo ou negativo no decorrer dos anos. Do ponto de vista dos que conseguiram proveitos financeiros e/ou de outras naturezas, esse novo modo de exploração agrícola foi salutar. No tocante ao meio ambiente em geral e para aqueles que se arruinaram, perderam a posse de terras, a força de trabalho familiar e as gerações futuras, a modernização das técnicas agrícolas e a agricultura de *plantation* introduziram danos que dificilmente em curto prazo serão amenizados. Porém, o desenvolvimento agrícola conseguiu mobilizar e fixar a maioria da força de trabalho rural e acumular capitais tanto para os camponeses quanto para as empresas agroindustriais.

É primordial achar formas alternativas de desenvolvimento econômico voltadas para a agroindústria que permitam proteger ou conservar o meio ambiente, ao mesmo tempo possibilitando a utilização racional dos recursos naturais pelas gerações atuais e futuras. Essa visão pode se apoiar na geração de bases de dados geocodificados, atualizáveis da realidade ambiental e analisados com auxilio de Geoprocessamento.

O recuo rápido da floresta sob a forte pressão antrópica anotada é um fato visível e patente na paisagem. Na base de tudo que precede e no fato conhecido das formações arborizadas tem um papel importante na regulação dos climas, e que uma floresta produz ela mesma uma parte considerável da chuva recebida. Se a tendência atual à desflorestação não é invertida, há riscos de aquecimento geral da atmosfera, tendo como conseqüência transtornos sobre as precipitações, modificação profunda das áreas agrícolas; em outras palavras, a "desertificação" da paisagem ecológica.

5. REFERÊNCIAS BIBLIOGRÁFICAS

ASSAD, E. D., SANO, E. E. *Sistema de Informações Geográficas. Aplicações na Agricultura.* EMBRAPA, CPAC. Brasília, DF, 1993, pp. 173-199.

CARVALHO, Jr. W. *Modelos de Planejamento Agrícola Conservacionista com suporte de Geoprocessamento — Estudo de caso do Município de Paty de Alferes e Miguel Pereira — RJ.* Tese de Mestrado UFRJ — PPGG 1996, 115p.

KOFFLER, N. F., MORETTI, E. *Diagnóstico do uso agrícola das terras do município de Rio Claro-SP.* GEOGRAFIA, Rio Claro 16(2): pp. 1-76, outubro de 1991.

KOUAKOU, N'Dri Remi. *Complexos Agroindustriais: Dinâmica de povoamento e Impactos Ambientais. uma avaliação por Geoprocessamento da subprefeitura de Dabou (Côte d'Ivoire).* Orientador Jorge Xavier-da-Silva. Rio de Janeiro: UFRJ/ PPGG, 1997. 159p. Dissertação (Mestrado em Geografia)

LEPSCH, I. F., BELLINAZI J. R., BERTOLINI, D., SPINDOLA, C. R. *Manual para levantamento utilitário do meio físico e classificação de terras no sistema de capacidade de uso.* 4ª aproximação. Campinas: Sociedade Brasileira de Ciência do Solo, 1983, 175p.

MARQUES, J.N., BRAGA, E.L., MEDEIROS, J.S. *Utilização de banco de dados de solos integrado com o sistema de informações geográficas para identificação da aptidão edáfica das terras.* Anais do VII Simpósio Brasileiro de Sensoriamento Remoto, 1993, pp. 165-169.

PNAE-CI: Plan National d'Action pour l'Environnement Côte d'Ivoire. *Livre Blanc de l'environnement de Côte d'Ivoire.* Ministère de l'Environnement et du Tourisme, Abidjan, 1994, 179p.

RAMALHO FILHO, A., PERREIRA, E. G., BEEK, K. J. *Sistema de avaliação da aptidão agrícola das terras.* Brasília. SUPLAN/EMBRAPA-SNCLS. 1978, 70p.

ROCHA, H.O. *Aplicações do Geoprocessamento na Avaliação da Aptidão Agrícola das Terras.* GIS BRASIL 94. Curitiba Sagres Editoras, 1994, pp. 39-47.

ROUGERIE, Gabriel. *La Côte d'Ivoire.* Paris PUF. éd. Que sais-je? 1964, 128p.

XAVIER DA SILVA, J. Metodologia de Geoprocessamento. *Revista da Pós-Graduação em Geografia.* Rio de Janeiro: UFRJ/PPGG. *Ano I. V.1,* Setembro de 1997, pp. 25-34.

_____. CARVALHO, Filho L. M. Sistemas de Informação Geográfica: uma Proposta Metodológica, *Anais da IV Conferência Latino-Americana sobre Sistemas de Informação Geográfica* e *II Simpósio Brasileiro de Geoprocessamento.* São Paulo, USP, 1993, pp. 609-628.

_____. Geoprocessamento e Análise Ambiental. *Revista Brasileira de Geografia.* Rio de Janeiro, IBGE, 54 (3) 1992, pp. 47-61.

Resumo da Qualificação e Atividade Atual dos Autores

Jorge Xavier da Silva é geógrafo, Livre Docente pela UFRJ, Ph.D. e M.Sc. pela Louisiana State University, Post Doctor pela University of California – Los Angeles. Ocupa atualmente os cargos de Prof. Titular da UFRJ e Prof. Adjunto da UFRRJ. É Conselheiro Titular do CREA-RJ, Pesquisador 1A do CNPq e Cientista do Estado pela FAPERJ.

Ricardo T. Zaidan é geógrafo e especialista em Gestão Ambiental em Municípios pela Universidade Federal de Juiz de Fora, Mestre em Ciências Ambientais e Florestais pela Universidade Federal Rural do Rio de Janeiro e Doutorando em Geografia pela Universidade Federal do Rio de Janeiro. Atualmente é Professor do Curso de Especialização em Gestão Ambiental em Municípios e do Departamento de Geociências da Universidade Federal de Juiz de Fora. zaidan@acessa.com

Nadja Costa é Geógrafa, especialista em Geomorfologia Aplicada e Biogeografia com ênfase em manejo de áreas silvestres. É Doutora em Geografia pela Universidade Federal do Rio de Janeiro, desde 2002. Atualmente, é Professora Adjunta do Departamento de Geografia da Universidade do Estado do Rio de Janeiro (UERJ) e coordenadora do Grupo de Estudos Ambientais (GEA/UERJ). nadjagea@bol.com.br

Edson Rodrigues Pereira Junior é Engenheiro Florestal e Mestre em Ciências Ambientais e Florestais pela Universidade Federal Rural do Rio de Janeiro. Atualmente faz parte do corpo técnico do setor de Avaliação Ambiental do departamento de Engenharia Ambiental da PETROBRAS. edsonrod@petrobras.com.br

Wilson José de Oliveira é Graduado em Geologia pela UNESP, Mestre em Sensoriamento Remoto pelo INPE e Doutor em Geociências pela UNICAMP. Atualmente é Consultor Técnico da PETROBRAS/ENGENHARIA/IEGEN/EGE/EAMB na área de Sensoriamento Remoto, Geoprocessamento e Avaliação Ambiental de Projetos. wilsonjo@petrobras.com.br

José Eduardo Dias é biólogo pela Fundação Educacional Rosemar Pimentel, Volta Redonda, RJ, especialista em Ciências Ambientais, Mestre em Ciências Ambientais e Florestais e Doutorando em Fitotecnia pela Universidade Federal Rural do Rio de Janeiro. mscdias@yahoo.com.br

Olga Venimar de Oliveira Gomes é geóloga pela Universidade Federal Rural do Rio de Janeiro, Mestranda em Geologia pela Universidade Federal do Rio de Janeiro. olga@geologia.ufrj.br

Maria Hilde de Barros Góes é geógrafa pela UFAL, Mestre em Geografia pela UFRJ e Doutora em Geociências pela UNESP/Rio Claro. Atualmente é Professora Adjunta e chefe do Laboratório de Geoprocessamento Aplicado do Departamento de Geociências do Instituto de Agronomia da UFRRJ.

Teresa Cristina Veiga é arquiteta com especialização em Planejamento Urbano e Regional pela Universidade Santa Úrsula (RJ), Mestre em Pesquisas Urbanas e Análise de Assentamentos Humanos pelo International Institute for Geo-Information Science and Earth Observation (Holanda) e Doutora em Geografia pela Universidade Federal do Rio de Janeiro. Atualmente trabalha na Coordenação de Cartografia (CCAR), da Diretoria de Geociências do IBGE como Tecnologista K1 (Analista de Geoprocessamento).

RESUMO DA QUALIFICAÇÃO E ATIVIDADE ATUAL DOS AUTORES

Ana Clara Mourão Moura é Graduada em Arquitetura e Urbanismo pela Universidade Federal de Minas Gerais, Especialista em Planejamento Territorial e Urbano pela Pontifícia Universidade Católica de Minas Gerais e Universidade de Bologna-Itália, Mestre em Geografia pela Universidade Federal de Minas Gerais e Doutora em Geografia pela Universidade Federal do Rio de Janeiro. Atualmente é Professora Adjunta do Departamento de Cartografia do IGC-UFMG. dcart@igc.ufmg.br

Cézar Henrique Barra Rocha é Engenheiro pela UFJF, Especialista em Geoprocessamento pela UFRJ, Mestre em Transportes pela USP e Doutor em Geografia pela UFRJ. Atualmente é Professor Adjunto da Faculdade de Engenharia da UFJF. www.geoprocessamento.ufjf.br

Luiz Fernandes de Brito Filho é engenheiro civil pela SUAM (Sociedade Universitária Augusto Mota), especialista em Engenharia de Segurança do Trabalho (CEFET-RJ) e em Engenharia Sanitária e Ambiental pela UERJ. Também é especialista em Geoprocessamento (LAGEOP/CCMN/UFRJ) e Mestrando em Geotecnia Ambiental (COPPE/UFRJ). Atualmente exerce a função de engenheiro civil. luizfbfilho@ig.com.br

Remi N'dri Kouakou é geógrafo, graduado em Geografia pela Universidade Nacional de Côte d'Ivoire (UNCI), Mestre e Doutor em Geografia pela Universidade Federal do Rio de Janeiro (UFRJ). Atualmente é Professor e Coordenador do Curso de Geografia e Meio Ambiente. Atua também como coordenador de pesquisa do Laboratório de Estudos Geo-Ambientais (LEGA) do UNIVERSITAS. remi_kouakou@yahoo.fr

ÍNDICE REMISSIVO

Ábaco, 127
Abordagem Holística, 191
Adobe Photoshop, 82, 125
Agenda, 21, 261
Algoritmo Classificador, 44, 148
Análise, 305
Análise Ambiental, 117, 128, 143, 149, 152, 159, 165, 171, 309
Análise de Interações Espaciais, 25
Análise e Integração, 350
Análise e Integração de Dados, 311
Análise e Integração de Dados Ambientais, 183
Análise Espacial, 217, 230
Análise Heurística, 227
Análise Socioespacial, 248
Análise Topológica, 226
Apoio à Decisão, 44, 129, 144, 217
Aptidão, 313
Área de Impacto, 234
Área de Influência, 184, 225, 227
Área de Preservação, 115, 212
Área de Proteção de Manancial, 271
Área de Proteção Legal, 85, 116, 127, 127, 133
Área de Reserva, 212
Área de Risco, 85, 103, 143, 148, 157, 159, 213

Área Ecológica, 346
Área Ecoturística, 109, 110
Área Imprópria, 50
Área Potencial, 143, 148, 165, 171, 175, 184, 281, 283
Área Protegida, 33, 78, 85
Área Vulnerável, 157
Áreas Especiais, 188
Árvore de Decisão, 53, 55, 184, 196, 218, 227, 248, 250
Aspecto Geobiofísico, 80
Assinatura, 40, 42, 47, 48, 144, 189, 223, 227, 287
Assinatura Ambiental, 53, 82, 145, 147, 320
Associação Causal, 227
Aterro, 268
Aterro Controlado, 264
Aterro Sanitário, 265, 276, 286
Atributos, 190
Autocad, 82, 221
Avaliação, 190, 202, 212, 235, 237, 241, 250, 288, 313, 315
Avaliação Ambiental, 33, 43, 48, 53, 55, 61, 82, 147, 149, 176, 328
Avaliação Ambiental Direta, 44, 228
Avaliação Complexa, 45, 46, 228, 247
Avaliação de Geopotencial, 309, 314

Avaliação Direta, 46
Avaliação Estendida, 44
Avaliação Interdisciplinar, 195
Avaliação não Estendida, 44
Baixada de Jacarepaguá, 70
Banco de Dados Alfanuméricos, 25
Banda, 126
Base Cartográfica, 221
Base Cartográfica Digital, 221
Base de Dados, 145, 148, 176
Base de Dados Alfanumérica, 221
Base de Dados Digitais, 144
Base de Dados Geocodificados, 33, 40, 41, 43, 48
Base de Dados Georreferenciados, 124, 145
Base de Dados Inventariada, 144
Base Digital, 182, 183, 184, 190
Base Geográfica, 124
Base Georreferenciada, 276
Batólito da Pedra Branca, 72
Belo Horizonte, 247, 248
Bias Fortes, 31
Biodiversidade, 32, 78, 302
Buffer, 127, 225, 233
Calibração do Sistema, 229
Camada Impermeabilizante, 265
Canyon, 36, 37
Característica Natural, 182
Cartografia Digital, 20, 347
Cartograma Classificatório, 47, 53
Cartograma Digital, 47
Cartograma Digital Básico, 125
Cartograma Digital Classificatório Simples, 149
Cartograma Digital Temático, 81
Categoria, 126, 148, 149
Célula, 148
Cenário Ambiental, 228
Cenário Pretérito, 175
Cenário Prospectivo, 144
Central Place Theory, 239

Centralidade, 238, 240
CETESB, 261
Chorume, 262, 269
Cidades Dentro de Cidades, 238, 239
Classe, 126, 148, 149, 195, 203, 208, 283, 287, 313, 321, 343, 347
Classes de Avaliação, 184
Classificação, 227, 229, 231, 347
Código Florestal, 128
Colina Estrutural, 119
COMLURB, 260
Compactação, 262
Compartimento Geomorfológico, 117, 119
Complexo Deltáico, 120
Complexo Estuarino, 120
Complexo Praial, 120
Composição, 124
Compostagem, 162
CONAMA, 128
Conceição do Ibitipoca, 37
Condição Ambiental, 145, 305
Condição Natural, 35, 200, 212
Condições da Ocupação Humana, 200, 201, 208
Condições de Ocupação Territorial, 196, 208
Condições de Qualidade de Vida, 196, 201, 209
Condições de Saneamento, 201, 209
Condições Demográficas, 205, 209
Condições Naturais, 196, 208
Condições Sociais, 206, 209
Conexão, 149
Conferência das Nações Unidas, 260
Conhecimento Especialista, 229
Conservação, 62, 76
Conservacionismo, 75
Controle, 25
Corel Draw, 82
Côte D'Ivoire, 19, 301, 303, 306, 307, 308, 311, 312, 345, 348

ÍNDICE REMISSIVO

CPU, 262, 267
Cruzamento, 224, 339
Cruzamento de Mapas, 225
Dado Ambiental, 194
Dado Censitário, 188
Dado Digital Básico, 212
Dado Georreferenciado, 183, 305
Datum, 123
DBO, 269
Debiase, 127
Degradação, 62, 73, 84, 101, 106, 109, 143, 302, 347
Degradação Ambiental, 32, 33, 75, 304, 312
Depósito Sanitário, 259
Descartes, 221, 223, 225
Desenvolvimento Sustentável, 75, 108
Desertificação, 351
Deslizamento, 187, 204
Desmatamento, 102, 187, 303, 340
Desmoronamento, 51, 85
Diagnóstico, 144, 190, 196, 227, 304, 305, 308, 312
Diagnóstico Ambiental, 129, 214, 311, 347
Diagnóstico Territorial, 183
Digitalização, 124
Dinâmica Espacial, 255
Dinâmica Geomorfológica, 32
Dinâmica Social, 248
Direção dos Ventos, 271
Diretrizes de Manejo, 69
Distrito Espeleológico, 36
Diversidade, 73
Diversidade Biológica, 68, 75, 76
ECO-92, 360
Ecossistema, 68, 69, 70, 75, 76, 312, 314
Ecossistema Litorâneo, 74
Ecoturismo, 45, 53, 85, 93, 106, 108, 111
Educação Ambiental, 103
Equilíbrio, 32
Equipe Multidisciplinar, 184

Escala Cartográfica, 123
Escala de Intervenção Local, 217
Escala de Razão, 226
Escala de Trabalho, 305
Escala Nominal, 149, 222
Escala Ordinal, 222
Escala Urbana, 217
Espaço Classificatório, 52, 53, 55
Espaço Geográfico, 349
Espaço Heurístico, 227
Estágio Sucessional, 87
Estatística Paramétrica, 24
Estrutura Digital, 190
Ética Ambiental, 75
Expansão Urbana Desordenada, 106
Experimentos Controlados, 24
Expert System, 228
Faixa Intermediária, 197
FAO, 313
Fator Ambiental Integrado, 169
Fatores Geoambientais, 143
Feição Condicionadora, 200
Fenômeno Ambiental, 147
Fenômeno Espacial, 190
Floresta Clímax, 87
Floresta Nacional, 76
Floresta Tropical, 67
Formação Barreiras, 119
Formato Digital, 195
Fortuita, 335
Fragilidade, 31
Franja, 236
Fundação GEORIO, 73, 101
FURNAS, 88
Geodado, 192
Geografia, 23
Geomarketing, 192
Geometria de Representação, 224
Geonegócio, 192
Geoplanejamento, 183, 184, 188, 191, 192, 193, 194, 196, 212
Geopotencial, 308, 314, 315, 328, 340, 341

Geopotencial Agrícola, 321, 330
Geopotencial da Terra, 317, 322
Geopotencial Ecoantrópico, 344
Geopotencialidade, 301, 312, 313, 317, 343
Geopotencialidade Agroterritorial, 343
Geoprocessamento, 19, 22, 33, 61, 83, 116, 123, 129, 140, 144, 176, 182, 183, 188, 189, 191,193, 194, 212, 214, 217, 254, 259, 274, 297, 305, 308, 350, 351
Georreferenciamento Eletrônico, 254
Geoterrain, 221
Geotopologia, 22
Gestalt, 219, 220
Gestão, 217
Gestão Ambiental, 25
Gestão do Patrimônio, 222
Gestão Municipal, 214
Gestão Territorial, 145, 176, 183, 190, 191, 212, 213, 350
GPS, 116, 289
Grau de Pertinência, 228
Grupo Andrelândia, 34
Guia Ambiental, 108
Habitat, 68, 87
Harmattan, 385
Hierarchical Model, 240
Hipergeografia, 23, 24
IBAM, 262, 267
IBAMA, 67
IBGE, 127, 249, 305
Ibitipoca, 31, 33
IBPC, 222
IDRISI, 79
IEF, 103
IGA, 222, 230
Imagem de Satélite, 124, 144
Impacto, 102, 242
Impacto Ambiental, 82, 308
Incineração, 262
Incongruência, 305

Incongruência de Uso, 346, 347
Informação Digital, 183
Informação Espacial, 189
Informação Geográfica, 305
Infra-estrutura, 182
INPE, 148
Inspeção Pontual e Generalizada, 21
Intensidade dos Ventos, 271
Inter-relação, 220
Intervenção, 230
Intervenção Ambiental, 227
Inventário, 47
Inventário Ambiental, 40, 47, 48, 81, 144, 145
Investigação Empírica, 42
IPG, 21
IPHAN, 222
IPT, 262, 264, 267, 270
IQVU, 247, 248
Juiz de Fora, 31
Koeppen, 35
LAGEOP, 195, 305
Landsat, 126
Lazer, 35
Legenda, 197
Lençol Freático, 269, 271
Levantamento Aereofotogramétrico, 116
Levantamento Ambiental, 47, 227
Levantamentos, 39
Lima Duarte, 31
Limpeza Urbana, 261
Linhares, 117, 133
Liquenológico, 38
Lixão, 260, 261, 262, 274
Lixiviação, 267, 269
Lixo Urbano, 262
Lógica Fuzzy, 228
Lugares Centrais, 238
Macaé, 182
Maciço da Pedra Branca, 70, 73, 81, 83, 85, 87, 88, 93, 97, 102
Maciço da Tijuca, 70, 90

ÍNDICE REMISSIVO

Maciço Litorâneo, 70
Macrostation, 83, 223, 226
Macrozoneamento, 240
Mancha de Influência, 233
Manejo, 230, 314
Manejo Ambiental, 69, 129
Manejo de Bacias Hidrográficas, 150
Manejo Sustentável, 85
Mantiqueira, 34
Mapa de Avaliação, 289, 295
Mapa de Proximidades, 283
Mapa Digital, 150
Mapa Digital Classificatório, 171
Mapa Digital Temático, 111
Mapa Síntese, 224
Mapa Temático, 212, 214, 217, 311
Mapa Temático Digital, 124
Mar de Morro, 38
Mata Atlântica, 83, 87, 102, 108, 110
Material de Empréstimo, 270
Matriz, 148
Matriz de Agrupamento de Dados, 235
Matriz de Interesses Conflitantes, 240
Matriz de Pixel, 249
Meio Ambiente, 260
Modelagem, 235, 243
Modelo de Análise, 184, 196, 212, 218
Modelo de Distribuição, 219
Modelo Digital do Ambiente, 22, 23
Modelo Digital do Terreno, 222
Monitoramento Ambiental, 82, 308
Monitores, 108
Monitoria, 189
Monitoria Ambiental, 83
Montagem, 61, 125
Mosaico, 124, 126
Movimento de Massa, 32, 98, 101
Município, 179
Município de Linhares, 117, 139
Município de Macaé, 180, 183
Município de Mangaratiba, 259, 274
Município de Volta Redonda, 143, 144, 145, 149, 163, 169, 175

Necessidade de Proteção, 32, 33, 47, 55, 62
Necessidade de Proteção Ambiental, 39, 46, 53, 348
Nível Sucessional, 101
Normas, 213
Nota, 43, 197, 204, 276, 317
Ordenação Territorial, 213
Ouro Preto, 217, 218, 219, 222, 227, 228, 229, 230, 231, 233, 234, 238, 241, 242, 248, 249, 255
Paisagem Natural, 181
Parâmetro, 184, 188, 195, 197, 201, 204, 210, 338
Parâmetro Influenciador, 150, 164, 170
Parâmetros Ambientais, 317
Parque Estadual da Pedra Branca, 68, 70, 85, 98, 112
Parque Estadual de Ilhabela, 78
Parque Nacional, 76
Parque Nacional da Restinga de Jurubatiba, 197
Parque Nacional da Tijuca, 68, 79
Parque Natural, 178
Patrimônio Histórico, 217
Patrimônio Paisagístico, 218
Pattern Center, 240
Pedra Branca, 72
PEPB, 91
Percepção Ambiental, 189
Peso, 43, 237, 317, 338
Pipes, 36
Pixel, 123, 223, 225, 254, 289
Planalto Itatiaia, 36
Planejamento, 99, 115, 145, 179, 192, 230, 238, 308, 350
Planejamento Ambiental, 305, 308
Planejamento Municipal, 179
Planejamento Territorial, 25, 115, 144, 190
Planejamento Urbano, 217, 218, 222
Planície Costeira, 120

Planimetria, 40, 233
Plano de Gestão Ambiental, 58
Plano de Informação – PI, 33, 40, 121, 123, 126, 149, 184, 190, 201, 217, 222, 293, 305, 343, 346
Plano de Informação Básico, 196
Plano de Informação Derivado, 196
Plano de Informação Temático, 191
Plano de Manejo, 33, 76, 77, 79, 80, 112
Plano Diretor, 129, 218, 219, 230, 240, 247, 255, 275
Plano Temático, 145
Plano Derivado, 208
Porto de Sepetiba, 260
Possibilidades de Ocorrência, 25
Potencial, 48, 53, 91, 94, 98, 144, 147, 163, 169, 197, 204, 210, 213, 218, 219, 228, 230, 308
Potencial Ambiental, 45
Potencial de Interação – PI, 288, 289, 296, 297
Potencial Geoambiental, 43, 163
Potencial Turístico, 33, 42, 46, 53, 181
Potencialidade, 200
Preservação, 62, 101, 260, 350
Preservação Ambiental, 312
Procedimento Diagnóstico, 39, 40, 110
Procedimento Metodológico, 247
Procedimento Prognóstico, 39, 228
Processamento Eletrônico de Dados, 20, 190
Processo Delphi, 195, 317, 320, 321
Processos Erosivos, 32
Prognóstico, 195, 227, 304, 305, 308
Programa de Manejo, 69
Projeção, 123
Prospecção Ambiental, 39, 42, 43, 47, 52
Proteção, 217, 312
Proteção Ambiental, 43, 70, 85, 308
Proximidade, 149
PUC, 248
Qualidade Ambiental, 218

Queimada, 102, 303
Questão Ambiental, 303
RADAM, 305
Raio de Influência, 233, 234
Raster, 223
Realidade Ambiental, 48, 197, 303, 349
Reciclagem, 262
Recuperação, 101
Recurso Natural, 32
Regeneração, 106
Região Homogênea, 349
Região Polarizada, 349
Regime de Chuvas, 271
Relação Espacial, 189
Remanescente Florestal, 102
República de Côte D'Ivoire, 301
Resíduo, 259
Resíduo Sólido, 260
Resolução, 125
Resolução Territorial, 81
Resort, 188
Restrições, 230, 283
Rio Paraíba do Sul, 37
Risco, 32, 48, 55, 85, 87, 98, 110, 144, 147, 150, 208, 210
Risco Ambiental, 33, 45, 46, 50, 53, 55, 115, 187, 218
Risco de Incêndio, 89
Risco de Movimento de Massa, 85
Risco Geotécnico, 218
RST, 125
SAD, 52, 150, 165, 171
SAGA, 26, 33, 39, 53, 55, 61, 69, 79, 80, 82, 83, 111, 116, 122, 125, 128, 144, 145, 149, 176, 183, 214, 217, 222, 227, 231, 235, 237, 240, 274, 288, 289, 305, 308, 314, 328
Santa Rita do Ibitipoca, 31
Scanner, 125, 145
Segmentação Territorial, 349
Semiótica, 26
Sensoriamento Remoto, 20, 116
Serra da Mantiqueira, 36

ÍNDICE REMISSIVO

Serra do Ibitipoca, 35
Serviço de Uso Coletivo, 231
SGI, 55, 61, 69, 78, 80, 111, 144, 176,
    190, 191, 192, 350, 314
SIG, 183, 217, 254, 256
Sistema de Capacidade de Uso, 313
Sistema de Classificação de Capacidade de
    Uso, 313
Sistema de Informações Espaciais, 116
Sistema Geográfico de Informação, 145
Situação Ambiental, 33, 42, 85, 144, 148,
    175, 303
Situação Geoambiental, 183
Sobreposição de Dados, 224
SPRING, 248
Superfície de tendência, 249
Sustentabilidade, 62
Territorialidade, 194
TIF, 125
Tomada de Decisão, 176, 182, 194, 195
Topografia Social, 249
Topologia, 190, 194
Traçador Vetorial, 125
Transformação Geométrica, 227
Trituração, 262
UFOP, 236
UFRJ, 69, 79, 116, 122, 144, 183, 195,
    214, 217, 222, 227, 231, 235, 237,
    240, 288, 289, 305, 308, 314, 328
Unidade Ambiental, 222

Unidade de Análise, 189
Unidade de Conservação, 67, 68, 70, 76,
    77, 83, 87, 89, 93, 102, 112
Unidade de Manejo Ambiental, 111, 123
Unidade de Vizinhança, 238, 239, 240
Unidade Territorial, 183
Unidade Zonal, 313
Unidade de Preservação, 32
Valor da Terra, 228
Varredura Analítica e Integração
    Locacional, 21
Varredura e Integração Locacional –
    VAIL, 21, 183, 190, 276
Vazadouro, 264
Vetorização, 147
VICON, 26
Videografia Multiespectral Aérea, 116
Vigilância, 25
VistaSAGA, 276, 287, 288
Voronoi, 227, 228, 231
Vulnerabilidade, 98
WWF, 68
Zona da Mata Mineira, 34
Zona de Recarga, 271
Zona Tampão, 70
Zoneamento, 25, 33, 39, 53, 221, 229,
    231, 308, 312, 346, 349
Zoneamento Agroterritorial, 308
Zoneamento Territorial, 344
Zoneamento Urbano, 218, 229, 271

Este livro foi impresso no
Sistema Digital Instant Duplex da Divisão Gráfica da
DISTRIBUIDORA RECORD DE SERVIÇOS DE IMPRENSA S.A.
Rua Argentina, 171 - Rio de Janeiro/RJ - Tel.: (21) 2585-2000